高等数学

（经管类）上册

主　编　林　谦

副主编　张　玮　李　薇

　　　　贾丽丽　姚晓霞

参　编　梁　林　向　华

　　　　何振华　黄　永

　　　　杨朝丽　严　峻

科学出版社

北　京

内 容 简 介

为适应高等学校数学类课程改革的需要，编者经过多年教学实践经验并在吸收“十五”、“十一五”规划教材成果的基础上编写了本书.

本书分为上、下两册，本书为上册，内容包括函数、极限与连续、导数与微分、微分中值定理与导数的应用、不定积分，书后附有习题参考答案或提示.

本书可作为高等院校(含师范类)经管类各专业通用的教材，也可作为高等院校教师的教学参考书，还可供经济管理人员参考.

图书在版编目(CIP)数据

高等数学：经管类. 上册/林谦主编. —北京：科学出版社，2012

ISBN 978-7-03-035271-2

Ⅰ.①高… Ⅱ.①林… Ⅲ.①高等数学-高等数学-教材 Ⅳ.①O13

中国版本图书馆 CIP 数据核字(2012)第 184403 号

责任编辑：胡云志 任俊红 / 责任校对：郑金红
责任印制：赵 博 / 封面设计：华路天然工作室

科学出版社出版
北京东黄城根北街 16 号
邮政编码：100717
http://www.sciencep.com
保定市中画美凯印刷有限公司印刷
科学出版社发行 各地新华书店经销
*
2012 年 8 月第 一 版 开本：720×1000 1/16
2024 年 8 月第二十三次印刷 印张：13 3/4
字数：267 000

定价：39.00 元

(如有印装质量问题，我社负责调换)

序　言

当今中国高等教育已从传统的精英教育发展到现代大众教育阶段. 高等学校一方面要尽可能满足民众接受高等教育的需求，另一方面要努力培养适应社会和经济发展的合格人才，这就导致大学的人才培养规模与专业类型发生了革命性的变化，教学内容改革势在必行. 高等数学课程是大学的重要基础课，是大学生科学修养和专业学习的必修课. 编写出具有时代特征的高等数学教材是数学教育工作者的一项光荣使命.

科学出版社"十二五"教材出版规划的指导原则与云南省大部分高校的高等数学课程改革思路不谋而合，因此我们组织了云南省具有代表性的十所高校的数学系骨干教师组成项目专家组，共同策划编写了新的系列教材，并列入科学出版社普通高等教育"十二五"规划教材出版项目. 本系列教材以大众化教育为前提，以各专业的发展对数学内容的需要为准则，分别按理工类、经管类和化生地类编写，第一批出版的有高等数学(理工类)、高等数学(经管类)、高等数学(化生地类)、概率论与数理统计(理工类)、线性代数(理工类)，以及可供各类专业选用的数学实验教材. 教材的特点是，在不失数学课程逻辑严谨的前提下，加强了针对性和实用性.

参加教材编写的教师都是在教学一线有长期教学经验积累的骨干教师. 教材的第一稿已通过一届学生的试用，在征求使用本教材师生意见和建议的基础上作了进一步的修改，并通过项目专家组的审查，最后由科学出版社统一出版. 在此对试用本教材的师生、项目专家组以及科学出版社表示衷心感谢.

高等教育改革无止境，教学内容改革无禁区，教材编写无终点. 让我们共同努力，继续编出符合科学发展、顺应时代潮流的高质量教材，为高等数学教育做出应有的贡献.

郭　震

2012 年 8 月 1 日于昆明

前　　言

高等数学在经管类中应用十分广泛.随着计算机技术及其他高科技的普及和发展,微积分在经管类中应用的重要性日渐突出,这就决定了微积分的理论和方法具有广泛的应用价值.从1999年我国高等学校扩大招生规模至今,我国高等教育已实现从精英教育向大众化教育的转变,但与之相应的教材建设不尽如人意,还或多或少地停留在传统教育模式上,过分追求逻辑的严密性和理论体系的完整性,重理论而轻实践.那么,什么样的教材才适应当今学生的特点?针对这个问题,编者根据高等学校经管类专业高等数学(微积分)的教学大纲和教学基本要求,并结合编者多年的教学实践经验和在吸收“十五”、“十一五”规划教材成果的基础上编写了本书.在本书的编写过程中,力求体现如下特点:

(1) 强调概念,淡化理论.教材以现实、生动的实例引进数学概念,以简明通俗的语言深入浅出地阐述基本概念和基本理论,在保证数学概念的准确性及基本理论完整性的原则下,减少抽象的理论证明,并借助几何直观图形和实际意义解释概念和定理,使抽象的概念形象化,使复杂的问题简单化,从而降低难度,精简内容,以适应教学改革的时代需要.

(2) 结合专业,强化实用.在教学内容上充分体现“贴近实际,面向专业”的思想,并以“实用为目的”,以“必须、够用为度”,同时加强计算.因此,本教材优化整合了经济数学基础课程的基本内容,精选了一定数量的经济应用实例,将数学知识模块与经济案例相结合,使学生能将所学基本知识和基本理论应用到解决实际问题中去,从而使学生充分感受到数学的应用价值.

(3) 把方法的应用程序化、步骤化.

(4) 强调数学思想方法.本书注重培养学生用数学思想方法去分析和解决实际问题的能力,力求将数学的思想和方法融到经济生活中,体现学习经济数学的终极目标是解决实际生活中的经济问题,更好地为国家的经济建设服务,同时为后继相关课程的学习打下良好的数学基础.

(5) 适应少学时要求,教材内容按每周3学时,18周共54学时来编写.教师可以根据实际情况决定教学内容的取舍.

本教材分为上、下两册,上册内容包括函数、极限与连续、导数与微分、微分中值定理与导数的应用、不定积分;下册内容包括定积分、微分方程初步、多元函数微分学、二重积分、级数;每章、每节后都附有一定量的习题,题型较全,以帮助学生巩固和提高所学知识,同时上、下册书后都附有习题参考答案或提示,以供参考.另外，为适应不同层次、不同学科的需要，书中有的地方加了“ * ”号，它相对独立，可根据需要及学时多少进行适当删减.

与本书配套的多媒体课件、习题解答和学习辅导书也将陆续出版.

本书由 10 位具有丰富教学实践经验的教师，在云南省多所高等学校近十年使用的《经济数学》讲稿基础上，结合高等学校数学类课程改革的需要编写而成. 编写组为保证本书的质量，将书稿以讲义的形式印制发放到多所院校进行试用，并根据试用过程中广大师生提出的建议、意见，反复对本书进行修改和补充，形成终稿. 其中第 1 章由姚晓霞云南楚雄师范学院编写；第 2 章由贾丽丽云南大学滇池学院编写；第 3 章、9 章由林谦云南师范大学编写；第 4 章由张玮云南玉溪师范学院编写；第 5 章由李薇云南红河学院编写；第 6 章由黄永云南昭通学院编写；第 7 章由杨朝丽昆明学院编写；第 8 章由梁林云南楚雄师范学院编写；第 10 章由何振华云南红河学院编写；部分习题解答由向华云南楚雄师范学院编写. 全书由林谦、张纬和梁林老师负责插图和绘图. 全书由林谦教授负责框架结构安排、统稿和定稿，由郭震教授主审.

本书在编写过程中，得到了参编院校的大力支持和帮助，特别是云南省数学学会理事长、云南师范大学数学学院院长郭震教授的全力支持，并负责审阅了全书，同时提出了许多宝贵的意见和建议. 另外，科学出版社龚剑波、任俊红两位编辑为本书的出版做了大量繁杂而细致的工作，编者在此一并表示衷心感谢.

书中难免有不完善之处，敬请广大读者和同行批评指正，以便我们在第二版出版时进行纠正.

编　者

2012 年 7 月于昆明

目　录

第 1 章　函　　数

函数是数学中最重要的基本概念之一，是现实世界中量与量之间的依存关系在数学中的反映，也是微积分学研究的主要对象．本章将在中学已有知识的基础上，进一步阐明函数的定义和性质，总结在中学已学过的一些函数，并介绍一些经济学中常用的函数．

1.1　函　　数

1.1.1　集合

1. 基本概念

1）集合的含义

某些指定对象构成的总体，构成集合的对象称为集合的**元素**．

2）集合元素的三特性

（1）**确定性**——对确定集合而言，任一指定对象或者是或者不是确定集合中的元素．

（2）**互异性**——在确定集合中，任何两个元素都是不同的对象，相同对象归入一个集合时仅算一个元素．

（3）**无序性**——在确定集合中，元素的排列不分先后顺序，因此判断两个集合是否相同仅需比较它们所含元素是否相同，不需考查元素的排列顺序是否一样.

3）集合的表示

通常用大写字母 $A,B,C,X,Y,\cdots$ 表示集合，小写字母 $a,b,c,x,y,\cdots$ 表示元素．

（1）**列举法**——把集合中的元素一一列举出来，然后用大括号括起来．例如，$A=\{a,b,c\}$.

（2）**描述法**——若集合是由具有某种性质 P 的全体元素所组成，则可将集合表为

$$\{a|a\ 具有性质\ P\}$$

的形式．例如，$A=\{a|a\ 为非直角三角形\}$，$B=\{x|x-3>2\}$.

4) 常用数集及其记号

自然数集 $\mathbf{N}$,正整数集 $\mathbf{N}^+$,整数集 $\mathbf{Z}$,有理数集 $\mathbf{Q}$,正有理数集 $\mathbf{Q}^+$,负有理数集 $\mathbf{Q}^-$,实数集 $\mathbf{R}$,正实数集 $\mathbf{R}^+$,负实数集 $\mathbf{R}^-$.

5) 集合的分类

有限集——所含元素个数有限的集合.

无限集——所含元素个数无限的集合.

6) 集合、元素间的基本关系

(1) 集合与元素间的基本关系

当 a 是集合 A 中的元素时,称元素 a **属于集合** A,并记作 $a\in A$,否则称元素 a **不属于集合** A,记作 $a\notin A$. 例如,$0\in\mathbf{N}$ 但 $0\notin\mathbf{N}^+$.

(2) 集合与集合间的基本关系

相等——若集合 A 与 B 具有相同的元素,则称 A 与 B **相等**,并记作 $A=B$.

子集——若集合 A 中的元素都是集合 B 中的元素,则称 A 是 B 的**子集**,也称 A **包含于** B 或 B **包含** A,并记作 $A\subseteq B$ 或 $B\supseteq A$,而 $A\not\subset B$ 则表示 A 不是 B 的子集.

真子集——若 $A\subseteq B$ 且 B 中至少有一个元素不属于 A,则称集合 A 是集合 B 的**真子集**,并记作 $A\subset B$ 或 $B\supset A$.

空集——不含任何元素的集合,通常用 $\varnothing$ 表示,并**规定**:空集是任何集合的子集.

显然,对任何集合 A 与 B 来说,下列关系成立(自己思考或验证):

$A\subseteq A$,$\varnothing\subseteq A$;

$A=B\Leftrightarrow A\subseteq B$ 且 $B\subseteq A$;

若 $A\subseteq B$,$B\subseteq C$,则 $A\subseteq C$(**传递性**).

为方便讨论起见,今后不再区分包含符号$\subseteq$与真包含符号$\subset$.

2. 集合的运算

1) 并运算

由 A 和 B 中的所有元素组成的集合称为 A 和 B 的**并集**,并记作 $A\cup B$,即

$$A\cup B=\{x\,|\,x\in A或x\in B\}.$$

2) 交运算

由 A 和 B 中的所有公共元素组成的集合称为 A 和 B 的**交集**,并记作 $A\cap B$,即

$$A\cap B=\{x\,|\,x\in A且x\in B\}.$$

3) 差运算

由属于 A 而不属于 B 的所有元素组成的集合称为 A 和 B 的**差集**,并记作

$A-B$，即

$$A-B=\{x \mid x\in A \text{且} x\notin B\}.$$

4）补运算

若 $A\subseteq I$（I 称为**全集**），则称差集 $I-A$ 为集合 A 关于全集 I 的**补集**，并记作 A^C，即

$$A^C=I-A=\{x \mid x\in I \text{ 且} x\notin A\}.$$

3. 集合的运算性质

（1）**交换律**：$A\cup B=B\cup A$，$A\cap B=B\cap A$.

（2）**结合律**：$(A\cup B)\cup C=A\cup(B\cup C)$，$(A\cap B)\cap C=A\cap(B\cap C)$.

（3）**分配律**：$(A\cup B)\cap C=(A\cap C)\cup(B\cap C)$，$(A\cap B)\cup C=(A\cup C)\cap(B\cup C)$.

（4）**对偶律**：$(A\cup B)^C=A^C\cap B^C$，$(A\cap B)^C=A^C\cup B^C$.

1.1.2　实数集与数轴

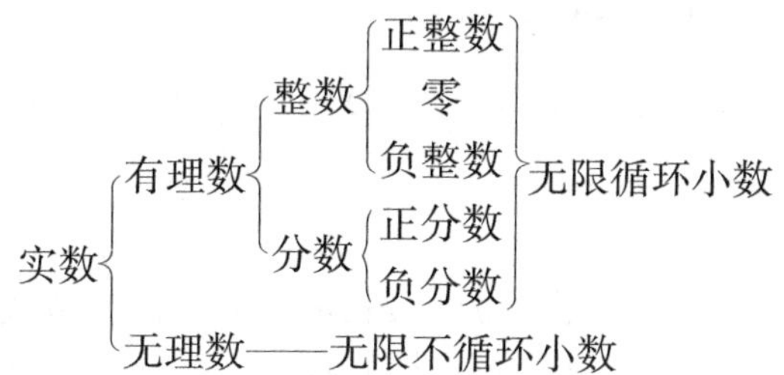

实数集——由全体实数构成的集合 $\{x \mid -\infty<x<+\infty\}$，并记作 $\mathbf{R}$，即

$$\mathbf{R}=\{x \mid -\infty<x<+\infty\}.$$

数轴——具有原点、方向和单位长度三要素的直线.

数轴的主要意义在于把实数用数轴上的点表示出来，且数轴上的全体点与全体实数构成一一对应的关系（图 1-1）.

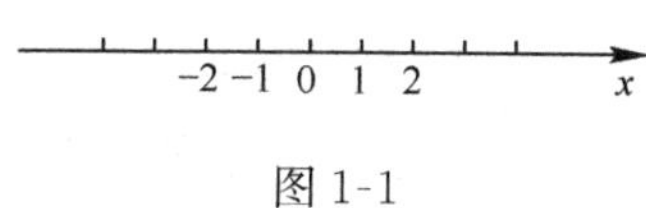

图 1-1

1.1.3　区间

区间——介于某两个实数之间或不超过（不小于）某一实数的全体实数或全体实数，即

$$
\text{区间}\begin{cases}\text{有限区间}\begin{cases}\text{开区间}(a,b)=\{x\,|\,a<x<b\}\\ \text{闭区间}[a,b]=\{x\,|\,a\leqslant x\leqslant b\}\\ \text{半开半闭区间}\begin{cases}\text{左开右闭区间}(a,b]=\{x\,|\,a<x\leqslant b\}\\ \text{左闭右开区间}[a,b)=\{x\,|\,a\leqslant x<b\}\end{cases}\end{cases}\\ \text{无限区间}\begin{cases}(-\infty,+\infty)=\{x\,|\,-\infty<x<+\infty\}=\mathbf{R}\\ (a,+\infty)=\{x\,|\,x>a\}\\ [a,+\infty)=\{x\,|\,x\geqslant a\}\\ (-\infty,b)=\{x\,|\,x<b\}\\ (-\infty,b]=\{x\,|\,x\leqslant b\}\end{cases}\end{cases}
$$

1.1.4 绝对值

对任意实数 x,用符号 $|x|$ 表示 x 的绝对值,并规定 $|x|=\begin{cases}x, & x\geqslant 0,\\ -x, & x<0,\end{cases}$ 且易见 $|x|=|x-0|$ 表示数轴上的点 x 与原点之间的距离,绝对值及其运算具有下列性质:

$|-x|=|x|$, $-|x|\leqslant x\leqslant |x|$;

$\big||x|-|y|\big|\leqslant |x\pm y|\leqslant |x|+|y|$, $|xy|=|x||y|$, $\left|\dfrac{x}{y}\right|=\dfrac{|x|}{|y|}(y\neq 0)$;

$|x|<a \Leftrightarrow -a<x<a(a>0)$, $|x|>b \Leftrightarrow x<-b$ 或 $x>b(b\geqslant 0)$;

$|x|\leqslant a \Leftrightarrow -a\leqslant x\leqslant a(a\geqslant 0)$, $|x|\geqslant b \Leftrightarrow x\leqslant -b$ 或 $x\geqslant b(b\geqslant 0)$.

1.1.5 邻域

定义 1.1 若 $a\in\mathbf{R}$,$\delta>0$,则称实数集(开区间)

$$\{x\,|\,|x-a|<\delta\}=\{x\,|\,a-\delta<x<a+\delta\}=(a-\delta,a+\delta)$$

为以点 a 为中心,δ 为半径的**邻域**,简称点 a 的 δ **邻域**(图 1-2(a)),并记作 $\text{U}(a,\delta)$,即

$$\text{U}(a,\delta)=\{x\,|\,|x-a|<\delta\}=\{x\,|\,a-\delta<x<a+\delta\}=(a-\delta,a+\delta),$$

而将从 $\text{U}(a,\delta)$ 中去掉中心点 a 后的集合 $\mathring{U}(a,\delta)$ 称为点 a 的 δ **去心邻域**(图 1-2(b)),即

$$\mathring{U}(a,\delta)=\{x\,|\,0<|x-a|<\delta\}=(a-\delta,a)\cup(a,a+\delta).$$

例 1.1 解不等式 $|x+3|\geqslant 1$(用区间表示),并在数轴上表示出来.

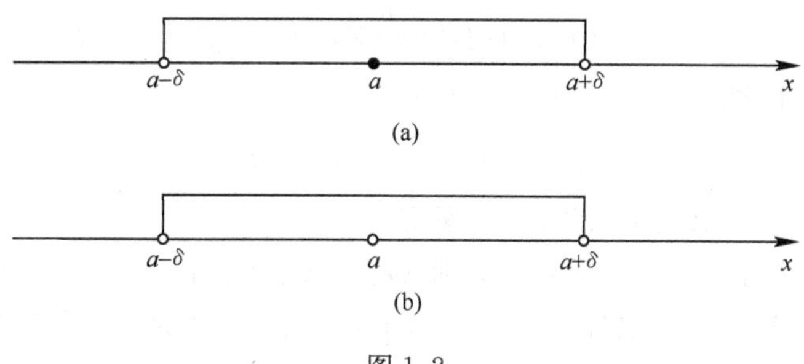

图 1-2

解　由 $|x+3|\geqslant 1\Rightarrow x+3\leqslant -1$ 或 $x+3\geqslant 1\Rightarrow x\leqslant -4$ 或 $x\geqslant -2$. 用区间可表为

$$(-\infty,-4]\cup[-2,+\infty),$$

用数轴表示则如图 1-3 所示．　　**解毕**

图 1-3

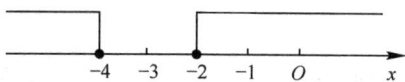

例 1.2　满足不等式 $|x+2|<5$ 的全体实数，称为以(　)为中心、(　)为半径的邻域，用区间可表为(　)，并在数轴上表示出来．

解　因 $|x+2|<5$ 即 $|x-(-2)|<5$，故前两个括号内应填 -2 和 5，而由 $|x+2|<5\Rightarrow -7<x<3$，因而后一个括号内填 $(-7,3)$，且在数轴上的图形如图 1-4所示．　　**解毕**

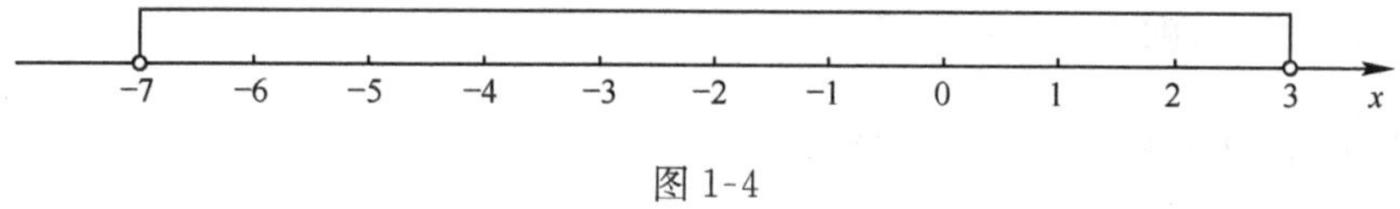

图 1-4

1.1.6　函数概念

1. 函数定义

函数，是微积分研究的主要对象，也是数学中最基本的概念之一，它反映的是两个实数集之间的一种对应关系，下面给出定义．

定义 1.2　若 $\varnothing\neq D\subset R$，且 f 是由 D 到 R 的一个对应法则，使得对每个 $x\in D$，通过 f 都存在唯一的 $y\in R$ 与之对应，则称 f 为定义在 D 上的**函数**，也称 **y 是 x 的函数**，并记为

$$f: D\rightarrow R \text{ 或 } y=f(x)\ (x\in D),$$

同时称 x 为**自变量**，y 为**因变量**，D 为函数 f 的**定义域**(还可将 D 记为 D_f，以明确 D_f 为函数 f 的定义域)，而将全体函数值构成的集合

$$\{y \mid y=f(x), x\in D\} \xlongequal{\text{记为}} Z_f \xlongequal{\text{或记为}} f(D)\subset R$$

称为函数 f 的**值域**,将坐标平面上的点集

$$\{(x,y) \mid y=f(x), x\in D\}$$

称为函数 $y=f(x)$ $(x\in D)$ 的**图像或图形**.

如果仅用式子 $f(x)$ 表示函数时,则其定义域指的是使式子 $f(x)$ 有意义的全体实数 x 构成的集合,并称这样的定义域为函数 f 的**自然定义域**(**或最大定义域**).

例 1.3　求函数 $y=(x-2)\sqrt{\dfrac{x+1}{x-1}}$ 的定义域 D.

解　要使式子 $(x-2)\sqrt{\dfrac{x+1}{x-1}}$ 有意义,则必有 $\begin{cases}\dfrac{x+1}{x-1}\geqslant 0,\\ x-1\neq 0,\end{cases}$ 即有

$$\begin{cases}(x+1)(x-1)\geqslant 0,\\ x\neq 1,\end{cases}$$

由此可解得 $x>1$ 或 $x\leqslant -1$,即 $D=(-\infty,-1]\cup(1,+\infty)$.　　**解毕**

例 1.4　求函数 $y=\arcsin\dfrac{x-1}{2}$ 的定义域 D.

解　要使式子 $\arcsin\dfrac{x-1}{2}$ 有意义,则必有 $\left|\dfrac{x-1}{2}\right|\leqslant 1$,即有 $|x-1|\leqslant 2$,由此解得 $-1\leqslant x\leqslant 3$,即 $D=[-1,3]$.　　**解毕**

2. 函数的要素及相同函数的判定

由函数的定义知,确定一个函数主要由其两个要素 $\begin{cases}\text{(1) 定义域},\\ \text{(2) 对应法则}\end{cases}$ 所决定.因此,对给定的两个函数 f 和 g,要判断它们是否表示同一个函数,只要看它们对应的两对要素是否分别相同即可,即

$$f\text{ 和 }g\text{ 表示同一个函数}\quad\Leftrightarrow\quad\begin{cases}\text{(1) 定义域 }D_f=D_g,\\ \text{(2) }f\text{ 与 }g\text{ 表示的对应法则相同},\end{cases}$$

所以,一个函数用什么字母作为其自变量和因变量的符号都可以,都不影响函数的实质,如

$$y=f(x)\ (x\in D);\ s=f(t)\ (t\in D)\text{ 与 }v=f(u)\ (u\in D)$$

都表示同一个函数.

例 1.5　判断下列各对函数是否相同,并说明理由:

(1) $f(x)=\ln x^2$, $g(x)=2\ln x$;　　(2) $f(x)=x$, $g(x)=|x|$;

(3) $f(x)=|x|$, $g(x)=\sqrt{x^2}$.

解　(1) 因 $D_f=(-\infty,0)\cup(0,+\infty)$，$D_g=(0,+\infty)$，故 $D_f\neq D_g$，即函数 $f(x)$ 与 $g(x)$ 的定义域不相同，从而 $f(x)$ 与 $g(x)$ 分别表示两个不同的函数．

(2) 虽然 $D_f=(-\infty,+\infty)=D_g$，但由于 $f(-1)=-1\neq1=g(-1)$，即函数 $f(x)$ 与 $g(x)$ 的对应法则不同，故 $f(x)$ 与 $g(x)$ 分别表示两个不同的函数．

(3) 因 $D_f=(-\infty,+\infty)=D_g$，且 $\forall x\in(-\infty,+\infty)$ 有 $f(x)=|x|=\sqrt{x^2}=g(x)$，故 $f(x)$ 与 $g(x)$ 表示相同的函数．　**解毕**

3. 函数的三种表示法

1) 公式法(或解析法)

用一个公式(或解析式子)表示函数的方法，如例 1.3～例 1.5 中的函数采用的就是公式法．

优点：便于作理论上的推导；　**缺点**：不直观．

2) 图像法

用平面上的一条曲线表示函数的方法．

优点：直观；　**缺点**：不便于作理论上的推导．

3) 表格法

用表格表示函数的方法．

优点：计算简便；　**缺点**：数据不全．

通常在讨论函数时，常将公式法和图像法综合起来使用，这样就既直观又便于作理论上的推导，而表格法现在使用的不多．

4. 分段函数

有些函数，在其定义域内自变量 x 取不同值时，不能用一个统一的数学式子来表示，而要用两个或两个以上的数学式子才能表示，这类函数通常称为**分段函数**．但要注意，分段函数在其定义域内只代表一个函数，而不代表几个或无穷多个函数．

例 1.6　以下函数均为**分段函数**：

(1) **符号函数**(图 1-5)：$y=\operatorname{sgn}x=\begin{cases}1, & x>0,\\ 0, & x=0,\\ -1, & x<0.\end{cases}$

(2) **绝对值函数**(图 1-6)：

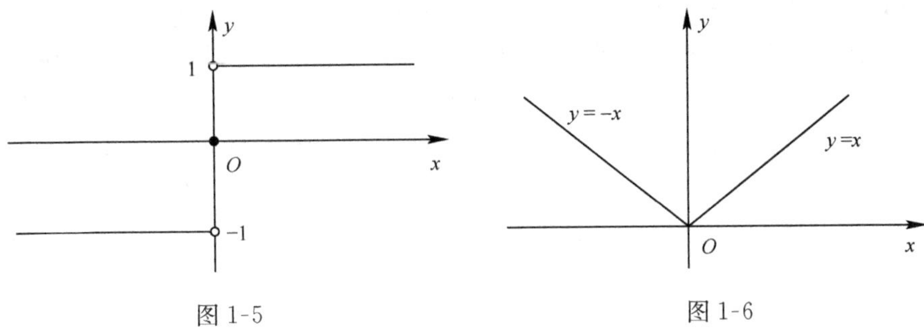

图 1-5　　　　图 1-6

$$y=|x|=\begin{cases}x, & x\geqslant 0,\\ -x, & x<0\end{cases}=\begin{cases}x, & x>0,\\ 0, & x=0,\\ -x, & x<0\end{cases}=x\cdot\begin{cases}1, & x>0,\\ 0, & x=0,\\ -1, & x<0\end{cases}=x\cdot \operatorname{sgn}x.$$

(3) **狄利克雷**(Dirichlet)**函数**(图 1-7)：$y=D(x)=\begin{cases}1, & x\in\mathbf{Q},\\ 0, & x\in\mathbf{R}-\mathbf{Q}.\end{cases}$

(4) **取整函数**(图形为**阶梯型曲线**,见图 1-8)：

$$y=[x]=n(n\leqslant x<n+1,n\in\mathbf{Z}),$$

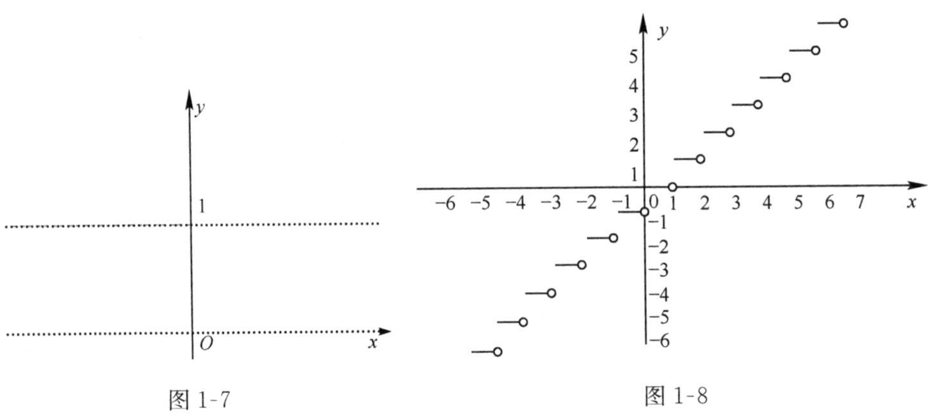

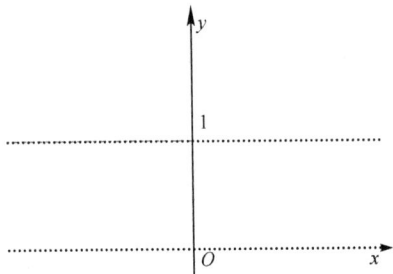

图 1-7　　　　图 1-8

其中$[x]$表示不超过 x 的最大整数,且显然有$[x]\leqslant x<[x]+1(\forall x\in\mathbf{R})$. 例如,

$$[2.3]=2,\quad [4]=4,\quad [-0.3]=-1,\quad [-2.3]=-3.$$

例 1.7　已知 $f(x)=\begin{cases}\sqrt{1-x^2}, & |x|<1,\\ x^2-1, & 1<|x|\leqslant 2.\end{cases}$ (1) 求 $f(x)$的定义域; (2) 求分界点;(3) 求函数值 $f(0)$,$f(2)$和 $f(-1)$;(4) 作出函数的图形.

解　(1) 因仅当$|x|<1$ 及 $1<|x|\leqslant 2$,即

$$-1<x<1 \text{ 及}(-2\leqslant x<-1 \text{ 或 } 1<x\leqslant 2)$$

时函数才有定义,故 $D_f=[-2,-1)\cup(-1,1)\cup(1,2]$.

(2) 由 $f(x)$的表达式易见分界点为 $x=-1$ 和 $x=1$.

(3) 因当$|x|<1$时，$f(x)=\sqrt{1-x^2}$，故$f(0)=\sqrt{1-0^2}=1$；

当$1<|x|\leqslant 2$时，$f(x)=x^2-1$，故$f(2)=2^2-1=3$；

当$x=-1$时，函数$f(x)$无定义，故$f(-1)$不存在.

(4) 图形见图1-9. **解毕**

例1.8 已知某函数在闭区间$[-1,1]$上的图形如图1-10所示，试用解析式表示该函数.

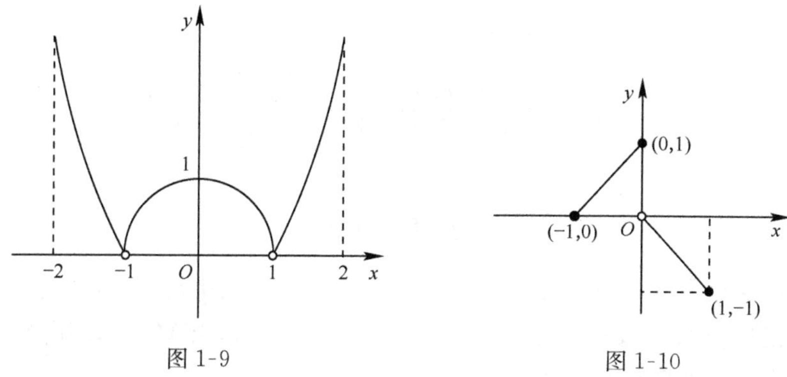

图1-9　　图1-10

解 如图1-10所示，函数在y轴左方的图形是连接点$(-1,0)$和点$(0,1)$的直线段，而在y轴右方的图形是连接原点$O(0,0)$和点$(1,-1)$且去掉原点的直线段，故由直线的两点式方程及函数的定义域可得

$$f(x)=\begin{cases}x+1, & -1\leqslant x\leqslant 0,\\ -x, & 0<x\leqslant 1.\end{cases}$$

解毕

5. 正确运用函数记号求函数值及函数的表达式

按函数定义，$\forall x\in D$，将法则f所对应的因变量y记作$f(x)$，称为函数f在点x处的函数值. 当x取定值x_0时，所对应的因变量的值记作$y_0=f(x_0)$或$y_0=y|_{x=x_0}$.

当$f(x)$仅是由一个表达式表示的函数时，则将表达式中的x代之以x_0便得到$f(x_0)$，但当$f(x)$为分段函数时，则要根据x_0所在的子集合(或小区间)，用$f(x)$相对应的表达式来计算函数值$f(x_0)$.

例1.9 已知$f(x)=x^2$，求$f(x_0+a)-f(a)$.

解 因$f(x)=x^2$，故$f(x_0+a)-f(a)=(x_0+a)^2-a^2=x_0^2+2ax_0$. **解毕**

例1.10 若$f(x-1)=x^2$，求$f(x+1)$.

解法一 令$x-1=t+1$即$x=t+2$，则结合$f(x-1)=x^2$，有

$$f(t+1)=(t+2)^2 \quad 即 \quad f(x+1)=(x+2)^2.$$

解法二 因$f(x-1)=x^2$，故$f(x+1)=f[(x+2)-1]=(x+2)^2$. **解毕**

例 1.11 设 $f(x)=\dfrac{x}{1-x}$,求 $f[f(x)]$和 $f\{f[f(x)]\}$.

解 因 $f(x)=\dfrac{x}{1-x}$,故

$$f[f(x)]=\frac{f(x)}{1-f(x)}=\frac{\frac{x}{1-x}}{1-\frac{x}{1-x}}=\frac{\frac{x}{1-x}}{\frac{1-2x}{1-x}}=\frac{x}{1-2x};$$

$$f\{f[f(x)]\}=\frac{f[f(x)]}{1-f[f(x)]}=\frac{\frac{x}{1-2x}}{1-\frac{x}{1-2x}}=\frac{x}{1-3x}.$$

解毕

习 题 1.1

1. 已知集合 $A=\{0,3\}$,$B=\{0,3,4\}$,$C=\{1,2,3\}$,求 $(B\cup C)\cap A$.
2. 设集合 $M=\{x\mid -1\leqslant x\leqslant 3\}$,$N=\{x\mid 2\leqslant x\leqslant 4\}$,求 $M\cup N$,$M\cap N$.
3. 求下列函数的定义域:

(1) $y=\dfrac{x+4}{x+|x|}$;　　(2) $y=\dfrac{1}{\sqrt{x^2-x}}$;

(3) $y=\dfrac{\sqrt{2-x^2}}{x^2-x-2}$;　　(4) $y=\dfrac{x+2}{|x|-1}\sqrt{-x^2-3x+4}$;

(5) $y=\log_2(2+x-x^2)$;　　(6) $y=\sqrt{x^2-4}+\arcsin\dfrac{x}{4}$.

4. 已知函数 $f(3x)=\log_2(9x^2+6x+1)$,求 $f(1)$.
5. 已知函数 $f(x)=x^2+2x-1$,求 $f(x+1)$.
6. 已知函数 $f(x)=\begin{cases}x+1, & x>0,\\ 0, & x=0,\\ x-1, & x<0.\end{cases}$ (1) 求 $f(x)$的定义域;(2) 求分界点;(3) 求函数值 $f(-1)$,$f(0)$和 $f(1)$;(4) 作出函数的图形.

1.2 函数的特性

1.2.1 单调性

定义1.3 (1) 对定义在区间 I 上的函数 $f(x)$,若 $\forall x_1,x_2\in I$,当 $x_1<x_2$ 时,不等式

$$f(x_1)<f(x_2)\quad(\text{或 } f(x_1)>f(x_2))$$

恒成立,则称 $f(x)$ 是区间 I 上的**严格单调递增函数**(或**严格单调递减函数**),严格单调递增函数与严格单调递减函数统称为**严格单调函数**.

(2) 对定义在区间 I 上的函数 $f(x)$,若 $\forall x_1,x_2\in I$,当 $x_1<x_2$ 时,不等式

$$f(x_1)\leqslant f(x_2)\quad (\text{或 } f(x_1)\geqslant f(x_2))$$

恒成立,则称 $f(x)$ 是区间 I 上的**单调递增函数**(或**单调递减函数**),单调递增函数与单调递减函数统称为**单调函数**.

显然,严格单调函数必是单调函数,但单调函数不一定是严格单调函数.

例 1.12 (1) 对函数 $y=f(x)=x^2$,因 $\forall x_1,x_2\in[0,+\infty)$,当 $x_1<x_2$ 时,不等式

$$f(x_1)=x_1^2<x_2^2=f(x_2)$$

恒成立,故 $y=f(x)=x^2$ 是区间 $[0,+\infty)$ 内的严格单调递增函数.

同理,$y=f(x)=x^2$ 是区间 $(-\infty,0]$ 内的严格单调递减函数,但不是区间 $(-\infty,+\infty)$ 内的严格单调函数,也不是单调函数(图 1-11).

(2) 对常量函数 $y=f(x)=C$,因 $\forall x_1,x_2\in(-\infty,+\infty)$,当 $x_1<x_2$ 时,不等式

$$f(x_1)=C\leqslant C=f(x_2)\quad 与\quad f(x_1)=C\geqslant C=f(x_2)$$

恒成立,故函数 $y=f(x)=C$ 既是区间 $(-\infty,+\infty)$ 内的单调递增函数,也是区间 $(-\infty,+\infty)$ 内的单调递减函数,但却不是区间 $(-\infty,+\infty)$ 内的严格单调函数(图 1-12).

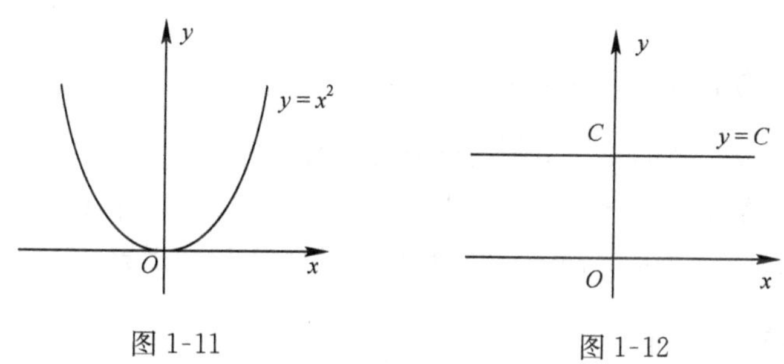

图 1-11　　图 1-12

用单调性定义可以判断一些较简单函数的单调性,而对一般函数单调性的判断,将放在第 4 章中利用导数来进行讨论.

在直角坐标系中,严格单调递增(递减)函数的函数值随其自变量的增大而增大(减小). 因此,当自变量 x 从左向右逐渐增大时,函数 $f(x)$ 的图像(即曲线 $y=f(x)$)就从左向右逐渐上升(下降),见图 1-13、图 1-14.

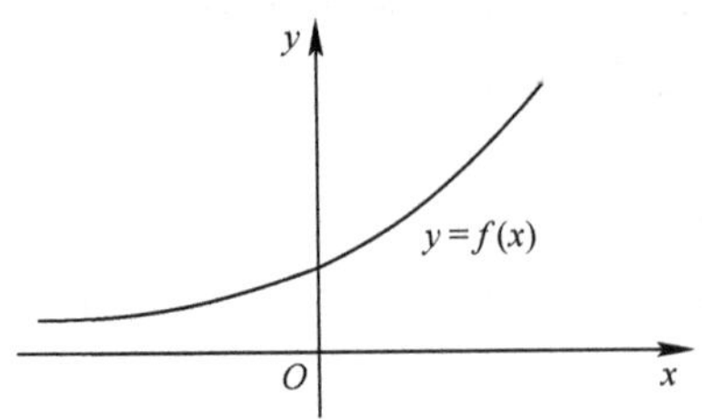

图 1-13　严格单调递增函数的图形

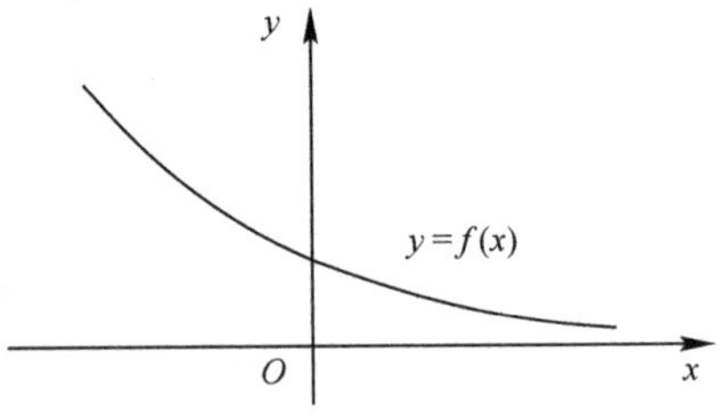

图 1-14　严格单调递减函数的图形

1.2.2　有界性

定义 1.4　若函数 $f(x)$定义于实数集 D 上，且$\exists M>0$，使得$\forall x\in D$，不等式

$$|f(x)|\leqslant M$$

恒成立，则称 $f(x)$是实数集 D 上的**有界函数**.

例 1.13　因$\exists M=1>0$，使得$\forall x\in(-\infty,+\infty)$，不等式

$$|\sin x|\leqslant 1,\quad |\cos x|\leqslant 1\quad 及\quad \left|\frac{x^2}{x^2+1}\right|\leqslant\frac{x^2+1}{x^2+1}=1$$

恒成立，故函数 $y=\sin x$，$y=\cos x$ 与 $y=\dfrac{x^2}{x^2+1}$都是区间$(-\infty,+\infty)$内的有界函数. 但函数 $f(x)=\dfrac{1}{x}$却是区间$(0,1)$内的无界函数，这是由于$\forall M>0$，总$\exists x_0=\dfrac{1}{M+1}\in(0,1)$，使得 $f(x_0)=M+1>M$.

另外，由有界函数的定义不难得到有界函数的等价定义如下：

$f(x)$在实数集 D 上有界 $\Leftrightarrow$ $\exists A、B\in\mathbf{R}$，使得$\forall x\in D$ 有 $A\leqslant f(x)\leqslant B$，并分别称实数 A、B 为函数 $f(x)$在实数集 D 上的**下界**和**上界**.

1.2.3　奇偶性

定义 1.5　若函数 $f(x)$定义于以原点为对称中心的实数集 D 上，且$\forall x\in D$，等式

$$f(-x)=-f(x)\quad (或\ f(-x)=f(x))$$

恒成立，则称 $f(x)$是实数集 D 上的**奇函数**(或**偶函数**).

根据奇偶函数的定义不难看出：在直角坐标系中，奇函数的图形关于原点对称，偶函数的图形关于 y 轴对称(图 1-15).

例 1.14　判断下列函数的奇偶性：

(1) $f(x)=\ln(x+\sqrt{1+x^2})$；　　(2) $F(x)=f(x)+f(-x)\ (x\in\mathbf{R})$.

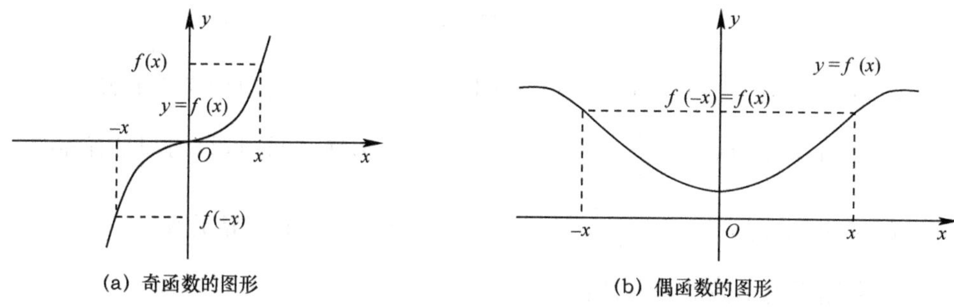

(a) 奇函数的图形　(b) 偶函数的图形

图 1-15　奇偶函数的图形

解　(1) 显然，函数 $f(x)$ 的定义域为 $R=(-\infty,+\infty)$，且 $\forall x\in\mathbf{R}$，等式

$$\begin{aligned}f(-x)&=\ln\left[(-x)+\sqrt{(-x)^2+1}\right]=\ln\left(\sqrt{x^2+1}-x\right)\\&=\ln\frac{\left(\sqrt{x^2+1}-x\right)\left(\sqrt{x^2+1}+x\right)}{\sqrt{x^2+1}+x}=\ln\frac{1}{x+\sqrt{x^2+1}}\\&=-\ln\left(x+\sqrt{x^2+1}\right)=-f(x)\end{aligned}$$

恒成立，故 $f(x)$ 是 $\mathbf{R}$ 上的奇函数.

(2) 因 $\forall x\in\mathbf{R}$，等式

$$F(-x)=f(-x)+f[-(-x)]=f(x)+f(-x)=F(x)$$

恒成立，故 $F(x)$ 是 $\mathbf{R}$ 上的偶函数.　**解毕**

1.2.4　周期性

定义 1.6　若函数 $f(x)$ 定义于实数集 $\mathbf{R}$ 上，且 $\exists\, T\neq 0$，使得 $\forall x\in\mathbf{R}$，等式

$$f(x+T)=f(x)$$

恒成立，则称 $f(x)$ 是实数集 $\mathbf{R}$ 上的**周期函数**，并称 T 为函数 $f(x)$ 的**周期**. 如果存在满足上式的最小正数 T，则称这样的 T 为函数 $f(x)$ 的**基本周期**，简称**周期**（今后出现的周期均指基本周期，不再重复）.

例如，$\sin x$ 和 $\cos x$ 都是以 2π 为周期的周期函数，而 $|\sin x|$ 却是以 π 为周期的周期函数.

注　并非任何周期函数都有基本周期，如常量函数

$$y=f(x)=C\quad(x\in\mathbf{R})$$

就无基本周期. 显然，任何正实数 T 都是常量函数的正周期，但由于没有最小正实数，因而常量函数无最小正周期. 又如例 1.6 中的狄利克雷函数 $D(x)$ 也无最小正周期，因易知任何正有理数 T 都是 $D(x)$ 的正周期，且不存在最小正有理数，因而 $D(x)$ 无基本周期.

习　题　1.2

1. 证明：$f(x)=kx+b(k>0)$是区间$(-\infty,+\infty)$内的单调递增函数.

2. 证明：函数 $f(x)=\dfrac{1}{x}$在区间$(0,1)$内无界，但在区间$(1,2)$内却是有界的.

3. 证明：函数 $f(x)=\dfrac{2x^2+1}{x^2+1}$是区间$(-\infty,+\infty)$内的有界函数.

4. 判断下列函数的奇偶性：

(1) $f(x)=x^3+\dfrac{1}{x}$；　　(2) $f(x)=x^4+4x^2+5$；

(3) $f(x)=x^2+2x-1$；　　(4) $f(x)=\mathrm{e}^x-\mathrm{e}^{-x}$.

5*. 求函数 $f(x)=\cos^4 x-\sin^4 x$ 的周期.

1.3　反函数与复合函数

1.3.1　反函数

定义1.7　设函数 $y=f(x)$的定义域为 D_f，值域为 Z_f. 若$\forall y\in Z_f$，$\exists$唯一$x\in D_f$，使得

$$y=f(x),$$

则根据函数定义，可得到一个定义于 Z_f 上的函数，并称该函数为函数 $y=f(x)$的**反函数**，记为

$$x=f^{-1}(y)\quad(y\in Z_f).$$

显然，$x=f^{-1}(y)(y\in Z_f)$与$y=f(x)(x\in D_f)$互为反函数，且 $x=f^{-1}(y)$的定义域和值域分别是 $y=f(x)$的值域和定义域，并称 $y=f(x)$为**原函数**或**直接函数**.

习惯上，常记 x 为自变量，y 为因变量. 因此，反函数又可记为

$$y=f^{-1}(x)\quad(x\in Z_f),$$

并称此种记法为**习惯记法**.

在平面直角坐标系中，原函数 $y=f(x)$与其按习惯记法的反函数 $y=f^{-1}(x)$的图形关于直线$y=x$对称，但原函数 $y=f(x)$与其按正规记法的反函数 $x=f^{-1}(y)$的图形却是同一条曲线(图1-16).

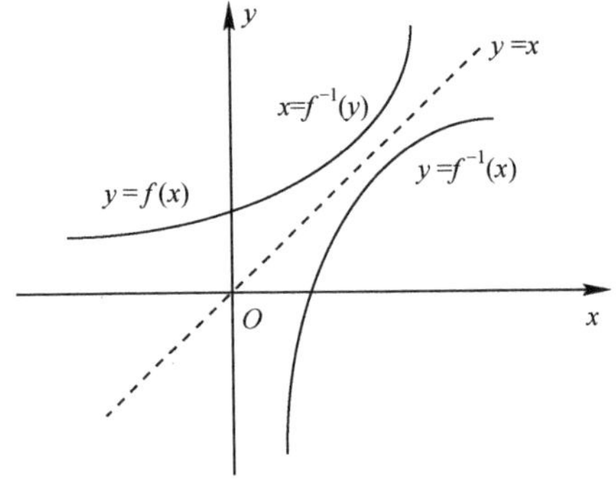

图1-16　原函数与反函数的图形

由定义1.7知，函数 $y=f(x)$具有

反函数的充要条件是自变量与因变量之间具有一一对应的关系，而严格单调函数具备这种关系，因此，严格单调函数的反函数必存在．

例 1.15　设 $y=f(x)=\dfrac{e^x-e^{-x}}{2}$，求反函数 $f^{-1}(x)$、值域 Z_f、反函数的定义域和值域．

解　易知，$D_f=(-\infty,+\infty)$，且由

$$y=\frac{e^x-e^{-x}}{2} \quad\Rightarrow\quad (e^x)^2-2ye^x-1=0 \quad\Rightarrow\quad e^x=y\pm\sqrt{y^2+1},$$

并结合 $e^x>0$ 有

$$x=\ln(y+\sqrt{y^2+1}),\quad -\infty<y<+\infty.$$

综上述知，所求反函数 $f^{-1}(x)$、值域 Z_f、反函数的定义域和值域分别为

$y=f^{-1}(x)=\ln(x+\sqrt{x^2+1})$，　$Z_f=D_{f^{-1}}=(-\infty,+\infty)$，

$Z_{f^{-1}}=D_f=(-\infty,+\infty)$．　**解毕**

例 1.16　求函数 $y=f(x)=\begin{cases}x+1, & -1\leqslant x\leqslant 0,\\ -x, & 0<x\leqslant 1\end{cases}$ 的反函数 $f^{-1}(x)$，并在同一直角坐标系中作出它们的图形．

解　因当 $-1\leqslant x\leqslant 0$ 时，由 $y=x+1$ 得

$$x=y-1,\quad 0\leqslant y\leqslant 1;$$

当 $0<x\leqslant 1$ 时，由 $y=-x$ 得

$$x=-y,\quad -1\leqslant y<0.$$

综上述知，$y=f^{-1}(x)=\begin{cases}x-1, & 0\leqslant x\leqslant 1,\\ -x, & -1\leqslant x<0,\end{cases}$ 且其图形如图 1-17 所示．　**解毕**

从例 1.15 看出：若原函数的值域不易求出时，则可通过求其反函数的定义域来得到；从**例 1.16看出**：求分段函数的反函数时，先分段求出相应的反函数，最后再分段写出反函数的统一表达式．

图 1-17

1.3.2　复合函数

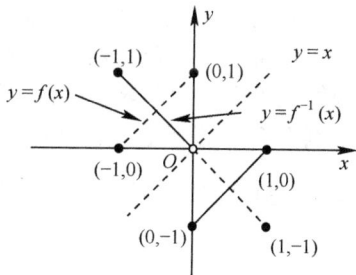

定义 1.8　设函数 $y=f(u)$ 的定义域和值域分别为 D_f 和 Z_f，函数 $u=g(x)$ 的定义域和值域分别为 D_g 和 Z_g，且 $D_f\cap Z_g\neq\varnothing$，则将 $u=g(x)$ 代入 $y=f(u)$ 后便可得到一个新函数如下：

$$y=f[g(x)]\xlongequal{\text{记为}}(f\circ g)(x),\quad x\in D_{f\circ g}=\{x\,|\,x\in D_g,g(x)\in D_f\}\subset D_g,$$

并称函数 $y=f[g(x)]$ 为由函数 $u=g(x)$(称为**内函数**)和 $y=f(u)$(称为**外函数**)构成的**复合函数**,同时称 x 为**自变量**,u 为**中间变量**,y 为**因变量**,$y\to u\to x$ 为**复合关系图**.

例 1.17　设函数 $y=f(u)=\ln(u-3)$,函数 $u=g(x)=\cos^2 x$,问:由这两个简单函数能否进行复合而得到复合函数 $y=f[g(x)]$? 为什么?

解　因由 $y=f(u)=\ln(u-3)$,$u=g(x)=\cos^2 x$ 知

$$u-3>0,\quad 0\leqslant u=g(x)=\cos^2 x\leqslant 1,$$

由此知 $D_f=(3,+\infty)$,$Z_g=[0,1]$.

显然,$D_f\cap Z_g=(3,+\infty)\cap[0,1]=\varnothing$,故由

$$y=f(u)=\ln(u-3),\quad u=g(x)=\cos^2 x$$

这两个简单函数不能进行复合而得到复合函数 $y=f[g(x)]$.　　**解毕**

例 1.17 说明:并非由任何两个简单函数都能进行复合而得到复合函数.

例 1.18　设 $y=f(u)=\sqrt{u-1}$,$u=g(x)=\lg(1+x^2)$,求 $y=f[g(x)]$ 及其定义域.

解法一　因 $y=f(u)=\sqrt{u-1}$,$u=g(x)=\lg(1+x^2)$,故所求复合函数为

$$y=f[g(x)]=\sqrt{g(x)-1}=\sqrt{\lg(1+x^2)-1},$$

且由 $u-1\geqslant 0$ 知 $D_f=[1,+\infty)$,结合 $u=g(x)\in D_f$ 得 $\lg(1+x^2)\geqslant 1=\lg 10$,由此有 $1+x^2\geqslant 10$,进而有 $x\leqslant -3$ 或 $x\geqslant 3$,所以,

$$D_{f\circ g}=(-\infty,-3]\cup[3,+\infty).$$

解法二　因 $y=f(u)=\sqrt{u-1}$,$u=g(x)=\lg(1+x^2)$,故

$$y=f[g(x)]=\sqrt{g(x)-1}=\sqrt{\lg(1+x^2)-1},$$

且由 $\lg(1+x^2)-1\geqslant 0$ 知 $\lg(1+x^2)\geqslant 1=\lg 10$,由此有 $1+x^2\geqslant 10$,从而

$$D_{f\circ g}=(-\infty,-3]\cup[3,+\infty).$$

解毕

类似地,可以定义由三个或三个以上简单函数复合而成的复合函数(按由外层向里层逐层进行复合的顺序进行复合). 有时为了便于理解和计算,还需将复合函数分解成若干个简单函数,且由外层向里层逐层进行分解.

例 1.19　设函数 $y=f(u)=2^u$,$u=g(v)=\ln v$,$v=\varphi(t)=\arccos t$,$t=\Psi(x)=\dfrac{1}{x}$,求由这四个简单函数复合而成的复合函数 $y=F(x)$(即将 y 表示成 x 的函数)及其定义域.

解　易知,所求复合函数的复合关系图为 $y\to u\to v\to t\to x$,故由所给简单函数按由外层向里层逐层进行复合的顺序便可得所求复合函数如下:

$$y=F(x)=2^u=2^{g(v)}=2^{\ln v}=2^{\ln\varphi(t)}=2^{\ln(\arccos t)}=2^{\ln[\arccos\psi(x)]}=2^{\ln\left(\arccos\frac{1}{x}\right)},$$

且由 $\arccos\dfrac{1}{x}>0$ 知 $-1\leqslant\dfrac{1}{x}<1$,由此有 $\begin{cases}x>0,\\ \dfrac{1}{x}<1\end{cases}$ 或 $\begin{cases}x<0,\\ -1\leqslant\dfrac{1}{x},\end{cases}$ 进而有 $x>1$ 或 $x\leqslant -1$,

所以

$$D_F=(-\infty,-1]\cup(1,+\infty).$$ **解毕**

例 1.20 设 $f(x)=\dfrac{1-x}{1+x}$,求 $f[1+f(x)]$.

解 $f[1+f(x)]=\dfrac{1-[1+f(x)]}{1+[1+f(x)]}=\dfrac{-f(x)}{2+f(x)}=\dfrac{-\dfrac{1-x}{1+x}}{2+\dfrac{1-x}{1+x}}=\dfrac{x-1}{x+3}$. **解毕**

例 1.21 将下列函数分解为简单函数:

(1) $y=e^{\sin^2(3x+1)}$;　　(2) $y=\ln(\arctan e^{x^2})$.

解 (1) 按由外层向里层逐层分解的顺序将 $y=e^{\sin^2(3x+1)}$ 分解为下面四个简单函数:

$$y=e^u,\quad u=v^2,\quad v=\sin t,\quad t=3x+1.$$

(2) 按由外层向里层逐层分解的顺序将 $y=\ln(\arctan e^{x^2})$ 分解为下面四个简单函数:

$$y=\ln u,\quad u=\arctan v,\quad v=e^t,\quad t=x^2.$$ **解毕**

习 题 1.3

1. 求下列函数的反函数:

(1) $y=3x+\dfrac{1}{2}(x\in\mathbf{R})$;　　(2) $y=1-\sqrt{2x-3}(x\geqslant 2)$;

(3) $y=\dfrac{x-2}{2x-1}\left(x\in\mathbf{R},x\neq\dfrac{1}{2}\right)$;　　(4) $y=x^2-2x+3(x\in\mathbf{R},x\leqslant 1)$.

2. 设 $f(x)=x^2,g(x)=2^x$,求 $f[g(x)]$和 $g[f(x)]$.

3. 设 $f(x)$的定义域是$(0,1)$,求 $f(\lg x)$的定义域.

4. 下列函数由哪些简单函数复合而成?

(1) $y=\sqrt{3x-1}$;　(2) $y=e^{e^{-x^2}}$;　(3) $y=(1+\lg x)^5$;　(4) $y=\lg^2\arccos x^3$.

1.4 基本初等函数与初等函数

1.4.1 基本初等函数

下列六类函数称为**基本初等函数**.

(1) **常量函数**:$y=C$(C 为常数).

(2) **幂函数**:$y=x^\alpha(\alpha\in\mathbf{R})$.

(3) **指数函数**:$y=a^x(a>0,a\neq 1)$.

(4) **对数函数**：$y=\log_a x\ (a>0, a\neq 1)$.

(5) **三角函数**：$y=\sin x$，$y=\cos x$，$y=\tan x$，

$y=\cot x$，$y=\sec x$，$y=\csc x$.

(6) **反三角函数**：$y=\arcsin x$，$y=\arccos x$，$y=\arctan x$，

$y=\operatorname{arccot} x$，$y=\operatorname{arcsec} x$，$y=\operatorname{arccsc} x$.

上述基本初等函数，虽然在中学都已学过，但由于它们是构成初等函数的基本元素，因此，它们在《微积分》的学习中占有非常重要的地位，所以，我们仍将这些函数的基本概况列于表 1-1 中.

表 1-1 基本初等函数表

类别	名称	解析式	定义域	值域	图形
常量函数		$y=C$	$(-\infty,+\infty)$	$\{C\}$	
幂函数	二次抛物线	$y=x^2$	$(-\infty,+\infty)$	$[0,+\infty)$	
	三次抛物线	$y=x^3$	$(-\infty,+\infty)$	$(-\infty,+\infty)$	
	抛物线	$y=\sqrt{x}$	$[0,+\infty)$	$[0,+\infty)$	
	等轴双曲线	$y=\dfrac{1}{x}$	$x\neq 0$	$y\neq 0$	
	一般情形	$y=x^\alpha$ $\alpha>0$	在$[0,+\infty)$有定义	值域包括$[0,+\infty)$	
		$\alpha<0$	在$(0,+\infty)$有定义	值域包括$(0,+\infty)$	

续表

类别	名称	解析式	定义域	值域	图形
指数函数		$y=a^x$ $a>1$	$(-\infty,+\infty)$	$(0,+\infty)$	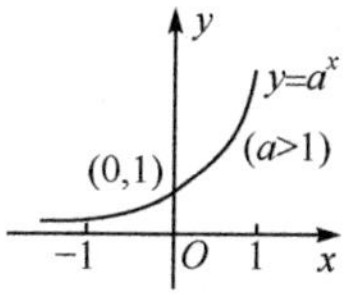
		$0<a<1$			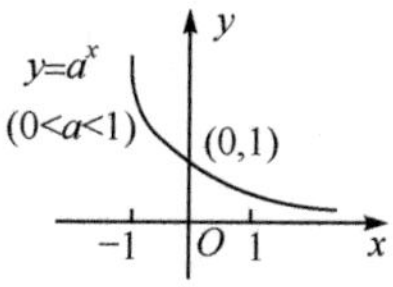
对数函数		$y=\log_a x$ $a>1$	$(0,+\infty)$	$(-\infty,+\infty)$	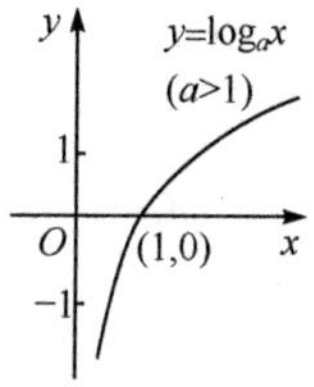
		$0<a<1$			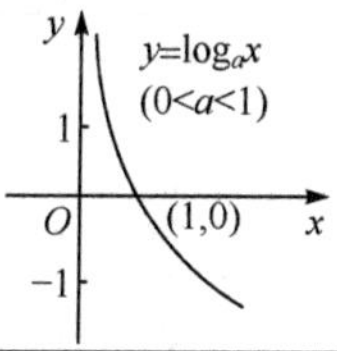
三角函数	正弦函数	$y=\sin x$	$(-\infty,+\infty)$	$[-1,1]$	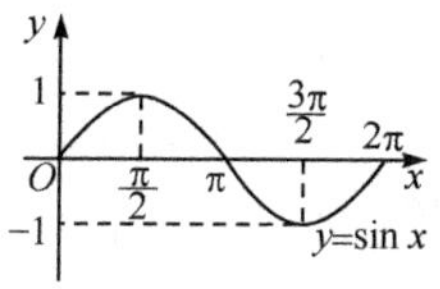
	余弦函数	$y=\cos x$	$(-\infty,+\infty)$	$[-1,1]$	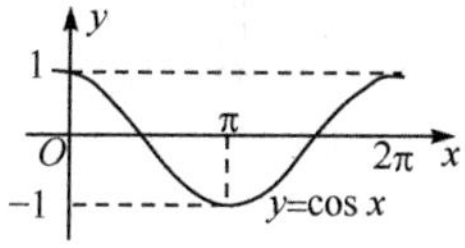
	正切函数	$y=\tan x$	$x\neq n\pi+\frac{\pi}{2}$（n 为整数）	$(-\infty,+\infty)$	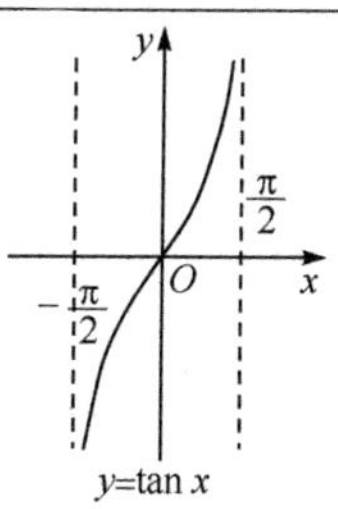

续表

类别	名称	解析式	定义域	值域	图形
	余切函数	$y=\cot x$	$x\neq n\pi$ (n 为整数)	$(-\infty,+\infty)$	$y=\cot x$
反三角函数	反正弦函数	$y=\arcsin x$	$[-1,1]$	$\left[-\frac{\pi}{2},\frac{\pi}{2}\right]$	$y=\arcsin x$
	反余弦函数	$y=\arccos x$	$[-1,1]$	$[0,\pi]$	$y=\arccos x$
	反正切函数	$y=\arctan x$	$(-\infty,+\infty)$	$\left(-\frac{\pi}{2},\frac{\pi}{2}\right)$	y=arctant x
	反余切函数	$y=\operatorname{arccot} x$	$(-\infty,+\infty)$	$(0,\pi)$	y=arc cot x

1.4.2　初等函数

定义 1.9　由基本初等函数经过函数的有限次四则运算或有限次复合运算所得到的,且能由一个式子表示的函数称为**初等函数**.

例 1.22　函数 $y=f(x)=\ln^2[\cos(3e^x+5)]$ 是初等函数,因它是由常量函数、幂函数、指数函数、对数函数和三角函数经过有限次运算且由一个式子表示的函数.

例 1.23　(1) 显然,函数 $y=\begin{cases}1+x, & x\geqslant 0,\\ 1, & x<0\end{cases}$ 是分段函数但不是初等函数,因它不能由一个式子表示;

(2) 显然,函数 $y=\begin{cases}x, & x\geqslant 0,\\ -x, & x<0\end{cases}=|x|=\sqrt{x^2}$ 既是分段函数又是初等函数,因它是由幂函数 $y=u^{\frac{1}{2}}=\sqrt{u}$ 和 $u=x^2$ 经过一次复合运算且由一个式子表示的函数.

例 1.23 说明:分段函数不一定是初等函数.

例 1.24　若 $f(x)$、$g(x)$ 均为初等函数且 $f(x)>0$,则由恒等式

$$f(x)^{g(x)}\equiv e^{g(x)\ln f(x)}$$

及初等函数的定义知,**幂指函数** $y=f(x)^{g(x)}$ 也是初等函数.

注　分段函数一般不是初等函数,许多分段函数在其定义域内的各子区间上的解析式都是初等函数,故可通过初等函数来研究这类分段函数. 另外,**基本初等函数必是初等函数,反之不一定**.

习　题　1.4

1. 哪几类函数被称为基本初等函数,以对数函数为例,分析对数函数的性质.
2. 初等函数是如何定义的?
3. 分段函数 $y=\begin{cases}1+x, & x\geqslant 0,\\ 1-x, & x<0\end{cases}$ 是否为初等函数? 为什么?

1.5　几种常见的经济函数

1.5.1　成本函数

产品成本是以货币形式表现的企业生产和销售产品的全部费用支出,**(总)成本**表示费用总额与产量(或销售量)之间的依赖关系,且总成本可分为**固定成本**和**可变成本**两部分,即

总成本=固定成本+可变成本，

而**所谓固定成本**，是指在一定时期内不随产量变化的那部分成本；**所谓可变成本**，是指随产量变化而变化的那部分成本．

一般地，设生产 q 单位产品时，其固定成本为 C_0（与产量 q 无关），可变成本为 $C_1(q)$，总成本为 $C(q)$，则

$$C(q)=C_0+C_1(q) \quad (q\geqslant 0),$$

并称 $C(q)$ 为**总成本函数**，$C_1(q)$ 为**可变成本函数**．易知，$C(q)$ 与 $C_1(q)$ 均为产量 q 的递增函数，而 $C_0=C(0)$ 相当于产量(或销售量)$q=0$ 时对应的成本函数值．另外，称函数

$$\frac{C(q)}{q}\overset{\text{记为}}{=\!=}\overline{C}(q)$$

为**单位成本函数**或**平均成本函数**．

例 1.25 已知某商品的总成本函数 $C(q)=100+\frac{q^2}{4}$，求当 $q=10$ 时该商品的总成本和平均成本．

解 因 $C(q)=100+\frac{q^2}{4}$，故当 $q=10$ 时该商品的总成本和平均成本分别为

$$C(10)=100+\frac{10^2}{4}=125, \quad \overline{C}(10)=\frac{C(10)}{10}=\frac{125}{10}=12.5.$$ **解毕**

1.5.2 收益函数

众所周知，总收益、价格和销售量之间具有如下关系：

总收益=价格×销量，

于是，若设商品的销售价格为 p 单位，销售量为 q 单位，相应的**总收益函数**为 $R(q)$，其中价格 p 可以是常数，也可以是销售量 q 的函数 $P(q)$（称为**价格函数**），则有

$$R(q)=p\cdot q=P(q)\cdot q \quad (q\geqslant 0),$$

而称 $\frac{R(q)}{q}\overset{\triangle}{=}\overline{R}(q)$ 为**平均收益函数**，且有

$$\overline{R}(q)=\frac{P(q)\cdot q}{q}=P(q),$$

即平均收益 $\overline{R}(q)$ 就是平均价格 $P(q)$．

同理，也可把总收益表为销售价格 p 的函数，即

$$R(p)=p\cdot q=p\cdot q(p) \quad (p>0),$$

并称 $q(p)$ 为**销售函数**．

1.5.3 总利润函数

因利润、总收益和总成本之间具有如下关系：

总利润＝总收益－总成本，

故若设商品的销售量为 q，相应的**总利润函数**为 $L(q)$，总收益函数为 $R(q)$，总成本函数为 $C(q)$，则有

$$L(q)=R(q)-C(q) \quad (q\geqslant 0).$$

显然，当 $L=R-C>0$ 时，生产者盈利；当 $L=R-C<0$ 时，生产者亏损；当 $L=R-C=0$ 时，生产者盈亏平衡．所以，我们把使得 $L(q)=0$ 的点 q_0 称为**盈亏平衡点**（又称为**保本点**）．

例 1.26 已知某工厂每批生产某种商品 q 单位的总费用为 $C(q)=6q+400$，得到的收益是 $R(q)=10q-0.01q^2$，求利润函数，并问每批生产多少单位时能使生产者保持盈亏平衡（即求盈亏平衡点）？

解 因 $C(q)=6q+400$，$R(q)=10q-0.01q^2$，故利润函数为

$$L(q)=R(q)-C(q)=(10q-0.01q^2)-(6q+400)=4q-0.01q^2-400\,(q>0).$$

另外，由 $L(q)=4q-0.01q^2-400=0$ 知 $(q-200)^2=0$，由此得 $q=200$，故每批生产 200 个单位时能使生产者保持盈亏平衡． **解毕**

1.5.4 需求函数

要理解什么是需求函数，就必须先理解什么是需求量．

需求量：在一定价格条件下，消费者愿意并有支付能力购买的商品数量．影响需求量的因素很多（如商品的价格、消费者的货币收入、人口、消费者的偏好和相关商品的价格等），但主要因素是商品的价格．因此，可将商品价格以外的因素视为不变因素，而将商品的价格 p 视为自变量，需求量 q 视为因变量，即可将需求量 q 视为价格 p 的函数，记作 $q=D(p)$，并称该函数为**需求函数**，相应的曲线 $q=D(p)$ 称为**需求曲线**（图 1-18），它的反函数 $p=D^{-1}(q)\overset{\text{记为}}{=\!=}P(q)$ 称为**价格函数**（习惯上仍称为**需求函数**）．一般情况下，需求函数是价格 p 的递减函数，但也有例外情形，如古画、文物、股票等．

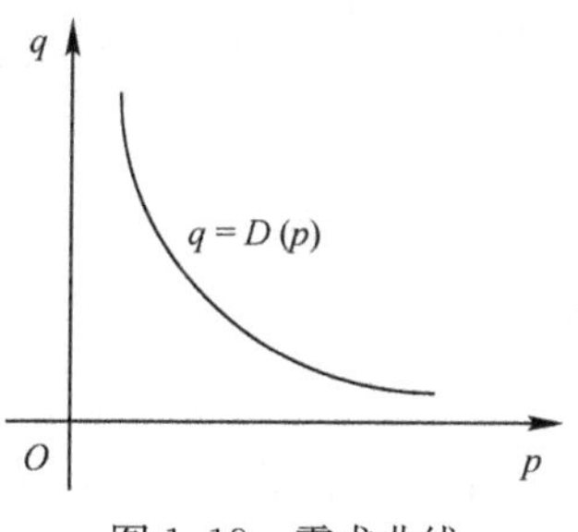

图 1-18 需求曲线

1.5.5 供给函数

供给量：在一定价格条件下，商品生产者愿意并有可能出售的商品数量．影响

供给量的因素也很多(如商品的价格、成本、技术和对劳务价格的预测等),但主要因素还是商品的价格. 因此,可将商品价格以外的因素视为不变因素,而将商品的价格 p 视为自变量,商品的供给量 q 视为因变量,即可将供给量 q 视为价格 p 的函数,记作 $q=S(p)$,并称该函数为**供给函数**,相应的曲线 $q=S(p)$ 称为**供给曲线**(图 1-19),它的反函数 $p=S^{-1}(q)\triangleq P(q)$ 称为**价格函数**(习惯上仍称为**供给函数**). 一般情况下,供给函数是价格 p 的递增函数,但也有例外情形,如珍贵的文物和古董等.

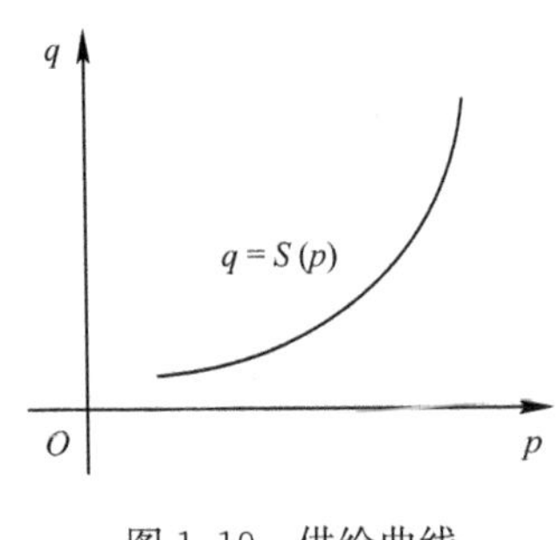

图 1-19 供给曲线

1.5.6 均衡价格、均衡量和均衡点

定义 1.10 使得需求量和供给量相等的价格 p^* 称为**均衡价格**;使得需求量和供给量相等的商品量 q^* 称为**均衡量**;需求曲线 $q=D(p)$ 和供给曲线 $q=S(p)$ 的交点 (p^*,q^*) 称为**均衡点**(图 1-20).

例 1.27 设某商品的需求量 q 与价格 p 之间呈线性关系,如果该商品的最大需求量为 3000 件,最高价格为 600 元/件,供给函数 $q=S(p)=\frac{1}{60}p^2$,求该商品的线性需求函数和均衡点.

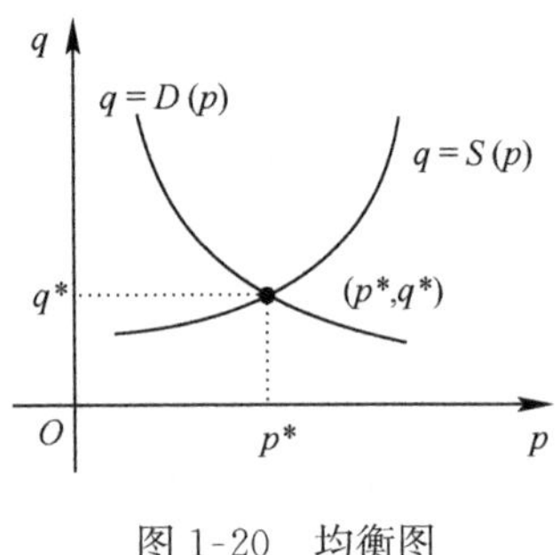

图 1-20 均衡图

解 由题意知,该商品的需求函数可设为:$q=D(p)=a+bp$ 且满足 $\begin{cases}D(0)=3000,\\D(600)=0,\end{cases}$

即 $\begin{cases}a=3000,\\a+600b=0,\end{cases}$ 亦即 $\begin{cases}a=3000,\\b=-5,\end{cases}$ 故所求线性需求函数为

$$q=D(p)=3000-5p \quad (p\geqslant 0).$$

另一方面,由 $D(p)=S(p)$ 有 $3000-5p=\frac{1}{60}p^2$,故结合 $p\geqslant 0$ 得 $p=300$,且此时

$$q=D(300)=3000-5\times 300=1500,$$

从而所求均衡点为(300,1500). **解毕**

习 题 1.5

1. 某运输公司规定货物的"吨公里"运价为:在 a 公里内,每公里 k 元;超过 a

公里时，超过部分每公里为$\frac{4}{5}k$元．求运价m和里程S之间的函数关系．

2. 某厂生产某产品，每日最多生产100单位．它的日固定成本为130元，生产一个单位的可变成本为6元，求该厂日总成本函数及平均单位成本函数．

习　题　一

一、单项选择题

1. 若函数$f(x)=\begin{cases}1, & 0\leqslant x\leqslant 1,\\ 2, & 1<x\leqslant 2,\end{cases}$则函数$g(x)=f(2x)+f(x-2)$　【　】

A. 无意义；　B. 在[0,2]上有意义；

C. 在[0,4]上有意义；　D. 在[2,4]上有意义．

2. 下列各组函数中，表示同一函数的是　【　】

A. $f(x)=\sqrt{x^2}, g(x)=(\sqrt{x})^2$；　B. $f(x)=\ln x^2, g(x)=2\ln x$；

C. $f(x)=x, g(x)=|x|$；　D. $f(x)=\frac{(\sqrt{x})^2}{x}, g(x)=\frac{x}{(\sqrt{x})^2}$.

3. 下列区间中，使$f(x)=\lg(x-1)$有界的区间是　【　】

A. (1,2)；　B. (2,3)；　C. $(1,+\infty)$；　D. $(2,+\infty)$.

4. 下列函数中为偶函数的是　【　】

A. $\frac{\cos x}{x}$；　B. $\frac{10^x-10^{-x}}{2}$；　C. $x^2+\cos x$；　D. $\frac{e^x-1}{e^x+1}$.

5. 若函数$f(x)$在$(-\infty,+\infty)$内有定义，则下列函数中必为奇函数的是　【　】

A. $y=-|f(x)|$；　B. $y=xf(x^2)$；

C. $y=-f(-x)$；　D. $y=f(x)+f(-x)$.

6. 若函数$f(x)$在$(-\infty,+\infty)$内有定义，则下列函数中必为偶函数的是　【　】

A. $y=|f(x)|$；　B. $y=f(-x)$；

C. $y=f(x)-f(-x)$；　D. $y=f(x^2)$.

7. 函数$y=\sin\frac{1}{x}$是　【　】

A. 有界函数；　B. 单调函数；　C. 周期函数；　D. 无界函数．

8. 下列函数中不是初等函数的是　【　】

A. $y=\frac{x^2-1}{x-1}$；　B. $y=\left[\frac{\sin(e^x-1)}{\lg(1+x^2)}\right]^{\frac{1}{3}}$；

C. $y=\begin{cases}\dfrac{x^2-1}{x-1}, & x\neq 1,\\ 0, & x=1;\end{cases}$　　D. $y=\sqrt{2-\cos x}$.

二、填空题

1. 满足 $|x+3|<2$ 的全体实数,称为以____为中心,____为半径的邻域.

2. 若 $f(x)=\dfrac{1}{x^2-1}$, $g(x)=x+1$,则 $f[g(x)]=$____.

3. 函数 $y=10^{x-1}-2$ 的反函数是____.

4. 若函数 $f\left(x-\dfrac{1}{x}\right)=x^2+\dfrac{1}{x^2}$,则函数 $f(x+1)=$____.

三、解答题

1. 解下列不等式:

(1) $x^2\leqslant 25$;　(2) $x^2>9$;　(3) $1<(x-1)^2<4$;　(4) $2<\dfrac{1}{|x|}<4$.

2. 确定下列函数的定义域:

(1) $y=\sqrt{5x+8}$;　(2) $y=\dfrac{1}{x^2-3x+2}$;　(3) $y=\arccos\dfrac{2x-1}{3}$;

(4) $y=\ln(x^2-2x)$;(5) $y=\sqrt{\ln\dfrac{5x-x^2}{4}}$;　(6) $y=\dfrac{\arcsin\dfrac{2x-1}{7}}{\sqrt{x^2-x-6}}$.

3. 设函数 $f(x)$ 的定义域为 $[0,6]$,求函数 $g(x)=f(x+2)+f(2x-6)$ 的定义域.

4. 判断下列各对函数是否相同,并说明理由:

(1) $y=\dfrac{(x-2)^2}{x-2}$, $y=x+2$;

(2) $y=\ln x^2$, $y=2\ln x$;

(3) $y=\ln x^3$, $y=3\ln x$;

(4) $y=\ln(x^2-1)$, $y=\ln(x+1)+\ln(x-1)$.

5. 判断下列函数的奇偶性:

(1) $f(x)=\dfrac{\sin x}{x}+\cos x$;　(2) $f(x)=\ln(\sqrt{1+x^2}-x)$;

(3) $f(x)=\dfrac{a^{-x}-a^x}{a^{-x}+a^x}$;　(4) $F(x)=f(x)-f(-x)\ (x\in\mathbf{R})$.

6. 设 $\varphi(x+1)=\begin{cases}x^2, & 0\leqslant x\leqslant 1,\\ 2x, & 1<x\leqslant 2,\end{cases}$ 求 $\varphi(x)$.

7. 将函数 $y=5-|2x-1|$ 用分段形式表示出来,并作出函数的图形.

8. 判断下列函数的单调性：

(1) $y=\left(\frac{1}{2}\right)^x$；　(2) $y=x+\ln x$；　(3) $y=1-3x^2$.

9. 函数 $y=|\sin 3x|$ 的周期是多少？

10. 求下列函数的反函数及其定义域：

(1) $y=x^3+2$；　(2) $y=\begin{cases}x-1, & x<0,\\ x^2, & x\geqslant 0\end{cases}$；　(3) $y=\frac{x+2}{x-2}$.

11. 将下列各题中的 y 表为 x 的复合函数：

(1) $y=\sqrt{u}, u=5v^3, v=\operatorname{arccot} x$；

(2) $y=u^2, u=\ln v, v=\sqrt{\omega}, \omega=1+x^2$；

(3) $y=u^3, u=\sin v, v=\sqrt[4]{t}, t=\operatorname{arccot} x$.

12. 指出下列复合函数由哪些简单函数复合而成：

(1) $y=\cos\sqrt{3x-1}$；　(2) $y=\mathrm{e}^{(1+3x)^{20}}$；

(3) $y=\log_a\sqrt{1+2x}\,(a>0, a\neq 1)$；　(4) $y=(\operatorname{arccot}\sqrt[3]{1-x^2})^2$；

(5) $y=a^{\sqrt{\sin x^2}}\,(a>0, a\neq 1)$；　(6) $y=\tan\frac{1}{\sqrt{\operatorname{arccot}\frac{1}{x}}}$.

第 2 章　极限与连续

极限概念是从计算某些实际问题的精确解而产生的，且微积分学中许多概念均建立在极限基础之上．所以，极限是整个微积分学的理论基础，也是阐述微积分概念和方法的有力工具，因而极限的思想和方法自始至终都贯穿在整个微积分学中．另外，微积分学中讨论的函数主要是连续函数，所以，本章主要讨论极限和函数的连续性．

2.1　数列极限

2.1.1　数列极限

1. 数列极限的定义

定义 2.1　按下标从小到大依次排列的无限数组

$$a_1, a_2, \cdots, a_n, \cdots$$

称为一个**数列**，并简记为 $\{a_n\}$，其中 a_n 称为数列的**通项**或**一般项**．

对数列 $\{a_n\}$ 来说，不是研究它的每一项如何取值，而是要探究当下标 n 无限增大时（记作 $n\to\infty$），下标 n 所对应的项 a_n 如何变化？有什么趋势？

下面来分析几个数列．

例 2.1　(1) $\left\{1+\dfrac{1}{n}\right\}$：$2, \dfrac{3}{2}, \dfrac{4}{3}, \dfrac{5}{4}, \cdots$；通项 $a_n=1+\dfrac{1}{n}$（图 2-1）.

观察图 2-1 发现：当 n 不断增大时，数列 $\left\{1+\dfrac{1}{n}\right\}$ 中的值 $a_n=1+\dfrac{1}{n}$ 由大于 1 的方向递减无限接近于 1.

(2) $\left\{1-\dfrac{1}{n}\right\}$：$0, \dfrac{1}{2}, \dfrac{2}{3}, \dfrac{3}{4}, \cdots$；通项 $a_n=1-\dfrac{1}{n}$（图 2-2）.

观察图 2-2 发现：当 n 不断增大时，数列 $\left\{1-\dfrac{1}{n}\right\}$ 中的值 $a_n=1-\dfrac{1}{n}$ 由小于 1 的方向递增无限接近于 1.

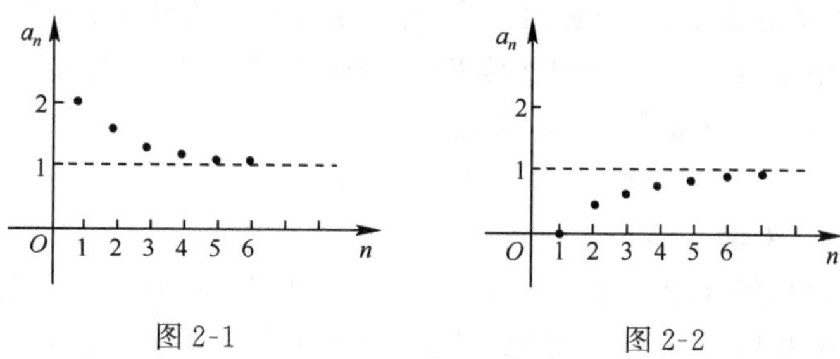

图 2-1　　　　图 2-2

(3) $\left\{1+(-1)^n \frac{1}{n}\right\}$: $0, \frac{3}{2}, \frac{2}{3}, \frac{5}{4}, \frac{4}{5}, \cdots$;通项 $a_n=1+(-1)^n \frac{1}{n}$(图 2-3).

观察图 2-3 发现:当 n 不断增大时,数列 $\left\{1+(-1)^n \frac{1}{n}\right\}$ 中的值 $a_n=1+(-1)^n \frac{1}{n}$ 由 1 的两边无限接近于 1.

(4) $\{2n\}$: $2,4,6,8,\cdots$;通项 $a_n=2n$(图 2-4).

观察图 2-4 发现:当 n 不断增大时,数列 $\{2n\}$ 中的值 $a_n=2n$ 无限增大而不接近于任何确定的常数.

(5) $\left\{\frac{1+(-1)^n}{2}\right\}$: $0,1,0,1,\cdots$;通项 $a_n=\frac{1+(-1)^n}{2}$(图 2-5).

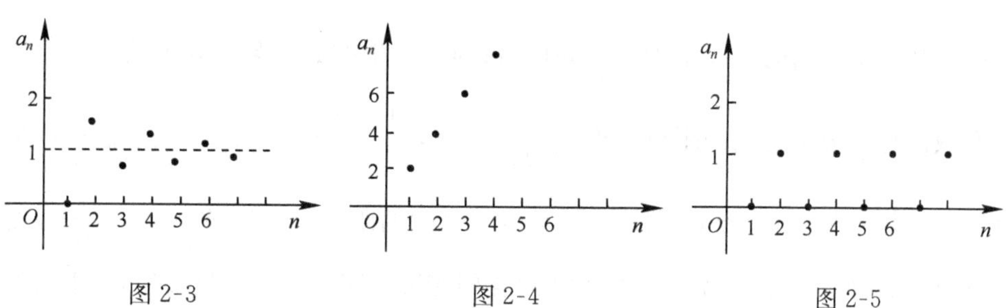

图 2-3　　　　图 2-4　　　　图 2-5

观察图 2-5 发现:当 n 不断增大时,数列 $\left\{\frac{1+(-1)^n}{2}\right\}$ 中的值 $a_n=\frac{1+(-1)^n}{2}$ 在 0 和 1 这两个值之间来回跳跃摆动而不接近于任何确定的常数.

从例 2.1 看出:随着项数 n 逐渐增大,每个数列都有着自己的变化趋势. 对数列(1)、(2)、(3)而言,都存在着一个确定的常数 $a(=1)$,使得当 n 不断增大时,数列 $\{a_n\}$ 中相应的值 a_n 无限接近于常数 a,因而可称常数 a 是当 n 趋于∞(记作 $n\to\infty$)时数列 $\{a_n\}$ 的**极限**,并记为 $\lim\limits_{n\to\infty} a_n=a$,此时也称数列 $\{a_n\}$ 是**收敛**的. 但对数列(4)、(5)来说,当 $n\to\infty$ 时,它们不无限接近于任何一个常数,因而此时可称数列 $\{a_n\}$ 是**发散**的. 一般地有以下定义:

定义 2.2(原始定义) 对数列$\{a_n\}$,若存在常数a,使得当n充分大(即$n\to\infty$)时,数列$\{a_n\}$中相应的值a_n无限地接近于a,则称常数a是数列$\{a_n\}$当$n\to\infty$时的**极限**,或称数列$\{a_n\}$**收敛于常数**a,并记为

$$\lim_{n\to\infty}a_n=a \quad 或 \quad a_n\to a(n\to\infty),$$

否则称数列$\{a_n\}$**发散**.

收敛数列的共同特征:当$n\to\infty$时,数列$\{a_n\}$中相应的值a_n可**无限接近**于某个常数a. 由于两数之间接近的程度(即距离)可用它们之差的绝对值来度量,故上述特征是:"当$n\to\infty$时,$|a_n-a|$可任意小".

为进一步理解"**无限接近**"的含义,再进一步考察数列$\{a_n\}=\left\{1+\frac{1}{n}\right\}$的变化情形. 对此数列来说,由等式

$$|a_n-1|=\left|\left(1+\frac{1}{n}\right)-1\right|=\frac{1}{n}$$

知,数列$\{a_n\}$中的数$a_n=1+\frac{1}{n}$与常数1之间的距离为$\frac{1}{n}$,且当n无限增大时,$\frac{1}{n}$可无限减小,故a_n与常数1可无限接近. 如对距离$\frac{1}{100}>0$,存在$N=100$,使当$n>N$时,相应的距离$|a_n-1|<\frac{1}{100}$,即数列$\{a_n\}$中的数从第101项开始后的所有数都与常数1之间的距离小于$\frac{1}{100}$;同样,数列$\{a_n\}$中的数从第10001项开始后的所有数都与常数1之间的距离小于$\frac{1}{10000}$. 显然,$\frac{1}{100}$、$\frac{1}{10000}$都很小,但它们毕竟是确定的正数,用它们只能刻划数a_n与常数1之间的距离小于定数$\frac{1}{100}$或$\frac{1}{10000}$,而不能刻划数列$\{a_n\}$中的数a_n与常数1可无限接近. 因此,要刻划数列$\{a_n\}$中的数a_n与常数1可无限接近,就要求它们之间的距离$|a_n-1|$能小于事先任意给定的无论多么小的正数,不妨记这样的正数为ε(简记为$\forall\varepsilon>0$,以后不再重复),即$|a_n-1|<\varepsilon$. 于是,$\forall\varepsilon>0$,只要取自然数$N=\left[\frac{1}{\varepsilon}\right]$(也可将$N$取为正数),则当$n>N$时,就能保证不等式$|a_n-1|<\varepsilon$成立,从而可保证数列$\{a_n\}$中的数从第$N+1$项开始后的所有数都与常数1之间的距离小于$\varepsilon$.

由上面的分析,我们可概括出数列极限的精确定义(即ε-N语言)如下:

定义 2.3(精确定义) 对数列$\{a_n\}$和常数a,若$\forall\varepsilon>0$,总存在正整数N(今后记为$\exists N\in\mathbf{N}^+$,不再重复),使得当$n>N$时,不等式

$$|a_n-a|<\varepsilon$$

恒成立,则称常数 a 为数列 $\{a_n\}$ 当 $n\to\infty$ 时的**极限**,或称数列 $\{a_n\}$ **收敛于** a,并记为

$$\lim_{n\to\infty} a_n = a \quad \text{或} \quad a_n \to a\ (n\to\infty),$$

否则称数列 $\{a_n\}$ **发散**,或称**极限** $\lim\limits_{n\to\infty} a_n$ **不存在**.

定义 2.3 可简记为:

$$\lim_{n\to\infty} a_n = a \quad \Leftrightarrow \quad \forall \varepsilon>0, \exists N\in \mathbf{N}^+, \text{使当 } n>N \text{ 时}, |a_n - a| < \varepsilon.$$

2. 数列极限的几何意义

因 $|a_n - a| < \varepsilon \Leftrightarrow a_n \in (a-\varepsilon, a+\varepsilon)$,且 ε 刻划了数 a_n 与常数 a 接近的程度,故得

$\lim\limits_{n\to\infty} a_n = a$ 的**几何意义**:$\forall \varepsilon>0$,总存在项数 N,使得数列 $\{a_n\}$ 中下标大于 N 的所有项 a_n 都落在开区间 $(a-\varepsilon, a+\varepsilon)$ 内,或至多有 N(有限)项落在该开区间之外(图 2-6),即极限值与数列中前有限个值为何值无关,只与数列的变化趋势有关.

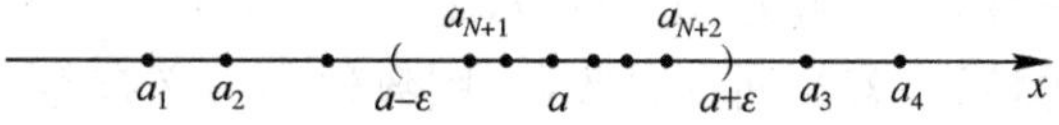

图 2-6

注 (1) 定义 2.3 不是构造性定义,它没有提供如何求数列极限的方法,只提供了如何来验证给定常数 a 是否为给定数列 $\{a_n\}$ 的极限.

(2) **验证 $\lim\limits_{n\to\infty} a_n = a$ 是否成立的关键是**:$\forall \varepsilon>0$,如何找到相应的项数(正整数)N,使得当 $n>N$ 时,不等式 $|a_n - a| < \varepsilon$ 恒成立. 因此,当正数 ε 给定之后,可由不等式 $|x_n - a| < \varepsilon$ 倒推回去寻找 N,从而**验证的过程就是寻找 N 的过程**,下面举例说明.

例 2.2 用数列极限定义证明:$\lim\limits_{n\to\infty} \dfrac{3n+1}{n} = 3$.

证明 因 $|a_n - a| = \left|\dfrac{3n+1}{n} - 3\right| = \dfrac{1}{n}$,故 $\forall \varepsilon>0$,要让 $|a_n - a| < \varepsilon$,只要让 $\dfrac{1}{n} < \varepsilon$ 即让 $n > \dfrac{1}{\varepsilon}$ 即可. 于是,$\forall\, 0<\varepsilon<1$,$\exists N = \left[\dfrac{1}{\varepsilon}\right]$,使当 $n>N$ 时,不等式

$$\left|\frac{3n+1}{n} - 3\right| < \varepsilon$$

恒成立,故 $\lim\limits_{n\to\infty} \dfrac{3n+1}{n} = 3$. **证毕**

例 2.3 证明:若 $|q|<1$,则等比数列 $\{q^n\}$ 的极限为 0,即 $\lim\limits_{n\to\infty} q^n = 0$.

证明 当 $q=0$ 时,结论显然成立,下设 $0<|q|<1$.

因 $|a_n - a| = |q^n - 0| = |q|^n$,故 $\forall\, 0<\varepsilon<1$,要让 $|a_n - a| < \varepsilon$,只要让 $|q|^n < \varepsilon$,

即让 $n>\frac{\ln\varepsilon}{\ln|q|}$(因 $|q|<1$)即可．于是，$\forall\, 0<\varepsilon<1$，$\exists N=\left[\frac{\ln\varepsilon}{\ln|q|}\right]$，使当 $n>N$ 时，不等式

$$|q^n-0|<\varepsilon$$

恒成立，故 $\lim\limits_{n\to\infty}q^n=0$．　　**证毕**

注　上述证明中限制 $0<\varepsilon<1$ 的原因是保证 $N\geqslant 1$，且如此限制后并不影响结论的正确性，这是由于当 $0<\varepsilon<1$ 且不等式 $|a_n-a|<\varepsilon$ 成立时，必可保证当 $\varepsilon\geqslant 1$ 时不等 $|a_n-a|<\varepsilon$ 也成立．因此，在今后的证明中可根据需要限制 ε 小于某个正数，不再赘述．

2.1.2　收敛数列的基本性质

为今后学习的需要，也为揭示收敛数列的最基本特征，下面不加证明地给出收敛数列的一些性质．

性质 2.1(唯一性)　若数列 $\{a_n\}$ 收敛，则其极限必唯一．

性质 2.2(有界性)　若数列 $\{a_n\}$ 收敛，则数列 $\{a_n\}$ 必有界，反之不一定．

根据性质 2.2，若数列 $\{a_n\}$ 无界，则数列 $\{a_n\}$ 必发散，但数列 $\{a_n\}$ 有界时该数列却未必收敛，即**数列有界仅是数列收敛的必要条件**．如数列 $\{(-1)^{n+1}\}$ 有界，但不收敛．

性质 2.3(保号性)　若 $\lim\limits_{n\to\infty}a_n=a>0$(或 $a<0$)，则 $\exists N\in\mathbf{N}^+$，使当 $n>N$ 时，恒有

$$a_n>0\quad(\text{或}\quad a_n<0).$$

推论 2.1(保号性)　若 $\lim\limits_{n\to\infty}a_n=a$，且 $\exists N\in\mathbf{N}^+$，使当 $n>N$ 时，$a_n\geqslant 0$(或 $a_n\leqslant 0$)，则 $a\geqslant 0$(或 $a\leqslant 0$)．

注　即使 $a_n>0$(或 $a_n<0$)也只能得到 $a\geqslant 0$(或 $a\leqslant 0$)的结论，而不能得到 $a>0$(或 $a<0$)的结论．如 $\frac{1}{n}>0\ (n=1,2,\cdots)$，但却有 $a=\lim\limits_{n\to}\frac{1}{n}=0$.

性质 2.4　$\lim\limits_{n\to\infty}a_n=a \Leftrightarrow \forall k\in\mathbf{N}^+,\ \lim\limits_{n\to\infty}a_{n+k}=a$.

性质 2.5　$\lim\limits_{n\to\infty}a_n=a \Leftrightarrow \lim\limits_{n\to\infty}a_{2n}=\lim\limits_{n\to\infty}a_{2n-1}=a$.

习　题　2.1

1. 考察下列数列是否存在极限，若存在，请指出是何值：

(1) $1,\frac{2}{3},\cdots,\frac{n}{2n-1},\cdots$;

(2) $1,\frac{1}{2},3,\frac{1}{4},\cdots,2n-1,\frac{1}{2n},\cdots$;

(3) $\cos\pi,\cos2\pi,\cdots,\cos n\pi,\cdots$;

(4) $-\frac{1}{2},\frac{1}{4},\cdots,\left(-\frac{1}{2}\right)^n,\cdots$;

(5) $0.9,0.99,0.999,0.9999,\cdots$;

(6) $1+\frac{1}{1},\frac{1}{2},1+\frac{1}{2},\frac{1}{3},1+\frac{1}{3},\frac{1}{4},1+\frac{1}{4},\cdots$;

(7) $\{a_n\}=\left\{(-1)^n\frac{n}{n+1}\right\}$;

(8) $\{a_n\}=\left\{\frac{n}{2n+1}\right\}$.

2. 用数列极限定义证明下列极限：

(1) $\lim\limits_{n\to\infty}\frac{n+1}{2n}=\frac{1}{2}$;　(2) $\lim\limits_{n\to\infty}\frac{1}{n^2}=0$;　(3) $\lim\limits_{n\to\infty}\frac{\cos x}{n}=0$;　(4) $\lim\limits_{n\to\infty}\frac{1}{2^n}=0$.

2.2　函数极限及其性质

2.2.1　函数极限的定义

在讨论函数 $f(x)$ 的极限时，由于自变量 x 的变化趋势有多种不同的情形，因而函数 $f(x)$ 的极限也有多种不同的情形，但主要有以下两种：

情形 1　自变量 x 无限接近于有限值 x_0（记作 $x\to x_0$）时，对应的函数值 $f(x)$ 的变化趋势；

情形 2　自变量 x 的绝对值 $|x|$ 无限增大（记作 $x\to\infty$）时，对应的函数值 $f(x)$ 的变化趋势 .

1. 当自变量趋于有限值时函数的极限

例 2.4　考察函数 $f(x)=x+1,g(x)=\frac{x^2-1}{x-1}$ 和 $h(x)=\begin{cases}x+1, & x\neq1,\\ 1, & x=1\end{cases}$ 当 $x\to1$ 时的变化趋势(图 2-7).

解　**由图 2-7 可见**：当 $x\to1$ 时，相应的函数值 $f(x)$、$g(x)$ 和 $h(x)$ 都无限地接近于常数 2. 因此，仿照数列极限的情形，可称常数 2 是当 $x\to1$ 时函数 $f(x)$、$g(x)$ 和 $h(x)$ 的极限，并分别记为 $\lim\limits_{x\to1}f(x)=2$，$\lim\limits_{x\to1}g(x)=2$ 和 $\lim\limits_{x\to1}h(x)=2$.　**解毕**

由例 2.4 看出：在点 $x=1$ 处，$f(x)$ 有定义且 $\lim\limits_{x\to1}f(x)=f(1)$，$g(x)$ 无定义，$h(x)$ 有定义但 $\lim\limits_{x\to1}h(x)\neq h(1)$. **由此说明**：函数 $f(x)$ 在点 x_0 处有无定义及取什么值并不影响函数 $f(x)$ 在点 x_0 处是否有极限，这是由于讨论函数 $f(x)$ 在点 x_0 处是否有极限时，主要考察的是函数值 $f(x)$ 在点 x_0 附近的变化趋势，故与函数

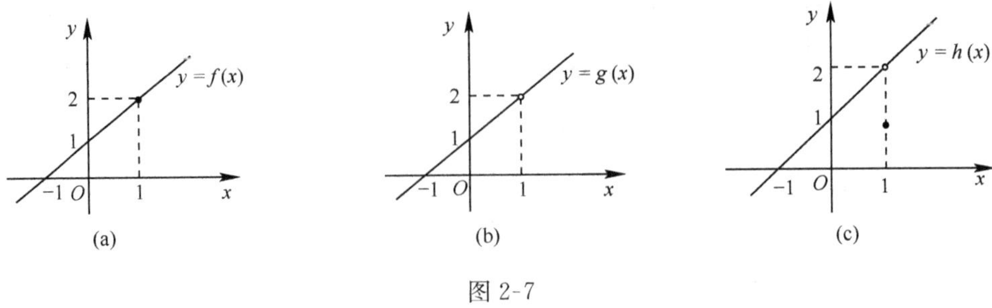

图 2-7

$f(x)$在点 x_0 处有无定义及取什么值无关.

根据上面的讨论和分析,我们可概括出函数在有限点处极限的原始定义如下:

定义 2.4(原始定义)　对在点 x_0 的某去心邻域内有定义的函数 $f(x)$和常数 A,若当 x 充分接近于点 x_0(即 $x\to x_0$)时,相应的函数值 $f(x)$无限地接近于常数 A,则称常数 A 是函数 $f(x)$当 $x\to x_0$ 时的**极限**,或称函数 $f(x)$在点 x_0 处**收敛于常数** A,并记为

$$\lim_{x\to x_0} f(x)=A \quad 或 \quad f(x)\to A(x\to x_0).$$

由于在 $x\to x_0$ 的过程中,对应的函数值 $f(x)$无限地接近于 A,相当于 $\forall \varepsilon>0$,可用 $|f(x)-A|<\varepsilon$ 来表达 $f(x)$与 A 接近的程度,而 $f(x)$无限接近于 A 是在 $x\to x_0$ 的过程中实现的,故对上述 ε,只需要求充分接近于点 x_0 的 x 所对应的函数值 $f(x)$满足不等式 $|f(x)-A|<\varepsilon$ 即可,而充分接近于点 x_0 的 x 可用点 x_0 的某去心 δ 邻域 $0<|x-x_0|<\delta$ 来控制.

根据上述分析,便可概括出函数在有限点处极限的精确定义(即 ε-δ 语言)如下:

定义 2.5(精确定义)　对在点 x_0 的某去心邻域内有定义的函数 $f(x)$和常数 A,若 $\forall \varepsilon>0$, $\exists \delta>0$,使当 $0<|x-x_0|<\delta$ 时,不等式

$$|f(x)-A|<\varepsilon$$

恒成立,则称常数 A 是函数 $f(x)$当 $x\to x_0$ 时的**极限**,或称为函数 $f(x)$在点 x_0 处的**极限**,并记为

$$\lim_{x\to x_0} f(x)=A \quad 或 \quad f(x)\to A(x\to x_0),$$

此时也称函数 $f(x)$在点 x_0 处**收敛**,否则称函数 $f(x)$在点 x_0 处**发散**.

定义 2.5 可简记为:

$$\lim_{x\to x_0} f(x)=A \quad \Leftrightarrow \quad \forall \varepsilon>0, \exists \delta>0,使当 0<|x-x_0|<\delta 时, |f(x)-A|<\varepsilon.$$

2. $\lim\limits_{x\to x_0} f(x)=A$ 的几何意义

因 $|f(x)-A|<\varepsilon \quad \Leftrightarrow \quad f(x)\in(A-\varepsilon, A+\varepsilon)$,且 ε 刻划了函数值 $f(x)$与常

数 A 接近的程度，故得

$\lim\limits_{x\to x_0}f(x)=A$ **的几何意义**：$\forall\varepsilon>0$，总存在$\mathring{U}(x_0,\delta)=\{x\mid 0<|x-x_0|<\delta\}$，使得当自变量 x 进入去心邻域$\mathring{U}(x_0,\delta)$时，曲线 $y=f(x)$ 上相应的点$(x,f(x))$就全部进入到两条水平直线 $y=A-\varepsilon$ 与 $y=A+\varepsilon$ 所夹的带形区域之内(图 2-8).

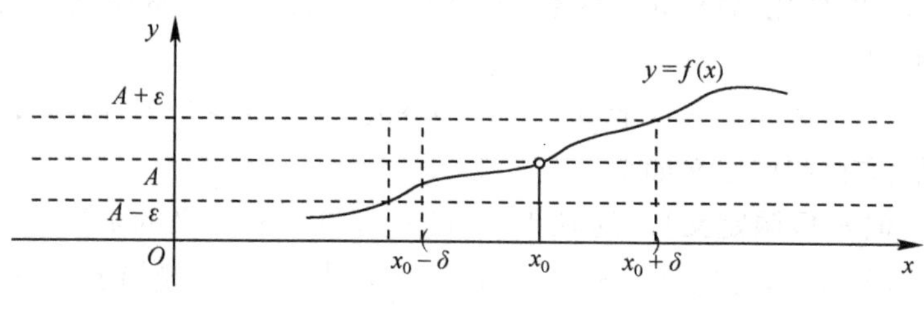

图 2-8

注　(1) 定义 2.5 也没有提供如何求函数极限的方法，只提供了如何验证给定常数 A 是否为给定函数 $f(x)$在给定点 x_0 处的极限值.

(2) **验证$\lim\limits_{x\to x_0}f(x)=A$ 是否成立的关键是**：$\forall\varepsilon>0$，如何找到相应的正数 δ，使当 $0<|x-x_0|<\delta$ 时，不等式$|f(x)-A|<\varepsilon$ 恒成立. 因此，当正数 ε 给定之后，可由不等式$|f(x)-A|<\varepsilon$ 倒推回去寻找δ，从而**验证**$\lim\limits_{x\to x_0}f(x)=A$ **的过程就是寻找 δ 的过程**，下面举例说明.

例 2.5　用函数极限定义验证下列极限：

(1) $\lim\limits_{x\to x_0}C=C(x_0\in\mathbf{R})$；　(2) $\lim\limits_{x\to x_0}x=x_0(x_0\in\mathbf{R})$；　(3) $\lim\limits_{x\to 1}\dfrac{x^2-1}{x-1}=2$.

验证　(1) 因 $\forall\varepsilon>0$，$\exists\delta=\varepsilon>0$，使当 $0<|x-x_0|<\delta$ 时，不等式

$$|f(x)-A|=|C-C|=0<\varepsilon$$

恒成立，故由定义 2.5 知$\lim\limits_{x\to x_0}C=C$.

(2) 因 $\forall\varepsilon>0$，$\exists\delta=\varepsilon>0$，使当 $0<|x-x_0|<\delta$ 时，不等式

$$|f(x)-A|=|x-x_0|<\delta=\varepsilon$$

恒成立，故由定义 2.5 知$\lim\limits_{x\to x_0}x=x_0$.

(3) 因$|f(x)-A|=\left|\dfrac{x^2-1}{x-1}-2\right|=|x-1|$，故 $\forall\varepsilon>0$，要让$|f(x)-A|<\varepsilon$，只要让$|x-1|<\varepsilon$ 即可. 于是，$\forall\varepsilon>0$，$\exists\delta=\varepsilon>0$，使当 $0<|x-1|<\delta$ 时，不等式

$$\left|\frac{x^2-1}{x-1}-2\right|<\varepsilon$$

恒成立，故由定义 2.5 知$\lim\limits_{x\to 1}\dfrac{x^2-1}{x-1}=2$.　　　　**验毕**

3. 左极限与右极限

在函数极限$\lim\limits_{x\to x_0}f(x)=A$的定义中,自变量$x$既可从点$x_0$的左边趋近于$x_0$,也可从点$x_0$的右边趋近于$x_0$. 但是,有时只需或只能考虑$x$从点$x_0$的一侧趋近于$x_0$时$f(x)$的变化趋势(如对函数$f(x)=\sqrt{x}$,只能考虑$x$从原点$O$的右侧趋近于0). 为此,先约定:

$$x\to x_0^-\ \text{表示}\ x\to x_0\ \text{且}\ x<x_0;\quad x\to x_0^+\ \text{表示}\ x\to x_0\ \text{且}\ x>x_0,$$

然后引入左、右极限的定义如下:

定义 2.6(左极限定义) 对在点x_0的左邻域内有定义的函数$f(x)$和常数A,若$\forall\varepsilon>0$, $\exists\delta>0$,使当$x_0-\delta<x<x_0$(即x从点x_0的左侧趋于x_0)时,不等式

$$|f(x)-A|<\varepsilon$$

恒成立,则称常数A是函数$f(x)$当$x\to x_0$时的**左极限**,或称函数$f(x)$在点x_0处的**左极限**,并记为

$$f(x_0-0)=\lim_{x\to x_0^-}f(x)=A\quad\text{或}\quad f(x_0-0)=\lim_{\substack{x\to x_0\\(x<x_0)}}f(x)=A.$$

定义 2.6 可简记为:

$$f(x_0-0)=\lim_{x\to x_0^-}f(x)=\lim_{\substack{x\to x_0\\(x<x_0)}}f(x)=A\quad\Leftrightarrow$$

$$\forall\varepsilon>0,\ \exists\delta>0,\text{使当}\ x_0-\delta<x<x_0\ \text{时},\ |f(x)-A|<\varepsilon.$$

同理可给出右极限的精确定义(简写形式)如下:

$$f(x_0+0)=\lim_{x\to x_0^+}f(x)=\lim_{\substack{x\to x_0\\(x>x_0)}}f(x)=A\quad\Leftrightarrow$$

$$\forall\varepsilon>0,\ \exists\delta>0,\text{使当}\ x_0<x<x_0+\delta\ \text{时},\ |f(x)-A|<\varepsilon.$$

函数的左极限和右极限统称为函数的**单侧极限**.

4. 单侧极限与极限的关系

函数的单侧极限与极限之间既有区别又有联系,它们之间的关系反映在下面的定理中:

定理 2.1 $\lim\limits_{x\to x_0}f(x)=A$(有限) $\Leftrightarrow$ $\lim\limits_{x\to x_0^-}f(x)=\lim\limits_{x\to x_0^+}f(x)=A$(有限).

定理 2.1′ $\lim\limits_{x\to x_0}f(x)$不存在 $\Leftrightarrow$ $\lim\limits_{x\to x_0^-}f(x)$与$\lim\limits_{x\to x_0^+}f(x)$中至少有一个不存在或$\lim\limits_{x\to x_0^-}f(x)$与$\lim\limits_{x\to x_0^+}f(x)$虽然都存在但不相等.

定理2.1或定理2.1′常被作为判断部分分段函数在其分界点处的极限是否存在的依据,下面举例说明.

例 2.6　讨论函数 $f(x)=\begin{cases}-x, & x\leqslant 0,\\ 1, & x>0\end{cases}$ 当 $x\to 0$ 时的极限是否存在 .

解　因由图 2-9 易见

$$f(0-0)=\lim_{x\to 0^-}f(x)=\lim_{\substack{x\to 0\\(x<0)}}(-x)=0,\quad f(0+0)=\lim_{x\to 0^+}f(x)=\lim_{\substack{x\to 0\\(x>0)}}1=1,$$

故 $f(0-0)\neq f(0+0)$，从而由定理 2.1′知，极限 $\lim\limits_{x\to 0}f(x)$ 不存在 .　**解毕**

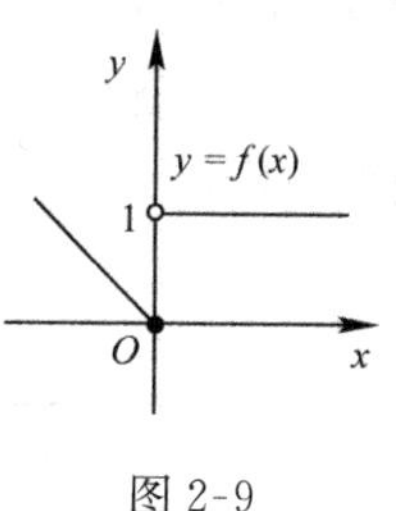

图 2-9

5. 当自变量趋于无穷大时函数的极限

例 2.7　考察函数 $f(x)=1+\dfrac{1}{x}$ 当 $x\to\infty$ 时的变化趋势.

解　由图 2-10 可见：当 $x\to\infty$ 时，相应的函数值 $f(x)$ 无限地接近于常数 1. 因此，仿照有限点时的情形，仍称常数 1 是当 $x\to\infty$ 时函数 $f(x)$ 的极限，并记为

$$\lim_{x\to\infty}f(x)=1.$$

解毕

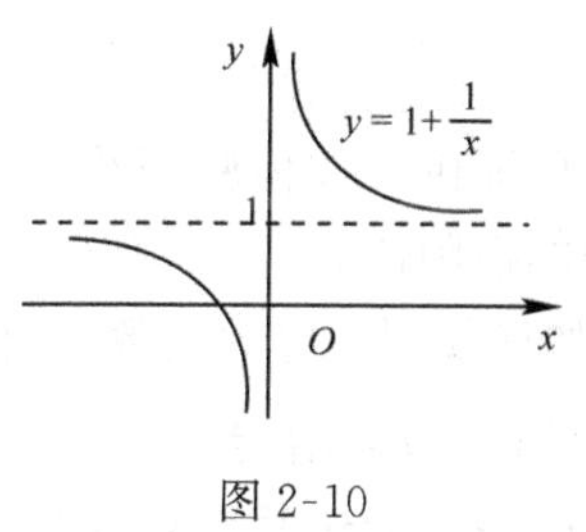

图 2-10

根据例 2.7 的情形，可归纳出当自变量趋于无穷大时函数极限的原始定义如下：

定义 2.7(原始定义)　对 $|x|$ 充分大时有定义的函数 $f(x)$ 和常数 A，若当 $|x|$ 充分大时，对应的函数值 $f(x)$ 无限地接近于常数 A，则称常数 A 是函数 $f(x)$ 当 $x\to\infty$ 时的**极限**，并记为

$$\lim_{x\to\infty}f(x)=A\quad 或\quad f(x)\to A(x\to\infty).$$

由于在 $x\to\infty$ 的过程中，对应的函数值 $f(x)$ 无限地接近于常数 A，相当于 $\forall\varepsilon>0$，可用 $|f(x)-A|<\varepsilon$ 来表达 $f(x)$ 与 A 接近的程度，而 $f(x)$ 无限接近于 A 是在 $x\to\infty$ 的过程中实现的，故对上述 ε，只需要求使得 $|x|$ 充分大的 x 所对应的函数值 $f(x)$ 满足不等式 $|f(x)-A|<\varepsilon$ 即可，而使得 $|x|$ 充分大的 x 可表达为 $|x|$ 大于某个足够大的正数 X，即 $|x|>X$.

根据上述分析，可概括出当自变量趋于无穷大(即 $x\to\infty$)时函数极限的精确定义(即 $\varepsilon-X$ 语言)如下：

定义 2.8(精确定义)　对 $|x|$ 充分大时有定义的函数 $f(x)$ 和常数 A，若 $\forall\varepsilon>0$，$\exists X>0$，使当 $|x|>X$ 时，不等式

$$|f(x)-A|<\varepsilon$$

恒成立，则称常数 A 是函数 $f(x)$ 当 $x\to\infty$ 时的**极限**，并记为

$$\lim_{x\to\infty}f(x)=A\quad 或\quad f(x)\to A(x\to\infty).$$

定义 2.8 可简记为：

$$\lim_{x\to\infty}f(x)=A\ \Leftrightarrow\ \forall\varepsilon>0,\exists X>0,使当|x|>X时,|f(x)-A|<\varepsilon.$$

6. $\lim\limits_{x\to\infty} f(x)=A$ 的几何意义

因 $|f(x)-A|<\varepsilon \Leftrightarrow f(x)\in(A-\varepsilon,A+\varepsilon)$，且 ε 刻划了函数值 $f(x)$ 与常数 A 接近的程度，故得

$\lim\limits_{x\to\infty} f(x)=A$ **的几何意义**：$\forall\varepsilon>0$，总存在足够大的正数 X，使得当自变量 x 进入无穷区间 $(-\infty,-X)\cup(X,+\infty)$ 时，曲线 $y=f(x)$ 上相应的点 $(x,f(x))$ 就全部进入到两条水平直线 $y=A-\varepsilon$ 与 $y=A+\varepsilon$ 所夹的带形区域之内(图 2-11).

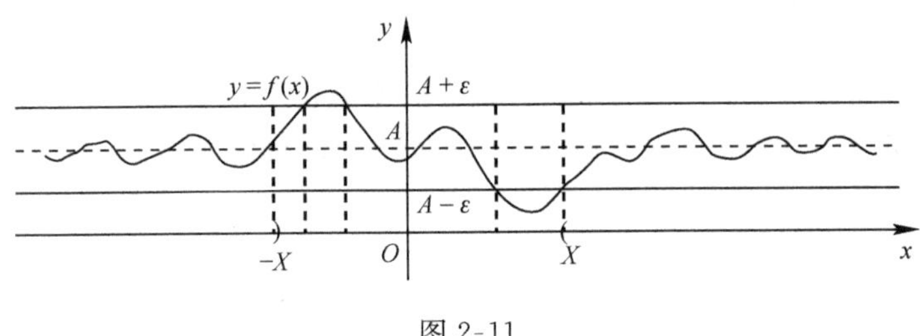

图 2-11

注 (1) 定义 2.8 仍没提供如何求极限的方法，而只提供了如何验证给定常数 A 是否为给定函数 $f(x)$ 在给定趋势下(即 $x\to\infty$ 时)的极限值.

(2) **验证 $\lim\limits_{x\to\infty} f(x)=A$ 是否成立的关键是**：$\forall\varepsilon>0$，如何找到相应的正数 X，使当 $|x|>X$ 时，不等式 $|f(x)-A|<\varepsilon$ 恒成立. 因此，当正数 ε 给定之后，可由 $|f(x)-A|<\varepsilon$ 倒推回去寻找正数 X，从而**验证 $\lim\limits_{x\to\infty} f(x)=A$ 的过程就是寻找正数 X 的过程**，下面举例说明.

例 2.8 用函数极限定义验证极限 $\lim\limits_{x\to\infty}\frac{1}{x}=0$.

分析 因 $|f(x)-A|=\left|\frac{1}{x}-0\right|=\frac{1}{|x|}$，故 $\forall\varepsilon>0$，要让 $|f(x)-A|<\varepsilon$，只要让 $\frac{1}{|x|}<\varepsilon$，即让 $|x|>\frac{1}{\varepsilon}$ 即可.

验证 因 $\forall\varepsilon>0$，$\exists X=\frac{1}{\varepsilon}>0$，使当 $|x|>X$ 时，不等式

$$\left|\frac{1}{x}-0\right|<\varepsilon$$

恒成立，故由定义 2.8 有 $\lim\limits_{x\to\infty}\frac{1}{x}=0$. **验毕**

同理可验证 $\lim\limits_{x\to\infty} C=C$($C$ 为常数).

7. $\lim\limits_{x\to-\infty} f(x)$与$\lim\limits_{x\to+\infty} f(x)$

若当自变量 x 沿着 x 轴的正(或负)向趋于无穷(记为 $x\to+\infty$或 $x\to-\infty$)时,相应的函数值 $f(x)$能无限地接近于某常数A,则称常数 A 是函数$f(x)$当$x\to+\infty$(或 $x\to-\infty$)时的**极限**,并记为

$$\lim_{x\to+\infty} f(x)=A \qquad (\text{或} \lim_{x\to-\infty} f(x)=A),$$

且它们的**精确定义(简写形式)分别如下**:

$\lim\limits_{x\to+\infty} f(x)=A \quad\Leftrightarrow\quad \forall\varepsilon>0,\exists X>0$,使当 $x>X$ 时,$|f(x)-A|<\varepsilon$;

$\lim\limits_{x\to-\infty} f(x)=A \quad\Leftrightarrow\quad \forall\varepsilon>0,\exists X>0$,使当 $x<-X$ 时,$|f(x)-A|<\varepsilon$.

同有限点时函数极限的情形类似,可得到极限$\lim\limits_{x\to\infty}f(x)=A$, $\lim\limits_{x\to+\infty} f(x)=A$ 和 $\lim\limits_{x\to-\infty} f(x)=A$ 之间的关系如下:

定理 2.2 $\lim\limits_{x\to\infty}f(x)=A$(有限) $\Leftrightarrow$ $\lim\limits_{x\to-\infty} f(x)=\lim\limits_{x\to+\infty} f(x)=A$(有限).

定理 2.2′ $\lim\limits_{x\to\infty}f(x)$不存在 $\Leftrightarrow$ $\lim\limits_{x\to-\infty} f(x)$与$\lim\limits_{x\to+\infty} f(x)$中至少有一个不存在或$\lim\limits_{x\to-\infty} f(x)$与$\lim\limits_{x\to+\infty} f(x)$虽然都存在但不相等.

例 2.9 用函数极限定义验证极限$\lim\limits_{x\to+\infty} q^x=0\,(0<|q|<1)$.

分析 因$|f(x)-A|=|q^x-0|=|q|^x$,故$\forall\,0<\varepsilon<1$,要让$|f(x)-A|<\varepsilon$,只要让$|q|^x<\varepsilon$,即让$x>\dfrac{\ln\varepsilon}{\ln|q|}$($>0$,因$0<|q|<1$)即可.

验证 因$0<|q|<1$,故$\forall\,0<\varepsilon<1,\exists X=\dfrac{\ln\varepsilon}{\ln|q|}>0$,使当 $x>X$ 时,不等式

$$|q^x-0|<\varepsilon$$

恒成立,从而有$\lim\limits_{x\to+\infty} q^x=0\,(0<|q|<1)$. **验毕**

2.2.2 函数极限的基本性质

类似于数列极限的性质,函数极限也有类似的性质,下面不加证明地列举 $x\to x_0$ 时的情形,其他情形可类似得到,不再赘叙.

性质 2.6(唯一性) 若极限$\lim\limits_{x\to x_0}f(x)$存在(有限),则极限必唯一.

性质 2.7(局部有界性) 若极限$\lim\limits_{x\to x_0}f(x)$存在(有限),则$\exists M>0$及$\exists\delta>0$,使当$0<|x-x_0|<\delta$即$x\in\mathring{U}(x_0,\delta)=(x_0-\delta,x_0)\cup(x_0,x_0+\delta)$时,不等式

$$|f(x)|\leqslant M$$

恒成立,即函数 $f(x)$在点x_0 的局部范围内有界.

性质 2.8(局部保号性) 若$\lim\limits_{x\to x_0}f(x)=A>0$(或 $A<0$),则$\exists\delta>0$,使当$0<$

$|x-x_0|<\delta$时,恒有 $f(x)>0$(或 $f(x)<0$).

推论 2.2(局部保号性) 若$\lim\limits_{x\to x_0}f(x)=A$,且$\exists\delta>0$,使当$0<|x-x_0|<\delta$时,恒有 $f(x)\geqslant 0$(或 $f(x)\leqslant 0$),则 $A\geqslant 0$(或 $A\leqslant 0$).

性质 2.9(函数极限与数列极限间的关系:**归结原则**)

$$\lim_{x\to x_0}f(x)=A \quad\Leftrightarrow\quad \forall x_0\neq x_n\to x_0(n\to\infty)\text{的数列}\{x_n\},\text{都有}\lim_{n\to\infty}f(x_n)=A.$$

习 题 2.2

1. 用函数极限的定义验证下列极限:

(1) $\lim\limits_{x\to 0}(2x+1)=1$; (2) $\lim\limits_{x\to 2}\dfrac{x^2-4}{x-2}=4$; (3) $\lim\limits_{x\to\infty}\dfrac{2}{x-3}=0$.

2. 当 $x\to 1$ 时,函数 $y=3x-1\to 2$,问 δ 等于多少时,能使$|x-1|<\delta$时,$|y-2|<0.001$.

3. 当 $x\to\infty$时,函数 $y=\dfrac{2x-1}{x}\to 2$,问 X 等于多少时,能使$|x|>X$ 时,$|y-2|<0.001$.

4. 设 $f(x)=\begin{cases}x, & x<3,\\ 3x-1, & x\geqslant 3,\end{cases}$ 讨论当 $x\to 3$ 时,$f(x)$的左、右极限.

2.3 无穷小量和无穷大量

2.3.1 无穷小量

无穷小量的概念在微积分的创建过程中起着至关重要的作用,且与极限概念有着密切的联系,下面进行讨论.

1. 无穷小量的定义

定义 2.9 极限为零的变量称为**无穷小量**或**无穷小**.

定义 2.9 既包含数列的情形,也包含函数的情形,例如,

变量(数列)a_n 是当$n\to\infty$时的无穷小量 $\Leftrightarrow$ $\lim\limits_{n\to\infty}a_n=0$;

变量(函数)$f(x)$是当$x\to x_0$ 时的无穷小量 $\Leftrightarrow$ $\lim\limits_{x\to x_0}f(x)=0$;

变量(函数)$f(x)$是当$x\to+\infty$时的无穷小量 $\Leftrightarrow$ $\lim\limits_{x\to+\infty}f(x)=0$.

例 2.10 (1) 因$\lim\limits_{n\to\infty}\dfrac{(-1)^n}{n}=0$,故数列$\left\{\dfrac{(-1)^n}{n}\right\}$是当$n\to\infty$时的无穷小量;

(2) 因$\lim\limits_{x\to 0}\sin x=0$,故函数 $\sin x$ 是当 $x\to 0$ 时的无穷小量;

(3) 因$\lim\limits_{x\to\infty}\sin\dfrac{1}{x}=0$,故函数 $\sin\dfrac{1}{x}$是当 $x\to\infty$时的无穷小量.

注　(1) 无穷小量是在某变化过程中其绝对值可变得任意小的变量,不能将其和很小的数(如万分之一)混为一谈,但常量函数 $y\equiv0$ 例外.

(2) 无穷小量是相对于自变量的某个变化过程而言的,如当 $x\to\infty$时变量$\dfrac{1}{x}$是无穷小量,但当 $x\to2$ 时变量$\dfrac{1}{x}$就不再是无穷小量.

无穷小量与变量极限间的密切关系反映在下述重要定理中(仅叙述 $x\to x_0$ 的情形,其他情形可类似得到),且该定理在今后的学习中有着重要的应用,应予以重视.

定理 2.3　$\lim\limits_{x\to x_0}f(x)=A \iff f(x)=A+\alpha$,其中 α 是当 $x\to x_0$ 时的无穷小量.

证明　"$\Rightarrow$"　令 $f(x)-A=\alpha$,则由$\lim\limits_{x\to x_0}f(x)=A$ 知,$\forall\varepsilon>0$,$\exists\delta>0$,使当$0<|x-x_0|<\delta$ 时,不等式

$$|\alpha-0|=|f(x)-A|<\varepsilon,$$

恒成立,故有$\lim\limits_{x\to x_0}\alpha=0$,即 $f(x)=A+\alpha$,且 α 是当 $x\to x_0$ 时的无穷小量.

"$\Leftarrow$"　因由假设知,$\alpha=f(x)-A$ 是当 $x\to x_0$ 时的无穷小量,故$\forall\varepsilon>0$,$\exists\delta>0$,使当 $0<|x-x_0|<\delta$ 时,不等式

$$|f(x)-A|=|\alpha-0|<\varepsilon,$$

恒成立,故有$\lim\limits_{x\to x_0}f(x)=A$.　**证毕**

2. 无穷小量的性质

下面的性质仅就 $x\to x_0$ 时的情形叙述,其他情形可类似得到.

性质 2.10　若变量 $\alpha(x)$在某$\mathring{U}(x_0,\delta)$内有界,$\beta(x)$是当 $x\to x_0$ 时的无穷小量,则

$$\alpha(x)\cdot\beta(x)$$

仍是当 $x\to x_0$ 时的无穷小量.

推论 2.3　若 $\alpha(x)$与$\beta(x)$均为当 $x\to x_0$ 时的无穷小量,k 为常数,则

$$\alpha(x)\cdot\beta(x)\quad 与 \quad k\alpha(x)$$

仍是当 $x\to x_0$ 时的无穷小量.

性质 2.11　若 $\alpha(x)$与$\beta(x)$均为当 $x\to x_0$ 时的无穷小量,则

$$\alpha(x)+\beta(x)$$

仍是当 $x\to x_0$ 时的无穷小量.

推论 2.4 若 $\alpha(x)$ 与 $\beta(x)$ 均为当 $x\to x_0$ 时的无穷小量，k、c 为常数，则

$$k\alpha(x)+c\beta(x)$$

仍是当 $x\to x_0$ 时的无穷小量．

注 推论 2.3，性质 2.11 和推论 2.4 的情形均可推广到有限个的情形．

例 2.11 计算极限 $\lim\limits_{x\to 0}\left(x\sin\dfrac{1}{x}\right)$.

解 因 $\left|\sin\dfrac{1}{x}\right|\leqslant 1(x\neq 0)$，$\lim\limits_{x\to 0}x=0$，故由性质 2.10 知

$$\lim_{x\to 0}\left(x\sin\frac{1}{x}\right)=0.$$

解毕

2.3.2 无穷大量

例 2.12 考察函数 $f(x)=\dfrac{1}{x}$ 当 $x\to 0$ 时的变化趋势．

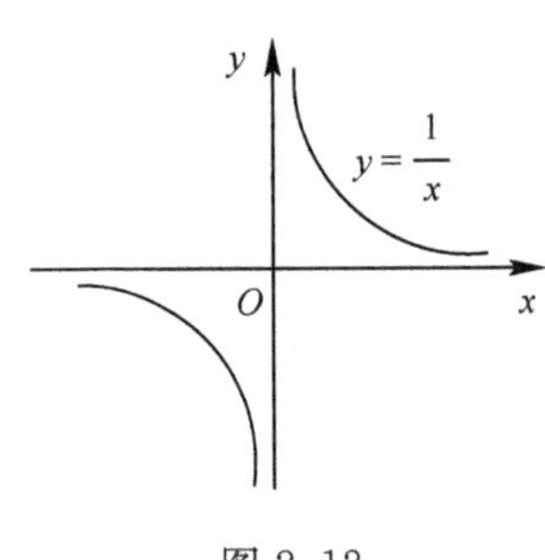

图 2-12

解 **由图 2-12 可见**：当 $x\to 0$ 时，相应的函数值 $f(x)$ 的绝对值 $|f(x)|$ 无限增大．因此，可称这种情形为"函数 $f(x)$ 是当 $x\to 0$ 时的无穷大量"，并记为

$$\lim_{x\to 0}f(x)=\infty.$$

解毕

根据例 2.12 的情形，可归纳出函数 $f(x)$ 是当 $x\to x_0$ 时的无穷大量的原始定义如下：

定义 2.10(原始定义) 对在点 x_0 的某去心邻域内有定义的函数 $f(x)$，若当 x 充分接近于点 x_0 时，对应的函数值 $f(x)$ 的绝对值 $|f(x)|$ 无限增大，则称函数 $f(x)$ 是当 $x\to x_0$ 时的无穷大量，并记为

$$\lim_{x\to x_0}f(x)=\infty \quad 或 \quad f(x)\to\infty(x\to x_0).$$

仿照函数极限的情形，可给出无穷大量的精确定义(即 M-δ 语言)如下：

定义 2.11(精确定义) 对在点 x_0 的某去心邻域内有定义的函数 $f(x)$，若 $\forall M>0$，$\exists\delta>0$，使当 $0<|x-x_0|<\delta$ 时，不等式

$$|f(x)|>M$$

恒成立，则称函数 $f(x)$ 是当 $x\to x_0$ 时的**无穷大量**，并记为

$$\lim_{x\to x_0}f(x)=\infty \quad 或 \quad f(x)\to\infty(x\to x_0).$$

定义 2.11 可简记为：

$$\lim_{x\to x_0}f(x)=\infty \quad\Leftrightarrow\quad \forall M>0,\exists\delta>0,使当 0<|x-x_0|<\delta 时，|f(x)|>M.$$

若当 x 充分接近于点 x_0 时，对应的函数值 $f(x)$ 无限地增大(减小)，则可得

到函数 $f(x)$ 是当 $x\to x_0$ 时的**正无穷大量和负无穷大量的精确定义**(**简写形式**)如下：

$\lim\limits_{x\to x_0}f(x)=+\infty \quad \Leftrightarrow \quad \forall M>0,\exists\delta>0$,使当 $0<|x-x_0|<\delta$ 时,$f(x)>M$.

$\lim\limits_{x\to x_0}f(x)=-\infty \quad \Leftrightarrow \quad \forall M>0,\exists\delta>0$,使当 $0<|x-x_0|<\delta$ 时,$f(x)<-M$.

将上述定义中的 $x\to x_0$ 换成 $n\to\infty$(相应的 $f(x)$ 换成 a_n),$x\to x_0^+$,$x\to x_0^-$,$x\to+\infty$,$x\to-\infty$和 $x\to\infty$时,还可定义不同变化过程中的无穷大量概念(有兴趣的读者可将其一一列举出来). 例如,

$\lim\limits_{n\to\infty}a_n=\infty \quad \Leftrightarrow \quad \forall M>0,\exists N\in\mathbf{N}^+$,使当 $n>N$ 时,$|a_n|>M$;

$\lim\limits_{x\to x_0^-}f(x)=+\infty \quad \Leftrightarrow \quad \forall M>0,\exists\delta>0$,使当 $x_0-\delta<x<x_0$ 时,$f(x)>M$;

$\lim\limits_{x\to+\infty}f(x)=\infty \quad \Leftrightarrow \quad \forall M>0,\exists X>0$,使当 $x>X$ 时,$|f(x)|>M$.

注　(1) 无穷大量是在某变化过程中其绝对值可变得任意大的变量,不能将其和很大的数(如 10^{10000})混为一谈.

(2) 无穷大量仍是相对于自变量的某个变化过程而言的,如当 $x\to0$ 时变量$\dfrac{1}{x}$是无穷大量,但当 $x\to2$ 时变量$\dfrac{1}{x}$就不再是无穷大量.

(3) $\lim\limits_{x\to x_0}f(x)=\infty$仅是一个记号,按通常意义来理解,它表示函数极限不存在的情形之一,但为叙述方便起见,也可将其称为“当 $x\to x_0$ 时,函数 $f(x)$ 的极限为∞”.

例 2.13　用定义证明:$\lim\limits_{x\to2}\dfrac{1}{x-2}=\infty$.

分析　因$|f(x)|=\left|\dfrac{1}{x-2}\right|=\dfrac{1}{|x-2|}$,故$\forall M>0$,要让$|f(x)|>M$,只要让$\dfrac{1}{|x-2|}>M$,即让$|x-2|<\dfrac{1}{M}$即可.

证明　因$\forall M>0,\exists\delta=\dfrac{1}{M}>0$,使当 $0<|x-2|<\delta$ 时,不等式

$$\left|\frac{1}{x-2}\right|>M$$

恒成立,故有$\lim\limits_{x\to2}\dfrac{1}{x-2}=\infty$.　**证毕**

2.3.3　无穷小量与无穷大量的关系

无穷小量和无穷大量之间有着十分密切的关系,利用这种关系可以简化一些

极限的计算过程.

定理 2.4 在自变量的同一变化过程中,

(1) 若 $f(x)$是无穷大量,则$\dfrac{1}{f(x)}$为无穷小量;

(2) 若 $f(x)$是非零无穷小量,则$\dfrac{1}{f(x)}$为无穷大量.

如由例 2.13 知$\lim\limits_{x\to2}\dfrac{1}{x-2}=\infty$,故$\lim\limits_{x\to2}(x-2)=0$.

习 题 2.3

1. 两个无穷小量的商是否一定是无穷小量?请举例说明.
2. 两个无穷大量的和、差是否一定是无穷大量?请举例说明.
3. 当 $x\to0$ 时,下列变量中哪些是无穷小量?

$100x^2$; $\sqrt[3]{x}$; $\dfrac{2}{x}$; $\dfrac{x}{x^2}$; $\dfrac{x^2}{x}$; $x^2-0.1x$; $\dfrac{1}{2}x-x^2$; $x\cos\dfrac{1}{x}$; $x^2\arctan x$.

4. 函数 $y=\dfrac{1}{(x-1)^2}$当 $x\to$________时是无穷大量;当 $x\to$________时是无穷小量.
5. 当 $x\to\infty$时,下列变量中哪些是无穷小量?

$\dfrac{2}{x}$; $\dfrac{x}{2x-1}$; $\dfrac{-1}{x^2}$; $\dfrac{1}{x^2-10}$; $\dfrac{2x^2-3x}{x^2}$; $\dfrac{1}{5^{x^2}}$; $\dfrac{\sin x}{x}$; $\dfrac{1-\arctan x}{x^2}$.

6. 根据定义证明:

(1) $y=\dfrac{\sin x}{x}$是当 $x\to\infty$时的无穷小量;

(2) $y=\dfrac{x^2-1}{x+1}$是当 $x\to1$ 时的无穷小量;

(3) $y=\dfrac{1}{(x-1)^2}$是当 $x\to1$ 时的无穷大量.

7. 求下列极限并说明理由:

(1) $\lim\limits_{x\to\infty}\dfrac{\arccos\dfrac{1}{x}}{x}$; (2) $\lim\limits_{x\to\infty}\dfrac{1}{x^2-1}$; (3) $\lim\limits_{x\to1}(x^2-1)\sin\dfrac{2x+1}{x^2-1}$.

8. 讨论当 $x\to\infty$时,函数 $y=2^x$ 的极限是否存在?

2.4 极限的运算法则

因极限定义中并未提供如何计算极限的方法,为了讨论计算极限的方法,先介绍极限的四则运算法则和复合函数的极限运算法则．利用上述法则，并结合用定义验证过的一些特殊极限，便可计算出相当一部分变量的极限，以后还将逐步介绍计算极限的其他方法．

在下面的讨论中，为叙述简便起见，用记号"lim"表示对自变量的任何一种变化趋势结论都成立．

2.4.1　极限的四则运算法则

定理 2.5　若极限 $\lim f(x)=A$ 与 $\lim g(x)=B$ 均存在(有限)，则

(1) $\lim[f(x)\pm g(x)]=A\pm B=\lim f(x)\pm\lim g(x)$；

(2) $\lim[f(x)\cdot g(x)]=A\cdot B=\lim f(x)\cdot\lim g(x)$；

(3) $\lim\dfrac{f(x)}{g(x)}=\dfrac{A}{B}=\dfrac{\lim f(x)}{\lim g(x)}$(其中 $B\neq 0$)，

且可将结论(1)、(2)推广到有限个的情形．

证明　(1)、(2)因 $\lim f(x)=A$，$\lim g(x)=B$，故有

$$f(x)=A+\alpha,g(x)=B+\beta\quad(\text{其中 }\alpha、\beta\to 0),$$

于是

$$f(x)\pm g(x)=(A+\alpha)\pm(B+\beta)=(A\pm B)+(\alpha\pm\beta),$$

$$f(x)\cdot g(x)=(A+\alpha)\cdot(B+\beta)=A\cdot B+(A\cdot\beta+B\cdot\alpha+\alpha\cdot\beta).$$

因由无穷小量的性质知：当 $\alpha、\beta\to 0$ 时，$\alpha\pm\beta\to 0$，$A\cdot\beta+B\cdot\alpha+\alpha\cdot\beta\to 0$，由此结合上两式便知结论(1)、(2)成立．

关于结论(3)及有限个情形的证明，留作练习．　**证毕**

推论 2.5　若极限 $\lim f(x)$ 存在(有限)，则 $\forall$ 常数 k 及 $\forall n\in\mathbf{N}^+$，有

$$\lim[k\cdot f(x)]=k\cdot\lim f(x),\quad \lim[f(x)]^n=[\lim f(x)]^n.$$

推论 2.6　若极限 $\lim f(x)$，$\lim g(x)$ 均存在(有限)，则 $\forall$ 常数 $\alpha、\beta$，有

$$\lim[\alpha\cdot f(x)+\beta\cdot g(x)]=\alpha\cdot\lim f(x)+\beta\cdot\lim g(x),$$

且对有限个的情形结论仍成立．

注　(1) 上述定理及推论的结论对数列极限的情形也成立；

(2) 在应用四则运算法则计算极限时，变量的个数必须是有限个，且每个变量的极限都必须存在，同时分母的极限不能为零，否则将导致错误的结果．

推论 2.7　若 $\lim f(x)=A\neq 0$，$\lim g(x)=0$，则 $\lim\dfrac{f(x)}{g(x)}=\infty$.

例 2.14　证明：$\forall n\in\mathbf{N}^+$ 及常数 k，都有 $\lim\limits_{x\to\infty}\dfrac{k}{x^n}=0$.

证明　由推论 2.5 和例 2.8 有

$$\lim_{x\to\infty}\frac{k}{x^n}=k\cdot\lim_{x\to\infty}\frac{1}{x^n}=k\cdot\lim_{x\to\infty}\left(\frac{1}{x}\right)^n=k\cdot\left(\lim_{x\to\infty}\frac{1}{x}\right)^n=k\cdot 0^n=0.$$

证毕

例 2.15　设有 n 次多项式函数

$$P_n(x)=a_0x^n+a_1x^{n-1}+\cdots+a_{n-1}x+a_n \quad (a_0\neq 0, n\in\mathbf{N}),$$

计算极限 $\lim\limits_{x\to x_0}P_n(x)\ (x_0\in\mathbf{R})$.

解　由推论 2.5、推论 2.6 和例 2.5(2)有

$$\begin{aligned}\lim_{x\to x_0}P_n(x)&=a_0\cdot\lim_{x\to x_0}x^n+a_1\cdot\lim_{x\to x_0}x^{n-1}+\cdots+a_{n-1}\cdot\lim_{x\to x_0}x+\lim_{x\to x_0}a_n\\&=a_0\cdot x_0^n+a_1\cdot x_0^{n-1}+\cdots+a_{n-1}\cdot x_0+a_n=P_n(x_0),\end{aligned}$$

即

$$\lim_{x\to x_0}P_n(x)=P_n(x_0).$$

解毕

例 2.16　计算极限 $\lim\limits_{x\to 2}\dfrac{x^3-1}{x^2-3x+5}$.

解　因分母的极限:$\lim\limits_{x\to 2}(x^2-3x+5)=2^2-3\times 2+5=3\neq 0$,故由定理 2.5 及例 2.15 有

$$\lim_{x\to 2}\frac{x^3-1}{x^2-3x+5}=\frac{\lim\limits_{x\to 2}(x^3-1)}{\lim\limits_{x\to 2}(x^2-3x+5)}=\frac{2^3-1}{3}=\frac{7}{3}.$$

解毕

由例 2.15 和例 2.16 可以看出:在计算有理整函数(多项式)和有理分式函数(分母的极限不为零)当 $x\to x_0$ 时的极限时,只需直接计算函数在点 x_0 处的函数值即可,这种直接将 x_0 代入函数表达式计算极限的方法称为“**直接代入法**”.

例 2.17　计算极限 $\lim\limits_{x\to 4}\dfrac{x-4}{x^2-16}$.

解　因 $\lim\limits_{x\to 4}(x-4)=\lim\limits_{x\to 4}(x^2-16)=0$,故不能直接应用商的极限运算法则,但却可通过先约分化简,再应用商的极限运算法则来计算极限的方法进行,即

$$\lim_{x\to 4}\frac{x-4}{x^2-16}=\lim_{x\to 4}\frac{x-4}{(x-4)(x+4)}=\lim_{x\to 4}\frac{1}{x+4}=\frac{1}{8}.$$

解毕

由例 2.17 可以看出:在计算分式函数的极限时,若分式的分子、分母的极限都为零,则它们必分别含有**零因式**,且这种形式的极限可能存在也可能不存在,因此这种形式的极限通常称为**未定式极限**,它可以通过约去使分子、分母同时为零的因式的方法来进行计算,我们称这种方法为“**约零因式法**”. 当然,也可采用其他方法来计算未定式的极限(如第 4 章中的洛必达法则).

例 2.18　计算极限 $\lim\limits_{x\to\infty}\dfrac{2x^3+3x^2+5}{7x^3+4x^2-1}$.

解　因当 $x\to\infty$ 时,分子、分母均为无穷大量,故不能直接应用商的极限运算法则. 不过,由于分子、分母的最高次幂都是 3,故可用 x^3 同除分子、分母,使变形后的分子、分母的极限都存在,然后再应用极限的四则运算法则进行计算,即

$$\lim_{x\to\infty}\frac{2x^3+3x^2+5}{7x^3+4x^2-1}=\lim_{x\to\infty}\frac{2+\dfrac{3}{x}+\dfrac{5}{x^3}}{7+\dfrac{4}{x}-\dfrac{1}{x^3}}=\frac{2+0+0}{7+0-0}=\frac{2}{7}.$$ **解毕**

例 2.19　计算极限$\lim\limits_{x\to\infty}\dfrac{x^3-3x+2}{x^4-x^2+3}$.

解

$$\lim_{x\to\infty}\frac{x^3-3x+2}{x^4-x^2+3}=\lim_{x\to\infty}\frac{\dfrac{1}{x}-\dfrac{3}{x^3}+\dfrac{2}{x^4}}{1-\dfrac{1}{x^2}+\dfrac{3}{x^4}}=\frac{0-0+0}{1-0+0}=0.$$ **解毕**

例 2.20　计算极限$\lim\limits_{x\to\infty}\dfrac{x^4-x^2+3}{x^3-3x+2}$.

解　应用例 2.19 的结果,并根据定理 2.4(2)便得$\lim\limits_{x\to\infty}\dfrac{x^4-x^2+3}{x^3-3x+2}=\infty$.　**解毕**

由例 2.18、例 2.19 和例 2.20 可以看出:当 $x\to\infty$(或 $x\to+\infty$或 $x\to-\infty$)时,有理分式函数的极限可能存在也可能不存在,且极限存在时可以为零也可以不为零．但是,根据分子、分母的次数和次数之间的大小关系易得到有理分式函数的极限如下:

$$\lim_{x\to\infty}\frac{a_0x^k+a_1x^{k-1}+\cdots+a_k}{b_0x^m+b_1x^{m-1}+\cdots+b_m}=\begin{cases}0, & k<m,\\ \dfrac{a_0}{b_0}, & k=m\\ \infty, & k>m\end{cases}\quad(\text{其中 } k,m\in\mathbf{N},\text{且 } a_0,b_0\neq 0),\tag{2.1}$$

且当 $x\to\pm\infty$时,以及对数列的形式(即将 x 换为 n 后的形式),(2.1)式仍成立．

2.4.2　极限的复合运算法则

定理 2.6(变量替换法则)　若极限$\lim\limits_{x\to x_0}\varphi(x)$存在(有限),且函数 $f(u)$在相应极限点$a=\lim\limits_{x\to x_0}\varphi(x)$处的极限$\lim\limits_{u\to a}f(u)=A$ 也存在(有限),以及在某去心邻域$\mathring{U}(x_0)$内 $\varphi(x)\neq a$,则复合函数 $f[\varphi(x)]$在点 x_0 处的极限$\lim\limits_{x\to x_0}f[\varphi(x)]$必存在(有限),且

$$\lim_{x\to x_0}f[\varphi(x)]=A=\lim_{u\to a}f(u).$$

注　(1) 对变量的其他趋势,定理 2.6 的结论仍成立;

(2) 变量替换法则是在求极限过程中的一个常用的重要法则,具有广泛的应用,读者应熟练掌握．

例 2.21　计算极限$\lim\limits_{x\to 1}\dfrac{\sqrt[3]{x}-1}{\sqrt{x}-1}$.

解法一　因函数 $u=\varphi(x)=\sqrt[6]{x}$在点 $x_0=1$ 处存在极限$\lim\limits_{x\to 1}\varphi(x)=\lim\limits_{x\to 1}\sqrt[6]{x}=1$，且函数 $f(u)=\dfrac{u^2-1}{u^3-1}$在相应极限点 $a=\lim\limits_{x\to 1}\varphi(x)=1$ 处也存在极限

$$\lim_{u\to 1}f(u)=\lim_{u\to 1}\frac{(u-1)(u+1)}{(u-1)(u^2+u+1)}=\lim_{u\to 1}\frac{u+1}{u^2+u+1}=\frac{2}{3},$$

故由定理 2.6 有

$$\lim_{x\to 1}\frac{\sqrt[3]{x}-1}{\sqrt{x}-1}=\lim_{x\to 1}\frac{(\sqrt[6]{x})^2-1}{(\sqrt[6]{x})^3-1}=\lim_{x\to 1}f[\varphi(x)]=\lim_{u\to 1}f(u)=\frac{2}{3}.$$

解法二　$\lim\limits_{x\to 1}\dfrac{\sqrt[3]{x}-1}{\sqrt{x}-1}\xlongequal{令u=\sqrt[6]{x}}\lim\limits_{u\to 1}\dfrac{u^2-1}{u^3-1}=\lim\limits_{u\to 1}\dfrac{u+1}{u^2+u+1}=\dfrac{2}{3}.$　　**解毕**

例 2.22　计算极限 $\lim\limits_{x\to 0^-}\mathrm{e}^{\frac{1}{x}}$.

解　$\lim\limits_{x\to 0^-}\mathrm{e}^{\frac{1}{x}}\xlongequal{令u=-\frac{1}{x}}\lim\limits_{u\to +\infty}\mathrm{e}^{-u}=\lim\limits_{u\to +\infty}\dfrac{1}{\mathrm{e}^u}=0.$　　**解毕**

习　题　2.4

1. 计算下列数列的极限：

(1) $\lim\limits_{n\to\infty}\dfrac{(n+1)(n+2)}{5n^2}$；　　(2) $\lim\limits_{n\to\infty}\dfrac{\sin(3n+1)}{n^2}$；

(3) $\lim\limits_{n\to\infty}\dfrac{n^2+5}{2n^3-n+1}$；　　(4) $\lim\limits_{n\to\infty}\dfrac{3^{n+1}-2^n}{3^n+2^n}$；

(5) $\lim\limits_{n\to\infty}n(\sqrt{n^2+1}-n)$；　　(6) $\lim\limits_{n\to\infty}\dfrac{1}{\sqrt{n^2+n}-\sqrt{n^2-n}}$.

2. 计算下列数列的极限：

(1) $\lim\limits_{n\to\infty}\dfrac{1+2+3+\cdots+n}{n^2}$；

(2) $\lim\limits_{n\to\infty}\left(\dfrac{1}{n^2}+\dfrac{4}{n^2}+\cdots+\dfrac{3n-2}{n^2}\right)$；

(3) $\lim\limits_{n\to\infty}\left(1+\dfrac{1}{2}+\dfrac{1}{2^2}+\cdots+\dfrac{1}{2^n}\right)$；

(4) $\lim\limits_{n\to\infty}\left[\dfrac{1}{1\times 3}+\dfrac{1}{3\times 5}+\cdots+\dfrac{1}{(2n-1)(2n+1)}\right]$.

3. 计算下列函数的极限：

(1) $\lim\limits_{x\to-2}(3x^2-5x+2)$；　　(2) $\lim\limits_{x\to\sqrt{3}}\dfrac{x^2-3}{x^4+x^2+1}$；

(3) $\lim\limits_{x\to0}\left(1-\dfrac{2}{x-3}\right)$；　　(4) $\lim\limits_{x\to2}\dfrac{x^2-4}{x-2}$；

(5) $\lim\limits_{x\to1}\dfrac{x^2-2x+1}{x^2-1}$；　　(6) $\lim\limits_{x\to0}\dfrac{4x^3-2x^2+x}{3x^2+2x}$；

(7) $\lim\limits_{x\to\infty}\dfrac{x^2-1}{2x^2-x-1}$　　(8) $\lim\limits_{x\to\infty}\dfrac{x^2+x}{x^4-3x^2+1}$；

(9) $\lim\limits_{x\to\infty}\left(1+\dfrac{1}{x}\right)\left(2-\dfrac{1}{x^2}\right)$；　　(10) $\lim\limits_{x\to1}\left(\dfrac{3}{1-x^3}-\dfrac{1}{1-x}\right)$；

(11) $\lim\limits_{x\to\infty}\dfrac{\arctan x}{x}$；　　(12) $\lim\limits_{x\to0}x^2\sin\dfrac{1}{x}$；

(13) $\lim\limits_{x\to\infty}\dfrac{x^2+1}{x^3+x}(3+\cos x)$；　　(14) $\lim\limits_{x\to+\infty}(\sqrt{x^2+x+1}-\sqrt{x^2-x+1})$.

2.5 极限存在准则　两个重要极限　连续复利

2.5.1 极限存在准则

1. 两边夹准则

在计算变量的极限之前，首先要解决极限的存在性问题，只有解决了该问题，计算极限才有意义．所以，下面不加证明地给出极限存在性的两个准则，且对函数形式的准则只给出 $x\to x_0$ 的形式，其他形式可类似得到，不再赘叙．

准则Ⅰ(数列形式的两边夹准则)　若数列$\{x_n\}$、$\{y_n\}$和$\{z_n\}$满足条件：

(1) $\exists N\in\mathbf{N}^+$，使当 $n\geqslant N$ 时恒有 $y_n\leqslant x_n\leqslant z_n$；

(2) $\lim\limits_{n\to\infty}y_n=\lim\limits_{n\to\infty}z_n=a$(有限)，

则极限$\lim\limits_{n\to\infty}x_n$ 必存在(有限)，且$\lim\limits_{n\to\infty}x_n=a$.

准则Ⅰ′(函数形式的两边夹准则)　若函数 $f(x)$、$g(x)$和$h(x)$满足条件：

(1) 在某去心邻域$\mathring{U}(x_0,\delta)$内 $g(x)\leqslant f(x)\leqslant h(x)$；

(2) $\lim\limits_{x\to x_0}g(x)=\lim\limits_{x\to x_0}h(x)=A$(有限)，

则极限$\lim\limits_{x\to x_0}f(x)$必存在(有限)，且$\lim\limits_{x\to x_0}f(x)=A$.

例 2.23　计算极限$\lim\limits_{n\to\infty}\left(\dfrac{1}{\sqrt{n^2+1}}+\dfrac{1}{\sqrt{n^2+2}}+\cdots+\dfrac{1}{\sqrt{n^2+n}}\right)$.

解　因对一切 $n=1,2,\cdots$，恒有

$$y_n=\frac{n}{\sqrt{n^2+n}}\leqslant x_n=\frac{1}{\sqrt{n^2+1}}+\frac{1}{\sqrt{n^2+2}}+\cdots+\frac{1}{\sqrt{n^2+n}}\leqslant\frac{n}{\sqrt{n^2+1}}=z_n,$$

且易知$\lim\limits_{n\to\infty}y_n=\lim\limits_{n\to\infty}\frac{n}{\sqrt{n^2+n}}=1$，$\lim\limits_{n\to\infty}z_n=\lim\limits_{n\to\infty}\frac{n}{\sqrt{n^2+1}}=1$，故由准则Ⅰ有

$$\lim_{n\to\infty}\left(\frac{1}{\sqrt{n^2+1}}+\frac{1}{\sqrt{n^2+2}}+\cdots+\frac{1}{\sqrt{n^2+n}}\right)=1.$$ **解毕**

例 2.24 计算极限$\lim\limits_{x\to 0}\sin x$.

解 因当$|x|\leqslant\frac{\pi}{2}$时恒有

$$g(x)=0\leqslant f(x)=|\sin x|\leqslant|x|=h(x),$$

且$\lim\limits_{x\to 0}g(x)=\lim\limits_{x\to 0}0=0$，$\lim\limits_{x\to 0}h(x)=\lim\limits_{x\to 0}|x|=0$，故由准则Ⅰ′有$\lim\limits_{x\to 0}|\sin x|=0$，从而有

$$\lim_{x\to 0}\sin x=0.$$ **解毕**

例 2.25 计算极限$\lim\limits_{x\to 0}\cos x$.

解 因当$|x|\leqslant\frac{\pi}{2}$时恒有

$$g(x)=0\leqslant f(x)=1-\cos x=2\left|\sin\frac{x}{2}\right|^2\leqslant\frac{x^2}{2}=h(x),$$

且$\lim\limits_{x\to 0}g(x)=\lim\limits_{x\to 0}0=0$，$\lim\limits_{x\to 0}h(x)=\lim\limits_{x\to 0}\frac{x^2}{2}=0$，故由准则Ⅰ′有$\lim\limits_{x\to 0}(1-\cos x)=0$，从而由极限的运算法则有

$$\lim_{x\to 0}\cos x=\lim_{x\to 0}[1-(1-\cos x)]=\lim_{x\to 0}1-\lim_{x\to 0}(1-\cos x)=1-0=1.$$ **解毕**

由例 2.23、例 2.24 和例 2.25 看出：应用两边夹准则求极限时，关键是如何构造数列$\{y_n\}$、$\{z_n\}$(或函数$g(x)$、$h(x)$)，并且要求它们的极限存在、相等且易求出.

2. 单调有界收敛准则

定义 2.12 若数列$\{x_n\}$满足条件：

$$x_1\leqslant x_2\leqslant\cdots\leqslant x_n\leqslant x_{n+1}\leqslant\cdots\quad(\text{或 } x_1\geqslant x_2\geqslant\cdots\geqslant x_n\geqslant x_{n+1}\geqslant\cdots),$$

则称$\{x_n\}$是**单调递增**(或**递减**)**数列**；单调递增数列和单调递减数列统称为**单调数列**.

准则Ⅱ(单调有界准则) 若数列$\{x_n\}$单调有界，则极限$\lim\limits_{n\to\infty}x_n$必存在(有限).

例 2.26 计算数列$\sqrt{2}$，$\sqrt{2+\sqrt{2}}$，$\sqrt{2+\sqrt{2+\sqrt{2}}}$，…的极限.

解 设$a_1=\sqrt{2}$，$a_2=\sqrt{2+\sqrt{2}}=\sqrt{2+a_1}$，则易得数列$\{a_n\}$的递推公式：

$$a_{n+1}=\sqrt{2+a_n}\quad(n=1,2,\cdots),$$

且由 $a_1=\sqrt{2}<\sqrt{2+\sqrt{2}}=a_2<2$ 及数学归纳法易证

$$a_n\leqslant a_{n+1}<2\quad(n=1,2,\cdots),$$

即数列 $\{a_n\}$ 单调递增有上界．于是，由准则Ⅱ知数列 $\{a_n\}$ 必收敛，故可设 $\lim\limits_{n\to\infty}a_n=a$，从而对递推公式两边同时令 $n\to\infty$ 取极限便得 $a=\sqrt{2+a}$，即有

$$a^2-a-2=(a-2)(a+1)=0,$$

结合 $a=\lim\limits_{n\to\infty}a_n\geqslant a_1=\sqrt{2}>0$ 便有 $a=\lim\limits_{n\to\infty}a_n=2$. **解毕**

2.5.2 两个重要极限

1. 第一个重要极限

$$\lim_{x\to 0}\frac{\sin x}{x}=1. \tag{2.2}$$

证明 当 $0<x<\frac{\pi}{2}$ 时，在图 2-13 所示的单位圆中，取圆心角 $\angle AOB=x$，点 A 处的切线与半径 OB 的延长线交于点 D，$BC\perp OA$，则 $S_{\triangle AOB}<S_{扇形AOB}<S_{\triangle AOD}$，即

$$\frac{1\cdot\sin x}{2}<\frac{1\cdot x}{2}<\frac{1\cdot\tan x}{2}$$

亦即 $\sin x<x<\dfrac{\sin x}{\cos x}$.

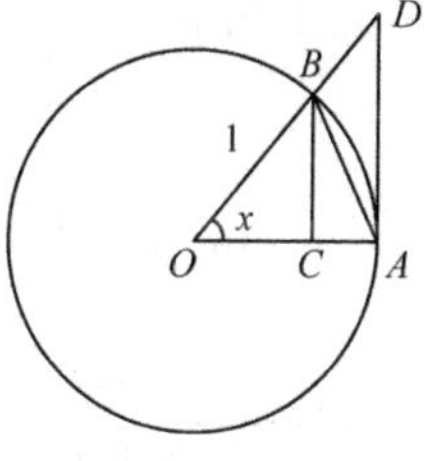

图 2-13

因 $0<x<\frac{\pi}{2}$，故结合上式得 $\cos x<\dfrac{\sin x}{x}<1\left(0<x<\dfrac{\pi}{2}\right)$，再结合 $\lim\limits_{x\to 0^+}\cos x=1$（例 2.25），$\lim\limits_{x\to 0^+}1=1$ 及两边夹准则便得 $\lim\limits_{x\to 0^+}\dfrac{\sin x}{x}=1$，从而有

$$\lim_{x\to 0^-}\frac{\sin x}{x}\overset{令t=-x}{=\!=\!=\!=}\lim_{t\to 0^+}\frac{\sin t}{t}=1,$$

故有

$$\lim_{x\to 0}\frac{\sin x}{x}=1.$$

证毕

观察式(2.2)易见**重要极限** $\lim\limits_{x\to 0}\dfrac{\sin x}{x}=1$ 当 $x\to 0$ **时具有下面两个重要特征**：

特征 1 具有 $\dfrac{0}{0}$ 型和 $\dfrac{\sin[\varphi(x)]}{\varphi(x)}$ 的形式；

特征 2 $\varphi(x)\to 0$，

由此可将式(2.2)推广到一般形式:

$$\lim_{\varphi(x)\to 0}\frac{\sin[\varphi(x)]}{\varphi(x)}=1,\qquad \lim_{\varphi(x)\to 0}\frac{\varphi(x)}{\sin[\varphi(x)]}=1. \tag{2.3}$$

例 2.27 计算下列极限:

(1) $\lim\limits_{x\to 0}\frac{\tan x}{x}$; (2) $\lim\limits_{n\to\infty}n\sin\frac{2}{n}$; (3) $\lim\limits_{x\to 0}\frac{\arcsin x}{x}$;

(4) $\lim\limits_{x\to 0}\frac{\tan 2x}{\sin 3x}$; (5) $\lim\limits_{x\to 0}\frac{1-\cos x}{\frac{x^2}{2}}$; (6) $\lim\limits_{x\to 0}\frac{\tan x-\sin x}{x^3}$.

解 因所给极限均具有第一个重要极限的特征,故应用公式(2.2)或(2.3)分别有

(1) $\lim\limits_{x\to 0}\frac{\tan x}{x}=\lim\limits_{x\to 0}\left(\frac{\sin x}{x}\cdot\frac{1}{\cos x}\right)=\lim\limits_{x\to 0}\frac{\sin x}{x}\cdot\lim\limits_{x\to 0}\frac{1}{\cos x}=1\times\frac{1}{1}=1.$

(2) $\lim\limits_{n\to\infty}n\sin\frac{2}{n}=2\cdot\lim\limits_{\frac{2}{n}\to 0}\frac{\sin\frac{2}{n}}{\frac{2}{n}}\xlongequal{令\frac{2}{n}=u}2\cdot\lim\limits_{u\to 0}\frac{\sin u}{u}=2\times 1=2.$

(3) $\lim\limits_{x\to 0}\frac{\arcsin x}{x}\xlongequal{令\arcsin x=u}\lim\limits_{u\to 0}\frac{u}{\sin u}=1.$

(4) $\lim\limits_{x\to 0}\frac{\tan 2x}{\sin 3x}=\frac{2}{3}\lim\limits_{x\to 0}\left(\frac{\tan 2x}{2x}\cdot\frac{3x}{\sin 3x}\right)=\frac{2}{3}\cdot\lim\limits_{2x\to 0}\frac{\tan 2x}{2x}\cdot\lim\limits_{3x\to 0}\frac{3x}{\sin 3x}=\frac{2}{3}.$

(5) $\lim\limits_{x\to 0}\frac{1-\cos x}{\frac{x^2}{2}}=\lim\limits_{x\to 0}\frac{2\sin^2\frac{x}{2}}{2\left(\frac{x}{2}\right)^2}=\lim\limits_{x\to 0}\left(\frac{\sin\frac{x}{2}}{\frac{x}{2}}\right)^2=\left(\lim\limits_{\frac{x}{2}\to 0}\frac{\sin\frac{x}{2}}{\frac{x}{2}}\right)^2=1^2=1.$

(6) $\lim\limits_{x\to 0}\frac{\tan x-\sin x}{x^3}=\frac{1}{2}\lim\limits_{x\to 0}\left(\frac{\tan x}{x}\cdot\frac{1-\cos x}{\frac{x^2}{2}}\right)=\frac{1}{2}\times 1\times 1=\frac{1}{2}.$ **解毕**

注 $\lim\limits_{x\to 0}\frac{\tan x}{x}=1$,$\lim\limits_{x\to 0}\frac{\arcsin x}{x}=1$ 及 $\lim\limits_{x\to 0}\frac{1-\cos x}{\frac{x^2}{2}}=1$ 等都可作为公式来应用.

2. 第二个重要极限

$$\lim_{x\to\infty}\left(1+\frac{1}{x}\right)^x=\mathrm{e}. \tag{2.4}$$

应用两边夹准则易证该重要极限,这里从略,感兴趣的读者可自己证明. 下面重点讨论如何利用该重要极限来计算与此相关的极限.

观察式(2.4)易见**重要极限** $\lim\limits_{x\to\infty}\left(1+\dfrac{1}{x}\right)^x=e$ **具有下面三个重要特征**：

特征 1　具有 1^∞ 型和"1+"的形式；

特征 2　加数与指数互倒；

特征 3　指数→∞或加数→0.

由此可将式(2.4)推广到一般形式：

$$\lim_{\varphi(x)\to\infty}\left[1+\frac{1}{\varphi(x)}\right]^{\varphi(x)}=\mathrm{e},\quad \lim_{\psi(x)\to 0}[1+\psi(x)]^{\frac{1}{\psi(x)}}=\mathrm{e}. \tag{2.5}$$

特别有

$$\lim_{n\to\infty}\left(1+\frac{1}{n}\right)^n=\mathrm{e},\quad \lim_{x\to 0}(1+x)^{\frac{1}{x}}=\mathrm{e}.$$

例 2.28　证明：对任意实数 m、n，等式

$$\lim_{x\to\infty}\left(1+\frac{m}{x}\right)^{nx}=\mathrm{e}^{mn},\quad \lim_{x\to 0}(1+mx)^{\frac{n}{x}}=\mathrm{e}^{mn} \tag{2.6}$$

恒成立.

证明　因所给极限均具有第二个重要极限的特征，故应用公式(2.5)分别有(注：因 $m=0$ 时结论显然成立，故下面证明中均设 $m\neq 0$)

$$\lim_{x\to\infty}\left(1+\frac{m}{x}\right)^{nx}=\lim_{x\to\infty}\left[\left(1+\frac{m}{x}\right)^{\frac{x}{m}}\right]^{\frac{m}{x}\cdot nx}=\left[\lim_{\frac{x}{m}\to\infty}\left(1+\frac{m}{x}\right)^{\frac{x}{m}}\right]^{mn}=\mathrm{e}^{mn};$$

$$\lim_{x\to 0}(1+mx)^{\frac{n}{x}}=\lim_{x\to 0}\left[(1+mx)^{\frac{1}{mx}}\right]^{\frac{mx}{1}\cdot\frac{n}{x}}=\left[\lim_{mx\to 0}(1+mx)^{\frac{1}{mx}}\right]^{mn}=\mathrm{e}^{mn}.$$

证毕

例 2.29　计算下列极限：

(1) $\lim\limits_{n\to\infty}\left(1+\dfrac{1}{n}\right)^{n+3}$；　(2) $\lim\limits_{x\to\infty}\left(\dfrac{x}{x+1}\right)^{2x}$；　(3) $\lim\limits_{x\to\infty}\left(\dfrac{x+3}{x+2}\right)^{2x}$.

解　因所给极限均具有第二个重要极限的特征，故应用公式(2.5)或(2.6)分别有

(1) $\lim\limits_{n\to\infty}\left(1+\dfrac{1}{n}\right)^{n+3}=\lim\limits_{n\to\infty}\left(1+\dfrac{1}{n}\right)^{n}\cdot\lim\limits_{n\to\infty}\left(1+\dfrac{1}{n}\right)^{3}=\mathrm{e}\times 1=\mathrm{e}.$

(2) $\lim\limits_{x\to\infty}\left(\dfrac{x}{x+1}\right)^{2x}=\lim\limits_{x\to\infty}\left(\dfrac{1}{\dfrac{x+1}{x}}\right)^{2x}=\lim\limits_{x\to\infty}\left(1+\dfrac{1}{x}\right)^{-2x}=\mathrm{e}^{1\times(-2)}=\mathrm{e}^{-2}.$

(3) $\lim\limits_{x\to\infty}\left(\dfrac{x+3}{x+2}\right)^{2x}=\lim\limits_{x\to\infty}\left(\dfrac{1+\dfrac{3}{x}}{1+\dfrac{2}{x}}\right)^{2x}=\lim\limits_{x\to\infty}\dfrac{\left(1+\dfrac{3}{x}\right)^{2x}}{\left(1+\dfrac{2}{x}\right)^{2x}}=\dfrac{\mathrm{e}^{3\times 2}}{\mathrm{e}^{2\times 2}}=\mathrm{e}^2.$

解毕

2.5.3 连续复利

设有一笔贷款 A_0(称为**本金**),年利率为 r,则

一年末的本利和为 $A_1=A_0(1+r)$;

二年末的本利和为 $A_2=A_1(1+r)=A_0(1+r)^2$;

k 年末的本利和为 $A_k=A_0(1+r)^k$.

如果一年分 n 期计息,年利率仍为 r,则每期期利率为$\frac{r}{n}$,且前一期的本利和可作为后一期的本金,于是

一年末的本利和为 $A_1=A_0\left(1+\frac{r}{n}\right)^n$.

k 年末的本利和(共 nk 次)为 $A_k=A_0\left(1+\frac{r}{n}\right)^{nk}$, (2.7)

并称(2.7)式为 k 年末本利和的**离散复利公式**.

如果让一年的计息期数 n 无限增大(即让 $n\to\infty$),即将利息随时计入本金(称为**连续复利**),则应用公式(2.6)易得 k 年末的本利和为

$$A_k=\lim_{n\to\infty}A_0\left(1+\frac{r}{n}\right)^{nk}=A_0\lim_{n\to\infty}\left(1+\frac{r}{n}\right)^{nk}=A_0\mathrm{e}^{rk}, \tag{2.8}$$

且称公式(2.8)为 k 年末本利和的**连续复利公式**,其中 A_0 称为**现值**,A_k 称为**将来值**.

若已知 A_0 求 A_k,称为**复利问题**;若已知 A_k 求 A_0,称为**贴现问题**,且称此时的利率 r 为**贴现利率**.

由连续复利公式(2.8)可看出:如果让一年的计息期数 n 无限增大,则 k 年末的本利和趋近于一个定值 $A_0\mathrm{e}^{rk}$,不会无限增大. 因此,让计息期数无限增大既无实际意义,又增加了计息成本和浪费时间.

习 题 2.5

1. 计算下列极限:

(1) $\lim\limits_{x\to0}\frac{\sin7x}{2x}$; (2) $\lim\limits_{x\to0}\frac{\tan3x}{x}$; (3) $\lim\limits_{x\to0}x\cot x$;

(4) $\lim\limits_{x\to0}\frac{\tan x-\sin x}{x}$; (5) $\lim\limits_{x\to0}\frac{2\arcsin x}{3x}$; (6) $\lim\limits_{x\to0}\frac{x-\sin x}{x+\sin x}$;

(7) $\lim\limits_{x\to0}\frac{\arctan5x}{x}$; (8) $\lim\limits_{x\to\pi}\frac{\sin x}{x-\pi}$; (9) $\lim\limits_{n\to\infty}(5n+2)\tan\frac{1}{n}$.

2. 计算下列极限:

(1) $\lim\limits_{x\to0}(1+2x)^{\frac{1}{x}}$; (2) $\lim\limits_{x\to\infty}\left(\frac{1+x}{x}\right)^{-2x}$; (3) $\lim\limits_{x\to\infty}\left(1-\frac{1}{x}\right)^{kx}$($k$ 为正整数);

(4) $\lim\limits_{x\to+\infty}\left(1-\dfrac{1}{x}\right)^{\sqrt{x}}$；(5) $\lim\limits_{x\to\infty}\left(\dfrac{x-1}{x+1}\right)^{2x}$；　(6) $\lim\limits_{x\to0}\dfrac{\ln(1+2x)}{\sin3x}$.

3. 利用极限的两边夹准则证明下列极限：

(1) $\lim\limits_{n\to\infty}\sqrt{1+\dfrac{1}{n}}=1$；

(2) $\lim\limits_{n\to\infty}n\left(\dfrac{1}{n^2+\pi}+\dfrac{1}{n^2+2\pi}+\cdots+\dfrac{1}{n^2+n\pi}\right)=1$.

4. 利用单调有界收敛准则证明下列数列收敛：

(1) $x_n=\dfrac{1}{3+1}+\dfrac{1}{3^2+1}+\dfrac{1}{3^3+1}+\cdots+\dfrac{1}{3^n+1}(n=1,2,\cdots)$；

(2) $x_n=\dfrac{1}{1^2+1}+\dfrac{1}{2^2+1}+\cdots+\dfrac{1}{n^2+1}(n=1,2,\cdots)$.

5. 某企业计划发行公司债券，规定年利率以 10ln2％的连续复利计算利息，10 年后每份债券一次偿还本息 1000 元，问发行时每份债券的价格应定为多少元？

2.6　无穷小量的阶和等价代换

2.6.1　无穷小量的阶

由无穷小量的性质知：两个无穷小量的和、差、积仍为无穷小量．但是，关于两个无穷小量的商却会出现不同的情形．例如，$x,3x,x^2,\sin x$ 和 $x\sin\dfrac{1}{x}$ 都是当 $x\to0$ 时的无穷小量，但当 $x\to0$ 时却分别有

$$\frac{x^2}{x}\to0,\ \frac{x}{x^2}\to\infty,\ \frac{3x}{x}\to3,\ \frac{\sin x}{x}\to1 \text{ 和 } \frac{x\sin\frac{1}{x}}{x}\not\to \text{ 任何定数 } A \text{ 或} \infty$$

即两个无穷小量的商有各种不同的趋势．

为什么会导致上述各种不同情形出现？**原因是**：虽然它们都是当 $x\to0$ 时的无穷小量，但它们各自趋于 0 的速度却有“快慢”之分．例如，当 $x\to0$ 时，

$\dfrac{x^2}{x}\to0$ 表明 $x^2\to0$ 的速度比 $x\to0$ 的速度快(或者说后者比前者慢)；

$\dfrac{3x}{x}=3\to3$ 表明 $3x\to0$ 的速度与 $x\to0$ 的速度差不多一样快，即“快慢相仿”；

$\dfrac{\sin x}{x}\to1$ 表明 $\sin x\to0$ 的速度与 $x\to0$ 的速度一样快．

由上面的讨论使我们想到：对不同的无穷小量来说，有必要想办法来区分它们趋于零的速度快慢问题．而且，在许多问题中，我们仅仅知道变量是否有极限是远

远不够的,还需知道变量趋于极限值的速度快慢如何才行. 而根据定理2.3知

$$\lim_{x\to x_0} f(x)=A \quad \Leftrightarrow \quad f(x)-A=\alpha \text{ 为 } x\to x_0 \text{ 时的无穷小量},$$

即研究变量 $f(x)$ 趋于其极限值的速度问题,可归结为研究相应的无穷小量 α 趋于零的速度问题. 为此,给出无穷小量阶的概念(仅就 $x\to x_0$ 的趋势给出,其他趋势类推)如下:

定义 2.13 设 α、β 均为当 $x\to x_0$ 时的无穷小量且 $\alpha\neq0$,则

(1) 若 $\lim\limits_{x\to x_0}\dfrac{\beta}{\alpha}=0$,则称当 $x\to x_0$ 时,β 是比 α **高阶的无穷小量**,或称 α 是比 β **低阶的无穷小量**,并记为 $\beta=o(\alpha)\ (x\to x_0)$;

(2) 若 $\lim\limits_{x\to x_0}\dfrac{\beta}{\alpha}=C\neq0$($C$ 为常数),则称当 $x\to x_0$ 时,α 与 β 是**同阶无穷小量**,并记为 $\beta=O(\alpha)\ (x\to x_0)$;

(3) 若 $\lim\limits_{x\to x_0}\dfrac{\beta}{\alpha}=1$,则称当 $x\to x_0$ 时,α 与 β 是**等价无穷小量**,并记为 $\alpha\sim\beta$ $(x\to x_0)$.

例如,由前面的讨论知:当 $x\to0$ 时,$x^2=o(x)$;$3x=O(x)$;$\sin x\sim x$.

显然,等价无穷小量必是同阶无穷小量,反之不一定(如当 $x\to0$ 时,x 与 $3x$ 是同阶但不等价的两个无穷小量).

例 2.30 计算下列极限:

(1) $\lim\limits_{x\to0}\dfrac{x}{\ln(1+x)}$; (2) $\lim\limits_{x\to0}\dfrac{e^x-1}{x}$; (3) $\lim\limits_{x\to0}\dfrac{\arctan x}{x}$; (4) $\lim\limits_{x\to0}\dfrac{\frac{x}{n}}{\sqrt[n]{1+x}-1}$.

解 应用变量替换法则(即定理2.6)及重要极限有

(1) $\lim\limits_{x\to0}\dfrac{x}{\ln(1+x)}=\lim\limits_{x\to0}\dfrac{1}{\ln(1+x)^{\frac{1}{x}}}=\dfrac{1}{\ln e}=1$,即 $\ln(1+x)\sim x\ (x\to0)$.

(2) $\lim\limits_{x\to0}\dfrac{e^x-1}{x}\xlongequal[x=\ln(1+u)]{令u=e^x-1}\lim\limits_{u\to0}\dfrac{u}{\ln(1+u)}\xlongequal{(1)}1$,即 $e^x-1\sim x\ (x\to0)$.

(3) $\lim\limits_{x\to0}\dfrac{\arctan x}{x}\xlongequal[x=\tan u]{令u=\arctan x}\lim\limits_{u\to0}\dfrac{u}{\tan u}=1$,即 $\arctan x\sim x\ (x\to0)$.

(4) $$\lim_{x\to0}\frac{\frac{x}{n}}{\sqrt[n]{1+x}-1}\xlongequal[x=u^n-1]{令u=\sqrt[n]{1+x}}\frac{1}{n}\cdot\lim_{u\to1}\frac{u^n-1}{u-1}$$

$$=\frac{1}{n}\cdot\lim_{u\to1}\frac{(u-1)(u^{n-1}+u^{n-2}+\cdots+u+1)}{u-1}$$

$$=\frac{1}{n}\cdot\lim_{u\to1}(u^{n-1}+u^{n-2}+\cdots+u+1)$$

$$=\frac{1}{n}\cdot n=1，即\sqrt[n]{1+x}-1\sim\frac{x}{n}\ (x\to 0).$$ **解毕**

为便于记忆和应用，将前面讨论所得到的常用等价无穷小量列举如下：

当 $x\to 0$ 时，有

$$\sin x\sim x;\quad \tan x\sim x;\quad 1-\cos x\sim\frac{x^2}{2};\quad \ln(1+x)\sim x;$$

$$e^x-1\sim x;\quad \arcsin x\sim x;\quad \arctan x\sim x;\quad \sqrt[n]{1+x}-1\sim\frac{1}{n}x.$$

例 2.31　证明：当 $x\to 0$ 时，$\sqrt{1+x}-\sqrt{1-x}\sim x$.

证明　因
$$\lim_{x\to 0}\frac{\sqrt{1+x}-\sqrt{1-x}}{x}=\lim_{x\to 0}\frac{2x}{x(\sqrt{1+x}+\sqrt{1-x})}=\lim_{x\to 0}\frac{2}{\sqrt{1+x}+\sqrt{1-x}}=1$$

故

$$\sqrt{1+x}-\sqrt{1-x}\sim x\ (x\to 0).$$ **证毕**

2.6.2　等价代换

等价无穷小量非常重要，特别是在求未定式极限时(即在求极限时可以进行等价代换)非常有用．为此，先给出等价代换定理(仅就 $x\to x_0$ 的趋势给出，其他趋势类推)如下：

定理 2.7(等价代换定理)　若 $\alpha(x)\sim\beta(x)\ (x\to x_0)$，$f(x)$ 在某去心邻域 $\mathring{U}(x_0)$ 内有定义，且极限 $\lim\limits_{x\to x_0}\beta(x)f(x)$、$\lim\limits_{x\to x_0}\frac{\beta(x)}{f(x)}$ 和 $\lim\limits_{x\to x_0}\frac{f(x)}{\beta(x)}$ 均存在，则

(1) $\lim\limits_{x\to x_0}\alpha(x)f(x)=\lim\limits_{x\to x_0}\beta(x)f(x)$；　(2) $\lim\limits_{x\to x_0}\frac{\alpha(x)}{f(x)}=\lim\limits_{x\to x_0}\frac{\beta(x)}{f(x)}$；

(3) $\lim\limits_{x\to x_0}\frac{f(x)}{\alpha(x)}=\lim\limits_{x\to x_0}\frac{f(x)}{\beta(x)}$.

证明　因 $\alpha(x)\sim\beta(x)\ (x\to x_0)$，且极限 $\lim\limits_{x\to x_0}\beta(x)f(x)$、$\lim\limits_{x\to x_0}\frac{\beta(x)}{f(x)}$ 和 $\lim\limits_{x\to x_0}\frac{f(x)}{\beta(x)}$ 均存在，故

$$(1)\ \lim_{x\to x_0}\alpha(x)f(x)=\lim_{x\to x_0}\left[\frac{\alpha(x)}{\beta(x)}\cdot\beta(x)f(x)\right]=\lim_{x\to x_0}\frac{\alpha(x)}{\beta(x)}\cdot\lim_{x\to x_0}\beta(x)f(x)=\lim_{x\to x_0}\beta(x)f(x).$$

(2)、(3)类似(1)可证(请读者自已证明).　**证毕**

定理 2.7 表明:在计算两个无穷小量之比的极限时,如果代换能使运算简化,则可将分子或分母中的无穷小量用与之等价的无穷小量来代替．但是,只能代替积、商的情形,不能代替和、差的情形,否则将导致错误的结果．

例 2.32 计算下列极限:

(1) $\lim\limits_{x\to 0}\dfrac{1-\cos x^2}{x^2\sin^2 x}$; (2) $\lim\limits_{x\to 0}\dfrac{e^x-1}{x^2+5x}$;

(3) $\lim\limits_{x\to 0}\dfrac{\tan x-\sin x}{x^3}$; (4) $\lim\limits_{x\to 0}\dfrac{\ln(1+x^2)}{x\cdot\arcsin\dfrac{x}{2}}$.

解 (1) 因 $x\to 0$ 时,$1-\cos x^2\sim\dfrac{1}{2}(x^2)^2=\dfrac{1}{2}x^4$,$\sin^2 x\sim x^2$,故由等价代换定理有

$$\lim_{x\to 0}\frac{1-\cos x^2}{x^2\sin^2 x}=\lim_{x\to 0}\frac{\frac{1}{2}x^4}{x^2\cdot x^2}=\lim_{x\to 0}\frac{1}{2}=\frac{1}{2}.$$

(2) 因 $e^x-1\sim x\ (x\to 0)$,故由等价代换定理有

$$\lim_{x\to 0}\frac{e^x-1}{x^2+5x}=\lim_{x\to 0}\frac{x}{x(x+5)}=\lim_{x\to 0}\frac{1}{x+5}=\frac{1}{5}.$$

(3) 因 $x\to 0$ 时,$\sin x\sim x$,$1-\cos x\sim\dfrac{x^2}{2}$,故由等价代换定理有

$$\lim_{x\to 0}\frac{\tan x-\sin x}{x^3}=\lim_{x\to 0}\frac{\sin x\cdot(1-\cos x)}{x^3\cdot\cos x}=\lim_{x\to 0}\frac{x\cdot\frac{x^2}{2}}{x^3\cdot\cos x}=\lim_{x\to 0}\frac{1}{2\cos x}=\frac{1}{2}.$$

(4) 因 $x\to 0$ 时,$\ln(1+x^2)\sim x^2$,$\arcsin\dfrac{x}{2}\sim\dfrac{x}{2}$,故由等价代换定理有

$$\lim_{x\to 0}\frac{\ln(1+x^2)}{x\cdot\arcsin\frac{x}{2}}=\lim_{x\to 0}\frac{x^2}{x\cdot\frac{x}{2}}=\lim_{x\to 0}2=2.$$

解毕

习 题 2.6

利用等价无穷小量的等价代换定理求下列极限:

1. $\lim\limits_{x\to 0}\dfrac{\sin x^5}{\sin^8 x}$; 2. $\lim\limits_{x\to 0}\dfrac{\tan 3x}{\sin 2x}$; 3. $\lim\limits_{x\to 0}\dfrac{\tan x-\sin x}{\sin^3 x}$;

4. $\lim\limits_{x\to 0}\dfrac{\arcsin 2x}{\sin 5x}$; 5. $\lim\limits_{x\to 0}\dfrac{x\arcsin x\sin\dfrac{1}{x}}{\sin x}$; 6. $\lim\limits_{x\to 0}(1+2x)^{\frac{3}{\sin x}}$;

7. $\lim\limits_{x\to 0}\dfrac{x\arcsin x}{e^{-x^2}-1}$；　8. $\lim\limits_{x\to 0}\dfrac{\sqrt{1-2x^2}-1}{x\ln(1-x)}$；　9. $\lim\limits_{x\to 0}(1-5\sin x)^{\frac{3}{\tan x}}$.

2.7　函数的连续性

自然界中有许多现象，如气温的变化、河水的流动、动植物的生长等，都是慢慢地逐渐变化的，这些现象反映在函数上就是函数的连续性．另外，还有一类现象不是逐渐变化而是突然变化的，如突然断电后电路中的电流强度和电压的大小，黑暗中突然打开电灯后的光线强度等，都是突然变化的，这些现象反映在函数上就是函数的间断性．

2.7.1　连续函数的概念

对函数的连续性来讲，它是微积分中又一重要概念，为描绘这一重要概念，先引入函数改变量(即增量)的概念和记号．

1. 变量的改变量

定义 2.14　若变量 u 从它的初值 u_0 变到终值 u_1，则称差值 u_1-u_0 为变量 u 的**改变量**(**或增量**)，并记为 Δu，即 $\Delta u=u_1-u_0$(注：Δu 可正、可负，也可为零).

定义 2.15　若函数 $y=f(x)$在点 x_0 的某邻域内有定义，且自变量从初值 x_0 变到终值 x 时，相应的函数值从初值 $f(x_0)$变到终值 $f(x)$，则分别称差值

$$x-x_0\overset{\text{记为}}{=\!=\!=}\Delta x,\quad f(x_0+\Delta x)-f(x_0)\overset{\text{记为}}{=\!=\!=}\Delta y$$

为**自变量 x 的改变量(或增量)和因变量 y 的改变量(或增量)**，且有(图 2-14)

$$x=x_0+\Delta x,\quad \Delta y=f(x_0+\Delta x)-f(x_0)=y-y_0\quad (\text{其中 } y_0=f(x_0)).$$

2. 函数在一点连续的概念

由于**函数 $y=f(x)$在点 x_0 处连续的本质特征(图 2-14)是**：当自变量 x 在点 x_0 处有微小改变量 Δx 时，对应的函数值也只有微小的改变量 Δy，即当 $\Delta x\to 0$ 时对应的 $\Delta y\to 0$，由此便可得到函数 $y=f(x)$在点 x_0 处连续的定义如下：

定义 2.16　若函数 $y=f(x)$在点 x_0 的某邻域内有定义，且当 $\Delta x=x-x_0\to 0$ 时，有

$$\Delta y=f(x_0+\Delta x)-f(x_0)\to 0,$$

则称函数 $f(x)$在点 x_0 处**连续**，并称 x_0 为函数 $f(x)$的**连续点**，如图 2-14 所示，否则称 x_0 为函数 $f(x)$的**间断点**，如图 2-15 所示．

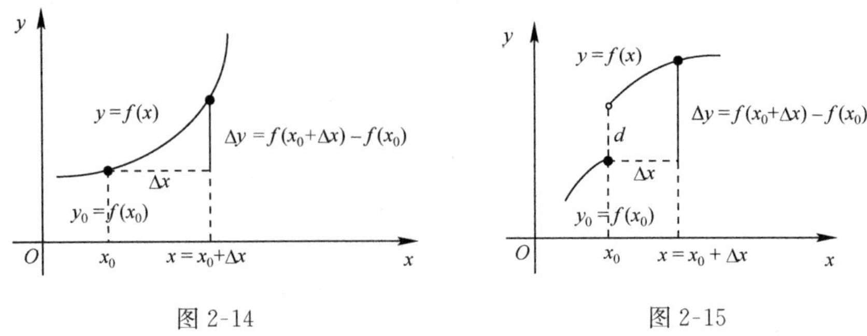

图 2-14　　　　图 2-15

例 2.33　证明:函数 $y=f(x)=\sin x$ 在任意点 $x_0\in\mathbf{R}$ 处均连续.

证明　因 $\forall x_0, x_0+\Delta x\in\mathbf{R}$,有

$$\Delta y=f(x_0+\Delta x)-f(x_0)=\sin(x_0+\Delta x)-\sin x_0=2\cos\left(x_0+\frac{\Delta x}{2}\right)\sin\frac{\Delta x}{2},$$

而 $\left|2\cos\left(x_0+\frac{\Delta x}{x}\right)\right|\leqslant 2, \lim\limits_{\Delta x\to 0}\sin\frac{\Delta x}{2}=0$,故有

$$\lim_{\Delta x\to 0}\Delta y=\lim_{\Delta x\to 0}\left[2\cos\left(x_0+\frac{\Delta x}{2}\right)\cdot\sin\frac{\Delta x}{2}\right]=0,$$

即函数 $y=f(x)=\sin x$ 在点 x_0 处连续,从而结合点 x_0 的任意性便知函数 $y=f(x)=\sin x$ 在任意点 $x_0\in\mathbf{R}$ 处均连续.　　**证毕**

同理可证:函数 $y=g(x)=\cos x$ 在任意点 $x_0\in\mathbf{R}$ 处也连续.

因由 $\Delta x=x-x_0$ 有 $x=x_0+\Delta x$,故 $\Delta x\to 0 \Leftrightarrow x\to x_0$,从而有

$$f(x)\text{在点 }x_0\text{ 处连续}\Leftrightarrow \lim_{x\to x_0}[f(x)-f(x_0)]=\lim_{\Delta x\to 0}[f(x_0+\Delta x)-f(x_0)]=0$$

$$\Leftrightarrow \lim_{x\to x_0}f(x)=\lim_{x\to x_0}[f(x)-f(x_0)]+\lim_{x\to x_0}f(x_0)=f(x_0),$$

由此得到函数 $y=f(x)$ 在点 x_0 处连续的等价定义如下:

定义 2.17　若函数 $y=f(x)$ 在点 x_0 的某邻域内有定义,则可规定:

$f(x)$ 在点 x_0 处连续 $\Leftrightarrow$

$$\lim_{x\to x_0}f(x)=f(x_0)\Leftrightarrow\begin{cases}(1)\ f(x)\text{在点 }x_0\text{ 处有定义},\\(2)\ \text{极限}\lim\limits_{x\to x_0}f(x)\text{存在(有限)},\\(3)\ \lim\limits_{x\to x_0}f(x)=f(x_0).\end{cases}$$

例 2.34　由例 2.15 知,对任意 n 次多项式函数

$$P_n(x)=a_0x^n+a_1x^{n-1}+\cdots+a_{n-1}x+a_n\quad(a_0\neq 0, n\in\mathbf{N})$$

及 $\forall x_0\in\mathbf{R}$,都有 $\lim\limits_{x\to x_0}P_n(x)=P_n(x_0)$,故多项式函数 $P_n(x)$ 在任意点 $x_0\in\mathbf{R}$ 处均连续.

3. 函数在一点处左、右连续的概念及左、右连续与连续的关系

定义 2.18　若函数 $y=f(x)$ 在点 x_0 的某邻域内有定义，则规定：

函数 $f(x)$ 在点 x_0 处**左连续**　$\Leftrightarrow$　$f(x_0-0)=\lim\limits_{x\to x_0^-}f(x)=f(x_0)$；

函数 $f(x)$ 在点 x_0 处**右连续**　$\Leftrightarrow$　$f(x_0+0)=\lim\limits_{x\to x_0^+}f(x)=f(x_0)$.

定理 2.8　若函数 $y=f(x)$ 在点 x_0 的某邻域内有定义，则

$f(x)$ 在点 x_0 处连续　$\Leftrightarrow$　$f(x)$ 在点 x_0 处既左连续又右连续，即

$$f(x_0-0)=f(x_0+0)=f(x_0).$$

例 2.35　已知函数 $f(x)=\begin{cases}x^2+1, & x<0,\\ 2x-b, & x\geqslant 0\end{cases}$ 在点 $x=0$ 处连续，求 b 的值.

解　因函数 $f(x)$ 在点 $x=0$ 处连续，故由定理 2.8 有 $f(0-0)=f(0+0)$，而

$$f(0-0)=\lim_{x\to 0^-}f(x)=\lim_{\substack{x\to 0\\(x<0)}}(x^2+1)=1,$$

$$f(0+0)=\lim_{x\to 0^+}f(x)=\lim_{\substack{x\to 0\\(x>0)}}(2x-b)=-b,$$

由此有 $-b=1$，即 $b=-1$.　**解毕**

4. 连续函数与连续区间

定义 2.19　(1) 若函数 $f(x)$ 在开区间 (a,b) 内每一点处都连续，则称函数 $f(x)$ **在开区间** (a,b) **内连续**，或称 $f(x)$ **是开区间** (a,b) **内的连续函数**.

(2) 若函数 $f(x)$ 在开区间 (a,b) 内连续，且在左端点 $x=a$ 处右连续，在右端点 $x=b$ 处左连续，则称函数 $f(x)$ **在闭区间** $[a,b]$ **上连续**，或称 $f(x)$ **是闭区间** $[a,b]$ **上的连续函数**，并记

$$C[a,b]=\{f(x)\mid f(x)\text{在}[a,b]\text{上连续}\},$$

如 $f\in C[0,2]$ 表示 $f(x)$ 是闭区间 $[0,2]$ 上的连续函数.

类似可定义函数在半开半闭区间和无穷区间上的连续性.

连续函数 $y=f(x)$ 的图形是平面上的一条连续不间断（即没有缝隙）的曲线（或曲线段），这就是**连续函数的几何特征**.

由例 2.33 和例 2.34 知，正弦函数 $y=\sin x$、余弦函数 $y=\cos x$ 和 n 次多项式函数 $P_n(x)$ 都是各自定义域 $R=(-\infty,+\infty)$ 内的连续函数.

2.7.2　函数的间断点

函数 $y=f(x)$ 在点 x_0 处间断的本质特征（图 2-15）是：当自变量 x 在点 x_0 处有微小改变量 Δx 时，对应的函数值却有较大的改变量 Δy. 另一方面，由于

$$\text{函数 } f(x) \text{ 在点 } x_0 \text{ 处连续} \quad \Leftrightarrow \quad \begin{cases} (1)\ f(x) \text{ 在点 } x_0 \text{ 处有定义}, \\ (2)\ \text{极限} \lim\limits_{x \to x_0} f(x) \text{ 存在(有限)}, \\ (3)\ \lim\limits_{x \to x_0} f(x) = f(x_0), \end{cases}$$

故函数 $f(x)$ 在点 x_0 处只要不满足上述三个条件中的任何一条,则 x_0 就是函数 $f(x)$ 的**间断点**(即**不连续点**). 同时,可以根据函数 $f(x)$ 在间断点 x_0 处左、右极限的不同情形将其分为两大类:第一类间断点和第二类间断点,即有如下定义:

定义 2.20 设 x_0 是函数 $f(x)$ 的间断点,则

(1) 当左极限 $f(x_0-0)$ 和右极限 $f(x_0+0)$ 都存在时,称 x_0 为函数 $f(x)$ 的**第一类间断点**. 特别地,

当 $f(x_0-0)=f(x_0+0)$(即极限 $\lim\limits_{x\to x_0}f(x)$ 存在)时,称 x_0 为函数 $f(x)$ 的**可去间断点**;

当 $f(x_0-0)\neq f(x_0+0)$ 时,称 x_0 为函数 $f(x)$ 的**跳跃间断点**,此时曲线 $y=f(x)$ 在点 $(x_0,f(x_0))$ 处出现跳跃,并称正数 $d=|f(x_0+0)-f(x_0-0)|>0$ 为函数 $f(x)$ 在点 x_0 处的**跳跃度**,简称**跃度**(图 2-15).

(2) 当左极限 $f(x_0-0)$ 和右极限 $f(x_0+0)$ 中至少有一个不存在时,称 x_0 为函数 $f(x)$ 的**第二类间断点**. 特别地,

当 $f(x_0-0)=\infty$ 或 $f(x_0+0)=\infty$ 时,称 x_0 为函数 $f(x)$ 的**无穷间断点**;

当 $x\to x_0$ 时,相应的函数值 $f(x)$ 在某个有限区间(如下面例 2.39 中的区间 $[-1,1]$)之间无限次振荡的间断点称为函数 $f(x)$ 的**振荡间断点**.

例 2.36 讨论下列函数在点 $x=1$ 处的连续性:

(1) $f(x)=\dfrac{1-x^2}{1-x}$; (2) $g(x)=\begin{cases} x+1, & x\neq 1, \\ 1, & x=1. \end{cases}$

解 (1) 因函数 $f(x)$ 在点 $x=1$ 处无定义,且极限

$$\lim_{x\to 1}f(x)=\lim_{\substack{x\to 1\\(x\neq 1)}}\frac{(1-x)(1+x)}{1-x}=\lim_{\substack{x\to 1\\(x\neq 1)}}(1+x)=2$$

存在,故 $x=1$ 是函数 $f(x)$ 的可去间断点(图 2-16).

(2) 虽然函数 $g(x)$ 在点 $x=1$ 处有定义,且存在极限

$$\lim_{x\to 1}g(x)=\lim_{\substack{x\to 1\\(x\neq 1)}}(x+1)=2,$$

但由于 $\lim\limits_{x\to 1}g(x)=2\neq 1=g(1)$,故 $x=1$ 是函数 $g(x)$ 的可去间断点(图 2-17).

解毕

注 在例 2.36 中,如果补充定义 $f(1)=2$ 和改变定义 $g(1)=2$,则补充定义和改变定义后所得到的新函数就在点 $x=1$ 处连续,这就是为什么将左、右极限存在且相等(即极限存在)的间断点称为可去间断点的原因.

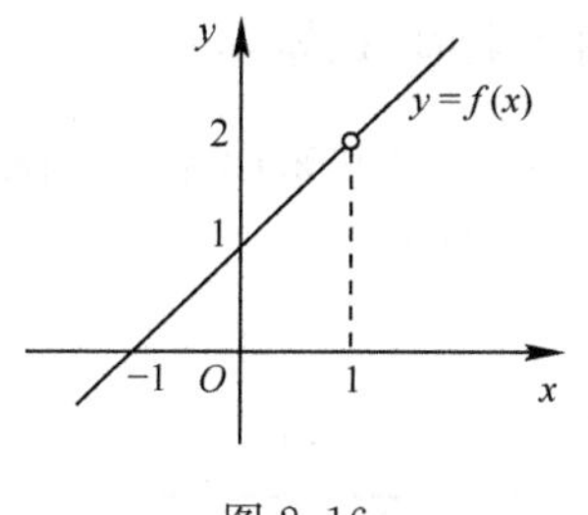

图 2-16

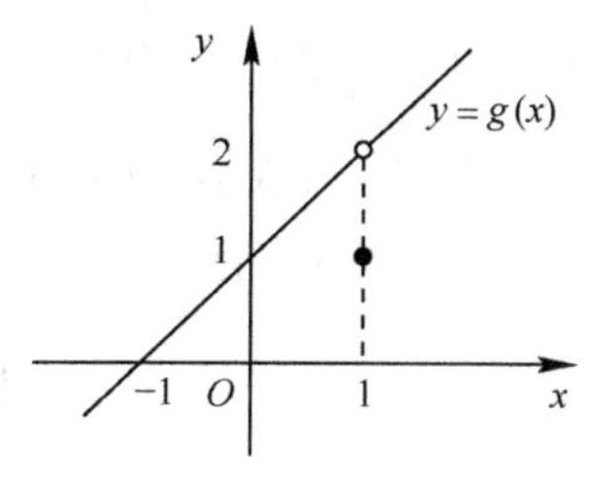

图 2-17

例 2.37　讨论函数 $f(x)=\begin{cases} x+2, & x\geqslant 0, \\ x-2, & x<0 \end{cases}$ 在点 $x=0$ 处的连续性.

解　显然,函数 $f(x)$ 在点 $x=0$ 处有定义,且

$$f(0-0)=\lim_{x\to 0^-} f(x)=\lim_{\substack{x\to 0\\(x<0)}}(x-2)=-2$$

$$f(0+0)=\lim_{x\to 0^+} f(x)=\lim_{\substack{x\to 0\\(x>0)}}(x+2)=2,$$

以及 $f(0-0)\neq f(0+0)$,故点 $x=0$ 是函数 $f(x)$ 的跳跃间断点(图 2-18),且其跃度为

$$d=|f(0+0)-f(0-0)|=|2-(-2)|=4.$$

解毕

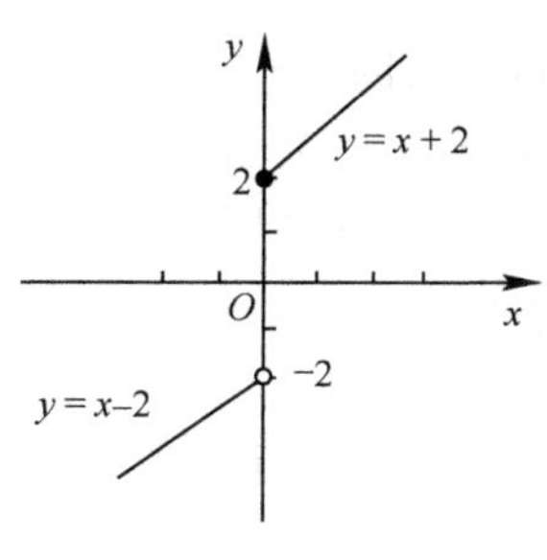

图 2-18

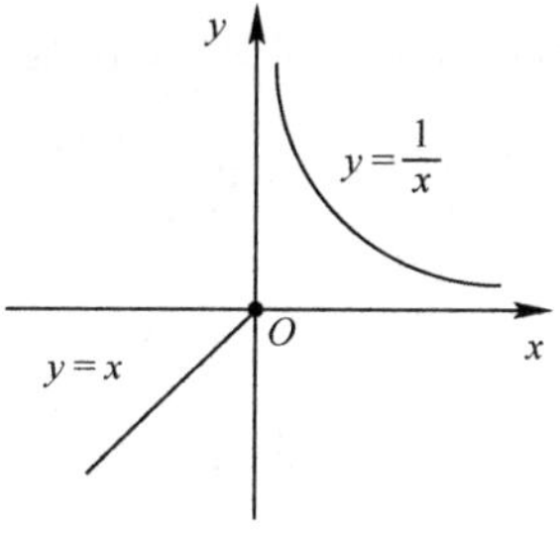

图 2-19

例 2.38　讨论函数 $f(x)=\begin{cases} \dfrac{1}{x}, & x>0, \\ x, & x\leqslant 0 \end{cases}$ 在点 $x=0$ 处的连续性.

解　显然,函数 $f(x)$ 在点 $x=0$ 处有定义,但由于

$$f(0+0)=\lim_{x\to 0^+} f(x)=\lim_{\substack{x\to 0\\(x>0)}}\frac{1}{x}=+\infty,$$

故 $x=0$ 是函数 $f(x)$ 的无穷间断点,也是第二类间断点(图 2-19).　**解毕**

例 2.39　讨论函数 $f(x)=\sin\dfrac{1}{x}$ 在点 $x=0$ 处的连续性.

解　因函数 $f(x)$ 在点 $x=0$ 处无定义,故 $x=0$ 是函数 $f(x)$ 的间断点. 又因

$$\lim_{x\to 0}f(x)=\lim_{x\to 0}\sin\frac{1}{x}\neq 任何有限值 A 或\infty,$$

且当 $x\to 0$ 时,相应的函数值 $f(x)$ 在闭区间$[-1,1]$之间来回振荡无限次,故 $x=0$ 是函数 $f(x)$ 的振荡间断点,也是第二类间断点(图 2-20).　**解毕**

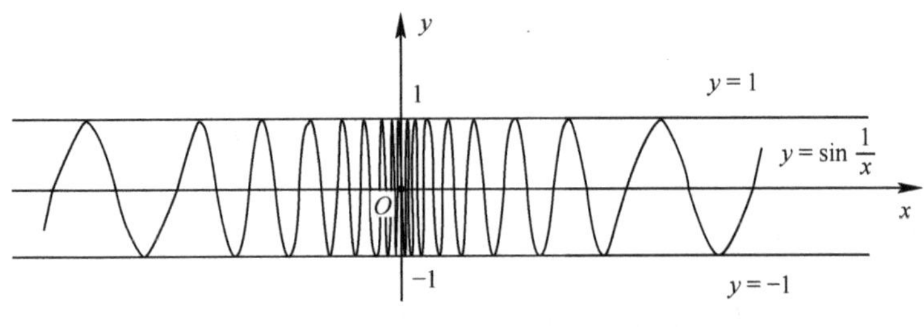

图 2-20

例 2.40　求函数 $f(x)=\dfrac{\sin x}{x(x-1)}$ 的间断点并判断其类型.

解　因函数 $f(x)$ 仅在点 $x=0$ 和 $x=1$ 处无定义,且易证,对任意实数 $x_0(x\neq 0,1)$都有

$$\lim_{x\to x_0}f(x)=\frac{\sin x_0}{x_0(x_0-1)}=f(x_0),$$

故函数 $f(x)$ 仅有 $x=0$ 和 $x=1$ 这两个间断点.又因

$$\lim_{x\to 0}f(x)=\lim_{x\to 0}\frac{\sin x}{x(x-1)}=\lim_{x\to 0}\left(\frac{\sin x}{x}\cdot\frac{1}{x-1}\right)=-1,$$

$$\lim_{x\to 1}f(x)=\lim_{x\to 1}\frac{\sin x}{x(x-1)}=\infty,$$

从而 $x=0$ 是函数 $f(x)$ 的可去间断点(第一类);$x=1$ 是函数 $f(x)$ 的无穷间断点(第二类).　**解毕**

2.7.3　连续函数的运算法则

由于函数的连续性是建立在极限理论的基础上的,因而利用函数极限的概念和运算法则易证连续函数的下列结论,这里不再给出证明,请读者自己完成.

1. 连续函数的四则运算法则

定理 2.9　若函数 $f(x)$,$g(x)$ 均在点 x_0 处连续,则函数 $f(x)\pm g(x)$,$f(x)\cdot g(x)$ 在点 x_0 处必连续;若还有 $g(x_0)\neq 0$,则函数$\dfrac{f(x)}{g(x)}$在点 x_0 处也连续,且和、差、积的情形还可推广到有限个的情形.

例 2.41　因三角函数 $\sin x$、$\cos x$ 和任意多项式函数 $P_n(x)$ 在其定义域 $R=$

$(-\infty,+\infty)$内都连续，故由定理 2.9 易证，下列函数

$$\tan x,\cot x,\sec x,\csc x \text{ 和有理分式函数 } R(x)=\frac{a_0x^n+a_1x^{n-1}+\cdots+a_{n-1}x+a_n}{b_0x^m+b_1x^{m-1}+\cdots+b_{m-1}x+b_m}$$

在各自的定义域内均连续，其中 $a_0b_0\neq 0$.

2. 反函数与复合函数的连续性

定理 2.10（反函数连续性定理）　若 $y=f(x)$是区间 I_x 上的严格单调递增（递减）连续函数，则其反函数 $y=f^{-1}(x)$也是其值域 $f(I_x)=\{y|y=f(x),x\in I_x\}$上的严格单调递增（或递减）连续函数．

例如，因函数 $y=\sin x$ 在闭区间$\left[-\frac{\pi}{2},\frac{\pi}{2}\right]$上严格单调递增连续，故它的反函数 $y=\arcsin x$ 在其值域$[-1,1]$上也严格单调递增连续．同理，其他反三角函数也在其定义域内严格单调连续．

定理 2.11（复合函数连续性定理）　若内函数 $u=\varphi(x)$在点 x_0 处连续，外函数 $y=f(u)$在相应点 $u_0=\varphi(x_0)$处也连续，则复合函数 $y=f[\varphi(x)]$在点 x_0 处必连续，即$\lim\limits_{x\to x_0}f[\varphi(x)]=f[\varphi(x_0)]$，亦即

$$\lim_{x\to x_0}f[\varphi(x)]=f[\lim_{x\to x_0}\varphi(x)]. \tag{2.9}$$

在计算复合函数的极限时，较方便的是下面的推论 2.8.

推论 2.8　若内函数 $u=\varphi(x)$在点 x_0 处的极限$\lim\limits_{x\to x_0}\varphi(x)$存在（有限），而外函数 $f(u)$在相应极限点 $u_0=\lim\limits_{x\to x_0}\varphi(x)$处连续，则复合函数 $f[\varphi(x)]$在点 x_0 处的极限$\lim\limits_{x\to x_0}f[\varphi(x)]$必存在（有限），且

$$\lim_{x\to x_0}f[\varphi(x)]=f[\lim_{x\to x_0}\varphi(x)]. \tag{2.10}$$

(2.9)、(2.10)两式表明：若复合函数 $f[\varphi(x)]$满足定理 2.11 或推论 2.8 的条件，则求其极限时，就可交换函数运算 f 与极限运算$\lim\limits_{x\to x_0}$的先后次序，即等式

$$\lim_{x\to x_0}f[\varphi(x)]=f[\lim_{x\to x_0}\varphi(x)]$$

成立．

把定理 2.11 和推论 2.8 中的 $x\to x_0$ 换成其他趋势后结论仍成立，这将为今后求复合函数的极限带来极大的方便．

例 2.42　讨论函数 $y=\sin\frac{1}{x}$的连续性．

解　因内函数 $u=\varphi(x)=\frac{1}{x}$在$(-\infty,0)\cup(0,+\infty)$内连续，外函数 $y=f(u)=\sin u$ 在区间$(-\infty,+\infty)$内连续，故由定理 2.11 知，复合函数 $y=$

$f[\varphi(x)]=\sin\frac{1}{x}$在区间$(-\infty,0)\cup(0,+\infty)$内也连续. **解毕**

例 2.43 利用函数的连续性求下列极限:

(1) $\lim\limits_{x\to 0}\sin\left(x^2-x+\frac{\pi}{4}\right)$; (2) $\lim\limits_{x\to 0}\arctan\left(2-\frac{\sin x}{x}\right)$; (3) $\lim\limits_{x\to\infty}e^{\frac{\sin x}{x}}$.

解 (1) 因内函数 $\varphi(x)=x^2-x+\frac{\pi}{4}$在点 $x_0=0$ 处连续,外函数 $f(u)=\sin u$ 在相应点 $u_0=\varphi(0)=\frac{\pi}{4}$处也连续,故由定理 2.11 有

$$\lim_{x\to 0}\sin\left(x^2-x+\frac{\pi}{4}\right)=\sin[\varphi(0)]=\sin\frac{\pi}{4}=\frac{\sqrt{2}}{2}.$$

(2) 因极限$\lim\limits_{x\to 0}\left(2-\frac{\sin x}{x}\right)=1$ 存在,且外函数 $f(u)=\arctan u$ 在相应极限点

$$u_0=\lim_{x\to 0}\left(2-\frac{\sin x}{x}\right)=1$$

处连续,故由推论 2.8 有

$$\lim_{x\to 0}\arctan\left(2-\frac{\sin x}{x}\right)=\arctan\left[\lim_{x\to 0}\left(2-\frac{\sin x}{x}\right)\right]=\arctan 1=\frac{\pi}{4}.$$

(3) 因函数 $f(u)=e^u$ 在点 $u_0=\lim\limits_{x\to\infty}\frac{\sin x}{x}=0$ 处连续,故由推论 2.8 有

$$\lim_{x\to\infty}e^{\frac{\sin x}{x}}=e^{\lim\limits_{x\to\infty}\frac{\sin x}{x}}=e^0=1.$$ **解毕**

3. *初等函数的连续性*

由连续函数的定义、定理 2.9、定理 2.10 和定理 2.11 易得如下结论:

定理 2.12(基本初等函数的连续性) 一切基本初等函数在其定义域内均连续.

定理 2.13(初等函数的连续性) 一切初等函数在其定义区间内均连续.

这里需要注意,初等函数的定义区间是指包含在其定义域内的区间,而在一般情况下,定义区间不一定是定义域. 所以,定理 2.13 只保证初等函数在其定义区间内处处连续,不保证在定义域内处处连续. 例如,初等函数 $f(x)=\sqrt{x^2(x-1)}$ 的定义域为$\{0\}\cup[1,+\infty)$,且在点 $x=0$ 的附近无定义(点 $x=0$ 除外),故函数 $f(x)$在点 $x=0$ 处不连续,但在其定义区间$[1,+\infty)$内却是处处连续的.

由函数 $f(x)$在点 x_0 处连续的定义知,当函数 $f(x)$在点 x_0 处连续时,就可将计算极限值$\lim\limits_{x\to x_0}f(x)$的问题转化为计算函数值 $f(x_0)$的问题,即

$$\lim_{x\to x_0}f(x)=f(x_0),$$

这就为我们又提供了一种既简便又实用的计算极限值的方法——**代值法**，但此方法只适用于连续点．不过，由于初等函数在其定义区间内均连续，所以，只要 x_0 是初等函数 $f(x)$ 定义区间内的点，就可用代值法计算极限值$\lim\limits_{x\to x_0}f(x)$．

例 2.44　计算极限$\lim\limits_{x\to 2}\dfrac{e^x}{2x+1}$．

解　因$\dfrac{e^x}{2x+1}$是初等函数，且 $x_0=2$ 是其定义区间内的点，故

$$\lim_{x\to 2}\frac{e^x}{2x+1}=\frac{e^2}{2\times 2+1}=\frac{e^2}{5}.$$

解毕

4．特殊分段函数的连续性

对分段函数的不同式子对应的子集为区间(称为**子区间**)的特殊分段函数，在讨论其连续性时，由于这样的特殊分段函数在其定义域内的各分段子开区间内都是初等函数，因而在其各分段子开区间内都连续．因此，这类特殊分段函数的间断点只可能出现在子区间的端点处，从而要讨论其连续性，只需用连续的定义或充要条件(即定理 2.8)逐一考察在子区间端点处的连续性即可．

例 2.45　讨论分段函数 $f(x)=\begin{cases}x^2-1, & x\leqslant 0,\\ 2x+1, & x>0\end{cases}$在子区间$(0,+\infty)$的左端点 $x_0=0$ 处的连续性．

解　因

$$f(0-0)=\lim_{x\to 0^-}f(x)=\lim_{\substack{x\to 0\\(x<0)}}(x^2-1)=-1,$$

$$f(0+0)=\lim_{x\to 0^+}f(x)=\lim_{\substack{x\to 0\\(x>0)}}(2x+1)=1,$$

故 $f(0-0)\neq f(0+0)$，由此知极限$\lim\limits_{x\to 0}f(x)$不存在，从而函数 $f(x)$在点$x_0=0$ 处不连续，且 $x_0=0$ 为函数 $f(x)$的跳跃间断点(图 2-21)．　**解毕**

例 2.46　确定 a 的值，使函数 $f(x)=\begin{cases}ax+1, & x>1,\\ x^2+x, & x\leqslant 1\end{cases}$ 在其定义域内连续．

解　显然，$f(x)$为特殊分段函数，其定义域为$(-\infty,+\infty)$，$x=1$ 为子区间的唯一端点(图 2-22)．因此，只要函数 $f(x)$在端点 $x=1$ 处连续，就能保证其在定义域内连续，而当 $f(x)$在点 $x=1$ 处连续时必有 $f(1+0)=f(1-0)$，从而结合

$$f(1+0)=\lim_{x\to 1^+}f(x)=\lim_{\substack{x\to 1\\(x>1)}}(ax+1)=a+1,$$

$$f(1-0)=\lim_{x\to 1^-}f(x)=\lim_{\substack{x\to 1\\(x<1)}}(x^2+x)=2$$

有 $a+1=2$，即 $a=1$．

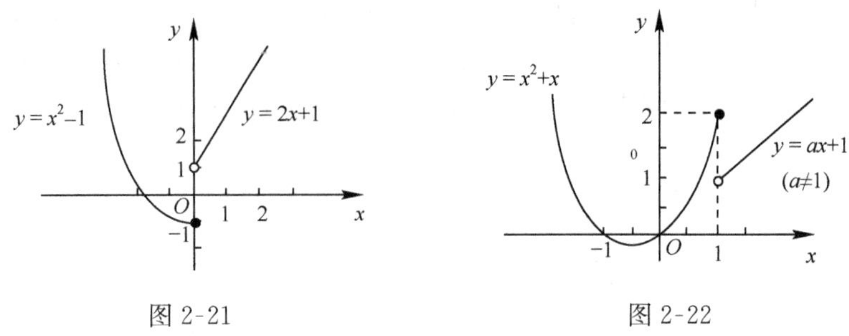

图 2-21 图 2-22

综上述知:当 $a=1$ 时,函数 $f(x)$ 在其定义域内连续. **解毕**

2.7.4 闭区间上连续函数的性质

在闭区间上连续的函数具有一些较好的性质,这些性质在后面的学习中常用到,但由于性质的证明要用到较深的数学知识,故只从几何直观上加以说明,严格的证明从略.

定理 2.14(有界定理) 若函数 $f(x)$ 在闭区间 $[a,b]$ 上连续,则函数 $f(x)$ 在 $[a,b]$ 上必有界,即 $\exists M>0$,使得

$$|f(x)|\leqslant M \quad (a\leqslant x\leqslant b).$$

定理 2.15(最值定理) 若函数 $f(x)$ 在闭区间 $[a,b]$ 上连续,则函数 $f(x)$ 在 $[a,b]$ 上必可取到最大值 M 和最小值 m,即 $\exists \xi_1,\xi_2\in[a,b]$,使得(图 2-23)

$$m=f(\xi_1)\leqslant f(x)\leqslant f(\xi_2)=M \quad (a\leqslant x\leqslant b).$$

注 定理 2.14 和定理 2.15 中的条件充分而不必要,如下面的函数便可说明问题:

(1) 函数 $f(x)=\tan x$ 在开区间 $\left(-\frac{\pi}{2},\frac{\pi}{2}\right)$ 内既无界也取不到最值,即定理 2.14和定理 2.15 中的结论不成立,不成立的原因在于所涉及的区间不是闭的.

(2) 函数 $f(x)=\begin{cases}\frac{1}{x}, & 0<x<1,\\ 2, & x=0,1\end{cases}$ 在闭区间 $[0,1]$ 上既无界也取不到最值(图 2-24),即定理 2.14 和定理 2.15 中的结论不成立,不成立的原因在于函数 $f(x)$ 在闭区间 $[0,1]$ 上不连续.

(3) 虽然函数 $f(x)=\begin{cases}x, & 0\leqslant x<1,\\ 4-2x, & 1\leqslant x<2\end{cases}$ 在左闭右开区间 $[0,2)$ 上不满足定理 2.14 和定理 2.15 中的条件,但函数 $f(x)$ 在左闭右开区间 $[0,2)$ 上却既有界也可取到最大值 2 和最小值 0(图 2-25).

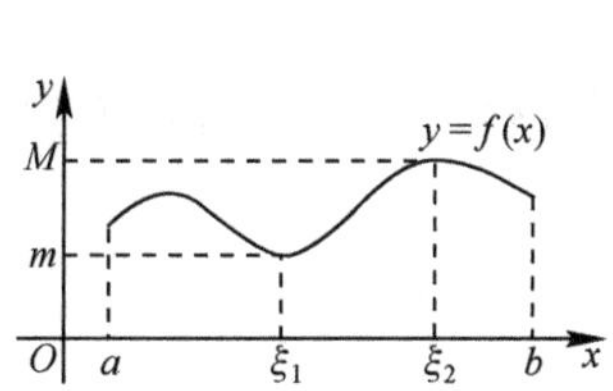

图2-23　最值定理和值域定理的几何意义

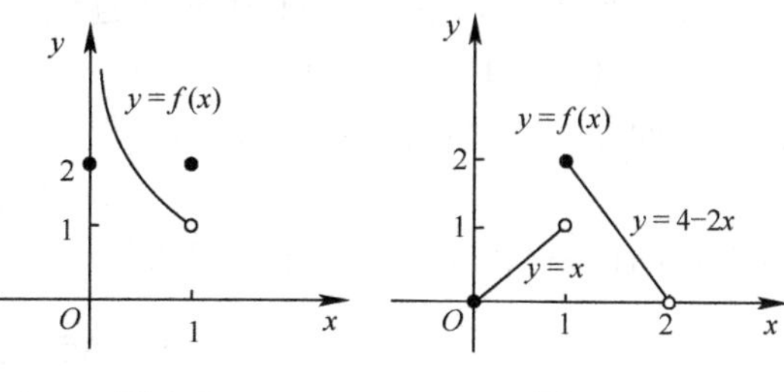

图 2-24　　图 2-25

定理 2.16(介值定理)　若函数 $f(x)$ 在闭区间 $[a,b]$ 上连续，且 m 和 M 分别为函数 $f(x)$ 在 $[a,b]$ 上的最小值和最大值，则 $\forall\, m\leqslant C\leqslant M$, $\exists\,\xi\in[a,b]$，使得

$$f(\xi)=C.$$

定理 2.16 的几何意义：在闭区间 $[a,b]$ 上的连续函数所对应的连续曲线段 $y=f(x)\ (a\leqslant x\leqslant b)$ 与水平直线 $y=C$(C 介于最小值 m 与最大值 M 之间)至少有一个交点，如图 2-26 所示．

推论 2.9(零点定理或根的存在定理)　若

(1) 函数 $f(x)$ 在闭区间 $[a,b]$ 上连续；

(2) $f(a)\cdot f(b)<0$，

则 $\exists\,\xi\in(a,b)$，使得 $f(\xi)=0$，即方程

$$f(x)=0$$

在开区间 (a,b) 内至少有一个实根(图 2-27)．

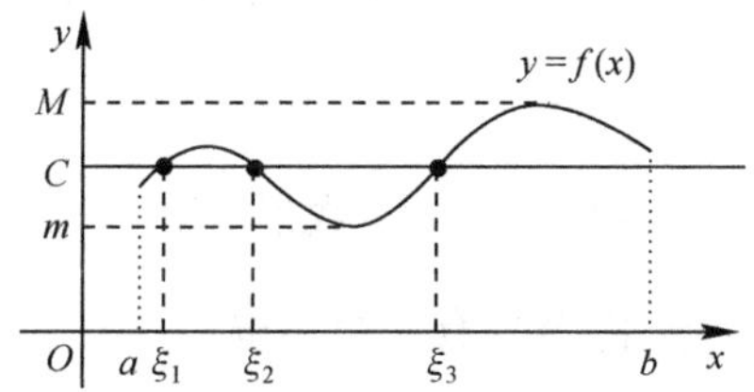

图 2-26　介值定理的几何意义

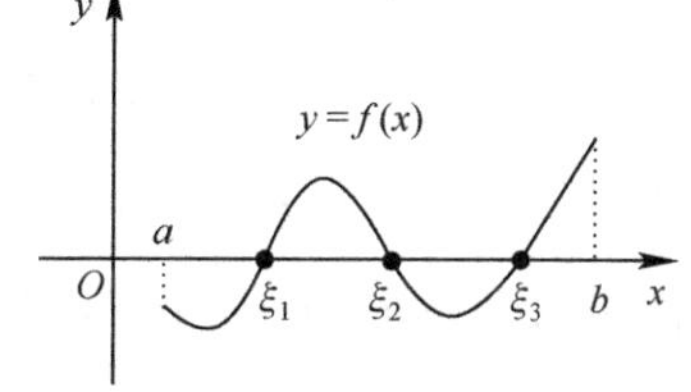

图 2-27　零点定理的几何意义

推论 2.10(值域定理)　若函数 $f(x)$ 在闭区间 $[a,b]$ 上连续，m 和 M 分别为函数 $f(x)$ 在闭区间 $[a,b]$ 上的最小值和最大值，则 $f(x)$ 在 $[a,b]$ 上的一切取值恰好是介于 m 与 M 之间的一切值，即 $f([a,b])=[m,M]$(图 2-23)．

注　(1) 介值定理及其推论中的条件仍是充分而不必要的，读者可自己举例说明．

(2) 若 $f(x_0)=0$，则称 x_0 为函数 $f(x)$ 的**零点**，且零点定理常用来证明方程实根的存在性和作为计算实根近似值的依据．

例 2.47　证明：方程 $x^5-3x+1=0$ 在开区间 $(0,1)$ 内至少有一个实根．

证明　令 $f(x)=x^5-3x+1$，则

(1) 函数 $f(x)$ 在闭区间 $[0,1]$ 上连续;

(2) $f(0)=1>0, f(1)=-1<0$,

故由根的存在定理知:$\exists\xi\in(0,1)$,使得 $f(\xi)=0$,即方程 $f(x)=0$ 亦即方程

$$x^5-3x+1=0$$

在开区间 $(0,1)$ 内至少有一个实根 ξ. **证毕**

习 题 2.7

1. 求下列函数的间断点,并指出它们的类型:

(1) $f(x)=\dfrac{1}{(x+2)^2}$; (2) $f(x)=\dfrac{\sin x}{x}$;

(3) $f(x)=\dfrac{x^2-1}{x^2-3x+2}$; (4) $f(x)=\begin{cases}\dfrac{1-x^2}{1-x}, & x\neq 1,\\ 0, & x=1;\end{cases}$

(5) $f(x)=\begin{cases}0, & x<1,\\ 2x+1, & 1\leqslant x<2,\\ 1+x^2, & 2\leqslant x.\end{cases}$

2. 讨论函数 $f(x)=\lim\limits_{n\to\infty}\dfrac{1-x^{2n}}{1+x^{2n}}x$ 的连续性,若有间断点,判断其类型.

3. k 为何值时,函数 $f(x)=\begin{cases}\dfrac{\sin x}{x}, & x<0,\\ k, & x=0,\\ x\sin\dfrac{1}{x}+1, & x>0\end{cases}$ 在其定义域内连续.

4. 证明:方程 $x^5-3x=1$ 在 1 与 2 之间至少存在一个实数根.

5. 证明:方程 $\sin x+x+1=0$ 在 $\left(-\dfrac{\pi}{2},\dfrac{\pi}{2}\right)$ 内至少有一个实根.

习 题 二

一、单项选择题

1. 下列数列发散的是: 【 】

A. $\left\{\dfrac{(-1)^n}{n}\right\}$; B. $\left\{1-\dfrac{(-1)^n}{n}\right\}$; C. $\left\{\dfrac{1}{n}-(-1)^n\right\}$; D. $\left\{\dfrac{(-1)^n}{3^n}\right\}$.

2. 下列数列收敛的是: 【 】

A. $\left\{\dfrac{(n+1)^3}{n^2-1}\right\}$; B. $\left\{\dfrac{3n+1}{n^2-1}\right\}$; C. $\left\{\dfrac{n^3+1}{n^2-1}\right\}$; D. $\left\{\dfrac{3^n+1}{n^2-1}\right\}$.

3. 下列极限存在的是：【　】

A. $\lim\limits_{x\to\infty}\frac{x(x+1)}{x^3+2}$；　B. $\lim\limits_{x\to0}\frac{1}{1-\cos x}$；　C. $\lim\limits_{x\to+\infty}\frac{5^x}{2^x+3^x}$；　D. $\lim\limits_{x\to+\infty}\sqrt{\frac{x^2+1}{3x+5}}$.

4. 下列极限存在的是：【　】

A. $\lim\limits_{x\to+\infty}\frac{x}{\sin x}$；　B. $\lim\limits_{x\to0}\frac{x}{\sin x}$；　C. $\lim\limits_{x\to\infty}\frac{1}{x\sin x}$；　D. $\lim\limits_{x\to0}\frac{1}{x}\sin\frac{1}{x}$.

5. $\lim\limits_{x\to1}\frac{\sin(x^2-1)}{x-1}=$【　】

A. 1；　B. 0；　C. 2；　D. $\frac{1}{2}$.

6. “函数$f(x)$在点$x=x_0$处有定义”是“当$x\to x_0$时$f(x)$有极限的”【　】

A. 必要条件；　B. 充分条件；　C. 充要条件；　D. 无关条件.

7. 若$\lim\limits_{x\to a}f(x)=0$,$\lim\limits_{x\to a}g(x)=0$,则下列结论中不正确的是：【　】

A. $\lim\limits_{x\to a}[f(x)+g(x)]=0$；　B. $\lim\limits_{x\to a}[f(x)-g(x)]=0$；

C. $\lim\limits_{x\to a}[f(x)\cdot g(x)]=0$；　D. $\lim\limits_{x\to a}\frac{f(x)}{g(x)}=0$.

8. 若$\lim\limits_{x\to a}f(x)=\infty$,$\lim\limits_{x\to a}g(x)=\infty$,则下列结论中正确的是：【　】

A. $\lim\limits_{x\to a}[f(x)+g(x)]=\infty$；　B. $\lim\limits_{x\to a}[f(x)-g(x)]=\infty$；

C. $\lim\limits_{x\to a}[f(x)\cdot g(x)]=\infty$；　D. $\lim\limits_{x\to a}\frac{f(x)}{g(x)}=\infty$.

9. 当$x\to0^+$时,与x等价的无穷小量是：【　】

A. $\ln(1+x)$；　B. $\frac{\sin x}{\sqrt{x}}$；　C. $x^2(x+1)$；　D. $\sqrt{1+2x}-\sqrt{1-x}$.

10. 若$\frac{1}{ax^2+bx+c}\sim\frac{1}{x+1}(x\to\infty)$,则$a$、$b$、$c$之值分别为：【　】

A. $a=0,b=1,c=1$；　B. $a=0,b=1,c$为任意常数；

C. $a=0,b,c$为任意常数；　D. a,b,c均为任意常数.

二、填空题

1. 在“充分”、“必要”、“充要”和“无关”四者中选择一个正确的填入下列空格内：

(1) 数列$\{x_n\}$有界是其收敛的________条件；数列$\{x_n\}$收敛是其有界的________条件；

(2) 函数$f(x)$在点x_0的某去心邻域内有界是极限$\lim\limits_{x\to x_0}f(x)$存在的________条件；极限$\lim\limits_{x\to x_0}f(x)$存在是函数$f(x)$在点$x_0$处有定义的________条件；

(3) 函数 $f(x)$ 在点 x_0 的某去心邻域内无界是 $\lim\limits_{x\to x_0}f(x)=\infty$ 的________条件；$\lim\limits_{x\to x_0}f(x)=\infty$ 是函数 $f(x)$ 在点 x_0 的某去心邻域内无界的________条件；

(4) 当 $x\to x_0$ 时，左极限 $f(x_0-0)$ 与右极限 $f(x_0+0)$ 都存在且相等是极限 $\lim\limits_{x\to x_0}f(x)$ 存在的________条件.

2. $\lim\limits_{n\to\infty}\dfrac{3n-\sin n}{2n+\cos n}=$________；

3. $\lim\limits_{n\to\infty}(\sqrt{n+2}-\sqrt{n})\sqrt{n-1}=$________；

4. $\lim\limits_{x\to+\infty}(\sqrt{x^2+x}-x)=$________；

5. $\lim\limits_{x\to\infty}\left(1+\dfrac{2}{x}\right)^{2x}=$________；

6. $\lim\limits_{x\to\infty}\left(\dfrac{x-1}{x+1}\right)^{x}=$________；

7. 若 $\lim\limits_{x\to 3}\dfrac{x^2-2x+k}{x-3}=4$，则 $k=$________；

8. 函数 $f(x)=\dfrac{2x+1}{x^2-1}$ 当 $x\to$________时是无穷大量；当 $x\to$________时是无穷小量；

9. $\lim\limits_{x\to\infty}\dfrac{1}{x}\arctan x=$________；

10. $\lim\limits_{x\to 1}\ln x\cdot\sin\dfrac{1}{x-1}=$________；

11. 要使 $f(x)=\dfrac{\sqrt{1+x}-\sqrt{1-x}}{x}$ 在点 $x=0$ 处连续，则应补充定义 $f(0)=$________.

三、解答题

1. 用极限定义证明下列极限：

(1) $\lim\limits_{n\to\infty}\dfrac{\sin n}{\sqrt{n}}=0$；　　(2)* $\lim\limits_{x\to 1}\dfrac{x-1}{x^2-1}=\dfrac{1}{2}$.

2. 证明下列数列收敛：

(1) $x_n=\dfrac{n}{2n^2+1}+\dfrac{n}{2n^2+2}+\cdots+\dfrac{n}{2n^2+n}(n=1,2,\cdots)$；

(2) $x_n=1+\dfrac{1}{2^2}+\dfrac{1}{3^2}+\cdots+\dfrac{1}{n^2}(n=1,2,\cdots)$.

3. 计算下列数列的极限：

(1) $\lim\limits_{n\to\infty}\dfrac{n^2+2n-1}{5n^3+1}$；　　(2) $\lim\limits_{n\to\infty}[\ln(2n^2-n+1)-2\ln n]$；

(3) $\lim\limits_{n\to\infty}n[\ln(n+2)-\ln n]$；　　(4) $\lim\limits_{n\to\infty}\left(\dfrac{1}{n^2}+\dfrac{3}{n^2}+\cdots+\dfrac{2n-1}{n^2}\right)$；

(5) $\lim\limits_{n\to\infty}\left[\dfrac{1}{1\times2}+\dfrac{1}{2\times3}+\dfrac{1}{3\times4}+\cdots+\dfrac{1}{n(n+1)}\right]$.

4. 证明：若 $a>0$ 且 $a\neq1$，则 $a^x-1\sim x\ln a(x\to0)$.

5. 计算下列函数的极限：

(1) $\lim\limits_{x\to0}\dfrac{x^2-1}{x^2+x-2}$；　　(2) $\lim\limits_{x\to1}\dfrac{x^2-1}{x^2+x-2}$；　　(3) $\lim\limits_{x\to\infty}\dfrac{x^2-1}{x^2+x-2}$；

(4) $\lim\limits_{x\to+\infty}\dfrac{\sqrt{x^2+2x}-\sqrt{x-1}}{2x}$；　　(5) $\lim\limits_{x\to\infty}\dfrac{x\cos\sqrt{x}}{1+x^2}$.

6. 利用两个重要极限计算下列函数的极限：

(1) $\lim\limits_{x\to0}\dfrac{\tan x^2-x\sin x}{x^2}$；　　(2) $\lim\limits_{x\to2}\dfrac{\tan(x-2)}{x^2-4}$；　　(3) $\lim\limits_{x\to\infty}x^2\left(1-\cos\dfrac{1}{x}\right)$；

(4) $\lim\limits_{x\to\infty}\left(\dfrac{x-1}{x}\right)^{3x}$；　　(5) $\lim\limits_{x\to1}x^{\frac{1}{1-x}}$；　　(6) $\lim\limits_{x\to\infty}\left(\dfrac{x+1}{x-1}\right)^x$；

(7) $\lim\limits_{x\to\infty}\left(\dfrac{5x+3}{5x+1}\right)^x$；　　(8) $\lim\limits_{x\to0}(1-\sin x)^{\frac{1}{x}}$；　　(9) $\lim\limits_{x\to0}\dfrac{\ln(1+3x)}{\sin2x}$.

7. 利用等价代换定理计算下列函数的极限：

(1) $\lim\limits_{x\to0}\dfrac{\sin5x}{\arctan3x}$；　　(2) $\lim\limits_{x\to0}\dfrac{\tan2x}{x^2-x}$；　　(3) $\lim\limits_{x\to0}\dfrac{\sqrt[5]{1-2x}-1}{\ln(1-x)}$；

(4) $\lim\limits_{x\to0}\dfrac{\arctan x^2}{e^{3x^2}-1}$；　　(5) $\lim\limits_{x\to0}\dfrac{\arctan2x\ln(1+x^2)}{\sin x^3}$.

8. 证明：极限 $\lim\limits_{x\to0}\dfrac{|x|}{x}$ 不存在.

9. 若 $\lim\limits_{x\to-\infty}\left(\dfrac{x^2+x+1}{x-1}-ax-b\right)=0$，求 a、b 的值.

10. 求函数 $f(x)=\dfrac{x}{\sin x}$ 的间断点，并指出间断点的类别.

11. k 为何值时，函数 $f(x)=\begin{cases}e^x, & x<0,\\ k+x, & x\geqslant0\end{cases}$ 在其定义域内连续.

12. 证明：方程 $e^x-2=x$ 在开区间 $(1,2)$ 内至少有一个实根.

13. 证明：若函数 $f(x)$ 在闭区间 $[a,b]$ 上连续且 $f(a)<a$，$f(b)>b$，则在开区间 (a,b) 内至少存在一点 ξ，使得 $f(\xi)=\xi$（注：称 ξ 为函数 $f(x)$ 在开区间 (a,b) 内的**不动点**）.

第 3 章　导数与微分

导数与微分是微积分学的重要组成部分，也是整个微分学的基础，它们在各个领域中都有着广泛的应用，在经济方面的应用更加广泛．因此，对导数和微分的概念、性质、基本公式、运算法则和应用等，都必须进行透彻理解、牢固掌握和灵活应用，以便为后继课程的学习打下良好的基础．

本章主要介绍导数和微分的概念及它们之间的关系，并给出它们的运算法则和计算方法，最后介绍导数与微分在边际分析与弹性分析方面中的一些应用．

3.1　导数概念

3.1.1　问题的引入

在解决实际问题时，除需要了解变量之间的函数关系外，有时还需研究变量变化快慢的程度．例如，物体运动的速度、国民经济增长的速度、城市人口增长的速度等．那么，什么是“速度”呢？“速度”反映了事物运动的什么特性？对这些问题，只有引入导数概念之后，才能更好地对此进行解释．

下面看两个实际问题．

1. 变速直线运动的瞬时速度问题

平均速度——单位时间内物体走过的路程；

瞬时速度——物体在某一时刻的速度．

例 3.1　设某物体做直线变速运动，其运动规律(即运动的路程函数)为

$$S=S(t)\quad(\alpha\leqslant t\leqslant\beta,\alpha\text{ 为物体的起始时刻},\beta\text{ 为终止时刻}),$$

求物体在时刻 $t_0\in[\alpha,\beta]$时的瞬时速度．

解　设物体从时刻 t_0 运动到时刻 $t_0+\Delta t\xlongequal{\text{记为}}t$ 所经过的路程为 ΔS，则

(1) **求增量**：物体在 Δt(不妨设 $\Delta t>0$)这一时间段内移动的距离为

$$\Delta S=S(t_0+\Delta t)-S(t_0)=S(t)-S(t_0).$$

(2) **求比值**：物体在 Δt 这一时间段内移动的平均速度为

$$\bar{v}(t_0,t_0+\Delta t)=\frac{\Delta S}{\Delta t}=\frac{S(t_0+\Delta t)-S(t_0)}{\Delta t}=\frac{S(t)-S(t_0)}{t-t_0}.$$

(3) **求极限**：对上式令 $\Delta t\to 0$ 取极限便得物体在时刻 t_0 时的瞬时速度(简称速度)：

$$v(t_0)=\lim_{\Delta t\to 0}\bar{v}(t_0,t_0+\Delta t)=\lim_{\Delta t\to 0}\frac{\Delta S}{\Delta t}$$

$$=\lim_{\Delta t\to 0}\frac{S(t_0+\Delta t)-S(t_0)}{\Delta t}=\lim_{t\to t_0}\frac{S(t)-S(t_0)}{t-t_0}.$$　**解毕**

注　瞬时速度并不表示物体在一单位时间内实际移动的距离，而表示物体按该点的速度保持不变时在单位时间内可以移动的距离.

2. 平面曲线的切线斜率问题

定义 3.1　设曲线 C 的方程为 $y=f(x)$，且过曲线 C 上定点 M_0 和动点 M 作**割线** $L_1=M_0M$（图 3-1）. 如果当动点 M 沿曲线 C 向定点 M_0 移动时，割线 L_1 绕定点 M_0 旋转的极限位置存在，则称此极限位置所在的直线 L 为曲线 C 在定点 M_0 处的**切线**，而称直线 L 的斜率为曲线 C 在定点 M_0 处的**切线斜率**.

例 3.2　设曲线 C：$y=f(x)$ 的图形如图 3-1 所示，M_0 为曲线 C 上一定点，求曲线 C 上定点 M_0 处的切线 L 的方程（假设切线存在）.

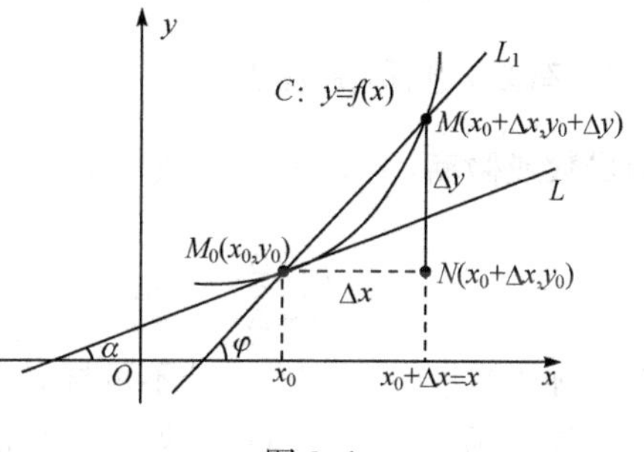

图 3-1

分析　求切线 L 的方程的关键是求出其斜率 $k=\tan\alpha$（其中 α 是切线 L 的倾斜角），因此，只要求出斜率 k，就可由点斜式写出 L 的方程.

解　如图 3-1 所示，设割线 $L_1=M_0M$ 的倾斜角为 φ，则

（1）**求增量**：函数 $y=f(x)$ 在 x_0 与 $x_0+\Delta x\overset{\text{记为}}{=\!=}x$（不妨设 $\Delta x>0$）两点间的函数值之差（即**函数值的改变量**）为

$$\Delta y=f(x_0+\Delta x)-f(x_0)=f(x)-f(x_0).$$

（2）**求比值**：割线 $L_1=M_0M$ 的斜率为

$$\tan\varphi=\frac{\Delta y}{\Delta x}=\frac{f(x_0+\Delta x)-f(x_0)}{\Delta x}=\frac{f(x)-f(x_0)}{x-x_0}.$$

（3）**求极限**：对上式令 $\varphi\to\alpha$ 取极限便得切线 L 的斜率：

$$k=\tan\alpha=\lim_{\varphi\to\alpha}\tan\varphi=\lim_{\Delta x\to 0}\frac{\Delta y}{\Delta x}=\lim_{\Delta x\to 0}\frac{f(x_0+\Delta x)-f(x_0)}{\Delta x}$$

$$=\lim_{x\to x_0}\frac{f(x)-f(x_0)}{x-x_0}.$$

注　动点 $M\xrightarrow{\text{沿}C}$定点 $M_0\Leftrightarrow$割线 $M_0M\xrightarrow{\text{绕点}M_0}$切线 L

$$\Leftrightarrow\varphi\to\alpha\Leftrightarrow\Delta x\to 0\Leftrightarrow x\to x_0.$$

(4) 由点斜式方程知,所求切线方程为

$$y-y_0=k\cdot(x-x_0) \text{即} y-y_0=\tan\alpha\cdot(x-x_0).$$

解毕

3.1.2 导数概念

由前面两个问题看出,在计算相关量的时候(瞬时速度和切线的斜率),虽然它们的实际意义完全不同,但解决所求量的计算方法却完全相同——**归结为求形式相同的比值的极限**. 因此,经过数学抽象,便可得到下面导数的概念.

1. 函数在一点处可导的概念

定义 3.2 若函数 $y=f(x)$ 在某邻域 $U(x_0)$ 内有定义,$x_0+\Delta x\in U(x_0)$,且极限

$$\lim_{\Delta x\to 0}\frac{\Delta y}{\Delta x}=\lim_{\Delta x\to 0}\frac{f(x_0+\Delta x)-f(x_0)}{\Delta x}\xlongequal{x_0+\Delta x=x}\lim_{x\to x_0}\frac{f(x)-f(x_0)}{x-x_0}$$

存在(**有限**),则称函数 $f(x)$ 在点 x_0 处**可导**,并称该极限值为函数 $f(x)$ 在点 x_0 处的**导数**或**微商**,记为 $f'(x_0)$ 或 $y'\big|_{x=x_0}$ 或 $\left.\frac{\mathrm{d}y}{\mathrm{d}x}\right|_{x=x_0}$ 或 $\left.\frac{\mathrm{d}f}{\mathrm{d}x}\right|_{x=x_0}$,即

$$f'(x_0)=\lim_{\Delta x\to 0}\frac{\Delta y}{\Delta x}=\lim_{\Delta x\to 0}\frac{f(x_0+\Delta x)-f(x_0)}{\Delta x}=\lim_{x\to x_0}\frac{f(x)-f(x_0)}{x-x_0}, \tag{3.1}$$

否则称函数 $f(x)$ 在点 x_0 处**不可导**.

注 函数 $f(x)$ 在点 x_0 处的导数值 $f'(x_0)$ 也称为函数 $f(x)$ 在点 x_0 处的**瞬时变化率**,而将比值 $\frac{\Delta y}{\Delta x}$ 称为函数在点 x_0 处的**平均变化率**.

2. 导数的几何意义

从例 3.2 看出,**导数的几何意义**如下:

导数值 $f'(x_0)$ 表示曲线 $y=f(x)$ 在点 $M_0(x_0,y_0)=M_0(x_0,f(x_0))$ 处的切线 L 的斜率 K_{M_0}(图 3-2),即

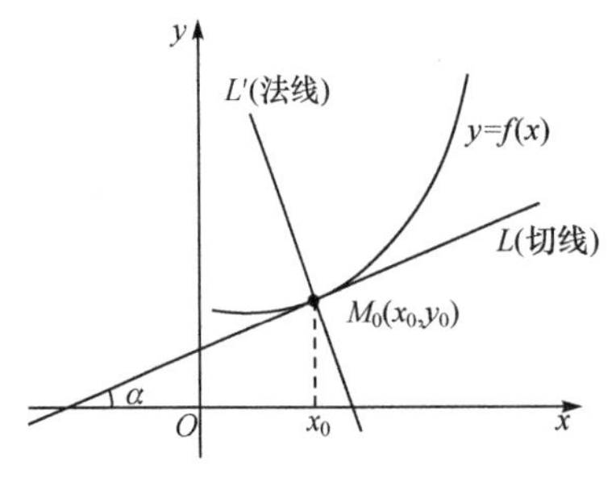

图 3-2

$$K_{M_0}=f'(x_0)=\tan\alpha,$$

由此知,过点 M_0 处的**切线方程**和**法线**(过点 M_0 且垂直于切线的直线)**方程**分别为

$$L: y-y_0=f'(x_0)(x-x_0), \tag{3.2}$$

$$L': y-y_0=-\frac{1}{f'(x_0)}(x-x_0)\quad (f'(x_0)\neq 0). \tag{3.3}$$

例 3.3 用导数定义求函数 $y=f(x)=x^2$

在点 $x_0=1$ 处的导数,进而求曲线 $y=x^2$ 在点(1,1)处的切线方程和法线方程.

解　因 $y=f(x)=x^2$,故在点 $x_0=1$ 处有

(1) **求增量**:$\Delta y=f(1+\Delta x)-f(1)=(1+\Delta x)^2-1^2=(2+\Delta x)\cdot\Delta x$;

(2) **求比值**:$\dfrac{\Delta y}{\Delta x}=\dfrac{(2+\Delta x)\cdot\Delta x}{\Delta x}=2+\Delta x$;

(3) **求极限**:$\lim\limits_{\Delta x\to 0}\dfrac{\Delta y}{\Delta x}=\lim\limits_{\Delta x\to 0}(2+\Delta x)=2$,

于是有

$$f'(1)=\lim_{\Delta x\to 0}\frac{\Delta y}{\Delta x}=2,$$

从而由(3.2)式和(3.3)式便得所求切线方程和法线方程分别为

$$y-1=2(x-1)\text{和 } y-1=-\frac{1}{2}(x-1).$$

解毕

3. 单侧导数概念

定义 3.3　若函数 $y=f(x)$在某左邻域 $U_-(x_0)$内有定义,$x_0+\Delta x\in U_-(x_0)$,且左极限(此时 $\Delta x<0$)

$$\lim_{\Delta x\to 0^-}\frac{\Delta y}{\Delta x}=\lim_{\Delta x\to 0^-}\frac{f(x_0+\Delta x)-f(x_0)}{\Delta x}\xlongequal{x_0+\Delta x=x}\lim_{x\to x_0^-}\frac{f(x)-f(x_0)}{x-x_0}$$

存在(**有限**),则称函数 $f(x)$在点 x_0 处**左可导**,并称该极限值为函数 $f(x)$在点 x_0 处的**左导数**,记为 $f'_-(x_0)$,即

$$f'_-(x_0)=\lim_{\Delta x\to 0^-}\frac{\Delta y}{\Delta x}=\lim_{\Delta x\to 0^-}\frac{f(x_0+\Delta x)-f(x_0)}{\Delta x}=\lim_{x\to x_0^-}\frac{f(x)-f(x_0)}{x-x_0},\quad(3.4)$$

否则称函数 $f(x)$在点 x_0 处**左不可导**.

同理,可定义函数 $f(x)$在点 x_0 处的**右导数** $f'_+(x_0)$如下:

$$f'_+(x_0)=\lim_{\Delta x\to 0^+}\frac{\Delta y}{\Delta x}=\lim_{\Delta x\to 0^+}\frac{f(x_0+\Delta x)-f(x_0)}{\Delta x}=\lim_{x\to x_0^+}\frac{f(x)-f(x_0)}{x-x_0},\quad(3.5)$$

并把函数 $f(x)$在点 x_0 处的左导数和右导数统称为函数 $f(x)$在点 x_0 处的**单侧导数**.

4. 导数与单侧导数的关系

利用极限与左、右极限的关系,可立即得到导数与左、右导数的关系如下:

定理 3.1　$f'(x_0)$存在(有限)$\Leftrightarrow f'_-(x_0)$与 $f'_+(x_0)$都存在且相等.

定理 3.1′　$f'(x_0)$不存在$\Leftrightarrow f'_-(x_0)$与 $f'_+(x_0)$中至少有一个不存在

或 $f'_-(x_0)$与 $f'_+(x_0)$虽然都存在但不相等.

例 3.4 用导数定义判断函数 $y=f(x)=\begin{cases}\sin x, & x\leqslant 0,\\ x, & 0<x\leqslant 1,\\ \sqrt[3]{x-1}+1, & 1<x\end{cases}$ 在给定点处是否可导？若可导，求其导数.

(1) $x_0=0$; (2) $x_1=1$.

解 (1) 因 $f(0)=0$，故在点 $x_0=0$ 处

$$\lim_{x\to 0^-}\frac{f(x)-f(0)}{x-0}=\lim_{\substack{x\to 0\\(x<0)}}\frac{\sin x-0}{x}=1,\quad \lim_{x\to 0^+}\frac{f(x)-f(0)}{x-0}=\lim_{\substack{x\to 0\\(x<0)}}\frac{x-0}{x}=1,$$

由此可见，$f'_-(0)$ 与 $f'_+(0)$ 都存在且 $f'_-(0)=1=f'_+(0)$，从而由定理 3.1 知，函数 $f(x)$ 在点 $x_0=0$ 处可导，且

$$f'(0)=f'_+(0)=1.$$

(2) 因 $f(1)=1$，故在点 $x_1=1$ 处

$$\lim_{x\to 1^+}\frac{f(x)-f(1)}{x-1}=\lim_{\substack{x\to 1\\(x>1)}}\frac{(\sqrt[3]{x-1}+1)-1}{x-1}=\lim_{\substack{x\to 1\\(x>1)}}\frac{\sqrt[3]{x-1}}{x-1}=\lim_{\substack{x\to 1\\(x>1)}}\frac{1}{\sqrt[3]{(x-1)^2}}=\infty,$$

即 $f'_+(1)(=\infty)$ 不存在，从而由定理 3.1′知，函数 $f(x)$ 在点 $x_1=1$ 处不可导. **解毕**

5. 可导与连续的关系

由导数和连续的定义易证下面定理:

定理 3.2(可导的必要条件) 若函数 $f(x)$ 在点 x_0 处可导，则函数 $f(x)$ 在点 x_0 处必连续，反之不一定.

定理 3.2′ 若函数 $f(x)$ 在点 x_0 处不连续，则函数 $f(x)$ 在点 x_0 处必不可导，反之不一定.

由定理 3.2 知: 连续是可导的必要条件但不是充分条件，如绝对值函数

$$y=f(x)=|x|=\begin{cases}x, & x\geqslant 0,\\ -x, & x<0\end{cases}$$

在点 $x=0$ 处连续但不可导(请读者自己验证).

例 3.5 讨论函数 $f(x)=\begin{cases}x\sin\dfrac{1}{x}, & x\neq 0,\\ 0, & x=0\end{cases}$ 在点 $x=0$ 处的连续性和可导性.

解 因 $\lim\limits_{x\to 0}f(x)=\lim\limits_{\substack{x\to 0\\(x\neq 0)}}x\sin\dfrac{1}{x}=0=f(0)$，故函数 $f(x)$ 在点 $x=0$ 处连续. 又因极限

$$\lim_{x\to 0}\frac{f(x)-f(0)}{x-0}=\lim_{\substack{x\to 0\\(x\neq 0)}}\frac{x\sin\dfrac{1}{x}-0}{x}=\lim_{x\to 0}\sin\frac{1}{x}$$

不存在，故函数 $f(x)$ 在点 $x=0$ 处不可导．　　**解毕**

例 3.6　讨论函数 $f(x)=\begin{cases}x, & x\geqslant 0,\\ x^2, & x<0\end{cases}$ 在点 $x=0$ 处的连续性和可导性．

解　因 $f(0)=0$，且

$$f(0-0)=\lim_{x\to 0^-}f(x)=\lim_{\substack{x\to 0\\(x<0)}}x^2=0,\quad f(0+0)=\lim_{x\to 0^+}f(x)=\lim_{\substack{x\to 0\\(x>0)}}x=0,$$

故 $\lim\limits_{x\to 0}f(x)=0=f(0)$，即函数 $f(x)$ 在点 $x=0$ 处连续．又因

$$f'_-(0)=\lim_{x\to 0^-}\frac{f(x)-f(0)}{x-0}=\lim_{\substack{x\to 0\\(x<0)}}\frac{x^2-0}{x}=\lim_{\substack{x\to 0\\(x<0)}}x=0,$$

$$f'_+(0)=\lim_{x\to 0^+}\frac{f(x)-f(0)}{x-0}=\lim_{\substack{x\to 0\\(x>0)}}\frac{x-0}{x}=\lim_{\substack{x\to 0\\(x>0)}}1=1,$$

故 $f'_-(0)\neq f'_+(0)$，从而由定理 3.1′知：函数 $f(x)$ 在点 $x=0$ 处不可导(图 3-3)．

解毕

例 3.7　问 a 取何值时，函数 $f(x)=\begin{cases}x+1, & x\leqslant 0,\\ x^2+ax+1, & x>0\end{cases}$ 在点 $x=0$ 处可导？

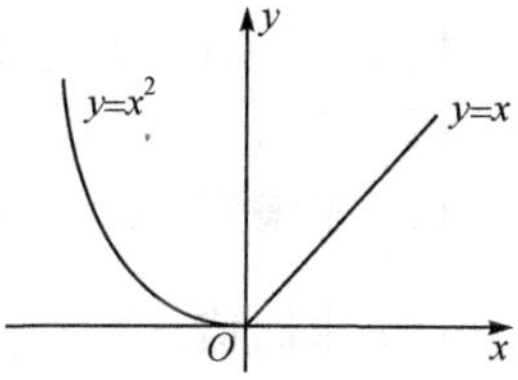

图 3-3

解　因 $f(x)$ 在点 $x=0$ 处可导时必有 $f'_-(0)=f'_+(0)$，故结合 $f(0)=1$ 有

$$f'_-(0)=\lim_{x\to 0^-}\frac{f(x)-f(0)}{x-0}=\lim_{\substack{x\to 0\\(x<0)}}\frac{(x+1)-1}{x}=\lim_{\substack{x\to 0\\(x<0)}}1=1,$$

$$f'_+(0)=\lim_{x\to 0^+}\frac{f(x)-f(0)}{x-0}=\lim_{\substack{x\to 0\\(x>0)}}\frac{(x^2+ax+1)-1}{x}=\lim_{\substack{x\to 0\\(x>0)}}(x+a)=a,$$

由此必有 $a=1$，即当 $a=1$ 时函数 $f(x)$ 在点 $x=0$ 处可导．　　**解毕**

6. 导函数概念

定义 3.4　若函数 $y=f(x)$ 在开区间 (a,b) 内每一点 x 处都可导，则称函数 $f(x)$ **在开区间** (a,b) **内可导**，或称 $f(x)$ 是开区间 (a,b) 内的**可导函数**，并将函数 $y=f(x)$ 在点 $x\in(a,b)$ 处的导数记为 $f'(x)$ 或 y' 或 $\dfrac{\mathrm{d}y}{\mathrm{d}x}$ 或 $\dfrac{\mathrm{d}f}{\mathrm{d}x}$，即

$$f'(x)=y'=\frac{\mathrm{d}y}{\mathrm{d}x}=\frac{\mathrm{d}f}{\mathrm{d}x}=\lim_{\Delta x\to 0}\frac{\Delta y}{\Delta x}=\lim_{\Delta x\to 0}\frac{f(x+\Delta x)-f(x)}{\Delta x},$$

且 $f'(x)$ 显然是定义在 (a,b) 内的一个新函数，称此新函数为函数 $f(x)$ 的**导函数**，简称**导数**．若函数 $f(x)$ 在左端点 $x=a$ 处还右可导，右端点 $x=b$ 处左可导，则称函数 $f(x)$ **在闭区间** $[a,b]$ **上可导**，或称 $f(x)$ 是闭区间 $[a,b]$ 上的**可导函数**．同理，可定义在半开半闭区间上的可导函数．

例 3.8 证明:(1) 若函数 $f(x)$是 x 的单调递增可导函数,则 $f'(x)\geqslant 0$;

(2) 若函数 $f(x)$是 x 的单调递减可导函数,则 $f'(x)\leqslant 0$.

证明 (1) 因 $f(x)$在点 x 处可导,故 $f'(x)$、$f'_-(x)$与 $f'_+(x)$均存在,且

$$f'(x)=f'_-(x)=f'_+(x).$$

又因 $f(x)$递增,故当 $\Delta x>0$ 时有 $f(x+\Delta x)-f(x)\geqslant 0$,进而有

$$\frac{f(x+\Delta x)-f(x)}{\Delta x}\geqslant 0,$$

从而由极限的单调性性质并结合等式 $f'(x)=f'_+(x)$,便有

$$f'(x)=f'_+(x)=\lim_{\Delta x\to 0^+}\frac{f(x+\Delta x)-f(x)}{\Delta x}\geqslant \lim_{\Delta x\to 0^+}0=0,$$

即 $f'(x)\geqslant 0$.

(2) 同理可证. **证毕**

3.1.3 简单函数求导举例

例 3.9 用导数定义求函数 $y=f(x)=C$ 的导数(即导函数)$f'(x)$.

解 因 $y=f(x)=C$,故在点 x 处有

(1) **求增量**:$\Delta y=f(x+\Delta x)-f(x)=C-C=0$;

(2) **求比值**:$\dfrac{\Delta y}{\Delta x}=\dfrac{0}{\Delta x}=0$;

(3) **求极限**:$\lim\limits_{\Delta x\to 0}\dfrac{\Delta y}{\Delta x}=\lim\limits_{\Delta x\to 0}0=0$,即 $f'(x)=0$,亦即

$$C'=0.$$

解毕

例 3.10 用导数定义分别求函数 $y=f(x)=\sin x$ 和 $y=g(x)=\cos x$ 的导数 $f'(x)$和 $g'(x)$,并进而求 $f'\left(\dfrac{\pi}{3}\right)$和 $g'\left(\dfrac{\pi}{4}\right)$.

解 因 $y=f(x)=\sin x$,故在点 x 处有

(1) **求增量**:
$$\begin{aligned}\Delta y&=f(x+\Delta x)-f(x)=\sin(x+\Delta x)-\sin x\\&=2\sin\frac{\Delta x}{2}\cos\left(x+\frac{\Delta x}{2}\right);\end{aligned}$$

(2) **求比值**:
$$\frac{\Delta y}{\Delta x}=\frac{2\sin\dfrac{\Delta x}{2}\cos\left(x+\dfrac{\Delta x}{2}\right)}{\Delta x}=\frac{\sin\dfrac{\Delta x}{2}}{\dfrac{\Delta x}{2}}\cdot\cos\left(x+\frac{\Delta x}{2}\right);$$

(3) **求极限**:
$$\lim_{\Delta x\to 0}\frac{\Delta y}{\Delta x}=\lim_{\frac{\Delta x}{2}\to 0}\frac{\sin\dfrac{\Delta x}{2}}{\dfrac{\Delta x}{2}}\cdot\lim_{x+\frac{\Delta x}{2}\to x}\cos\left(x+\frac{\Delta x}{2}\right)=\cos x,$$
即 $f'(x)=\cos x$,

亦即

$$(\sin x)'=\cos x.$$

同理有$(\cos x)'=-\sin x$,进而有

$$f'\left(\frac{\pi}{3}\right)=\cos\frac{\pi}{3}=\frac{1}{2},\quad g'\left(\frac{\pi}{4}\right)=-\sin\frac{\pi}{4}=-\frac{\sqrt{2}}{2}.$$

解毕

例 3.11　用导数定义求函数 $y=f(x)=x^n$ 的导数 $f'(x)$,其中 n 为正整数.

解　因 $y=f(x)=x^n$,故在点 x 处有

(1) **求增量**:

$$\begin{aligned}\Delta y&=f(x+\Delta x)-f(x)=(x+\Delta x)^n-x^n\\&=[x^n+C_n^1x^{n-1}(\Delta x)^1+C_n^2x^{n-2}(\Delta x)^2+\cdots+(\Delta x)^n]-x^n\\&=[nx^{n-1}+C_n^2x^{n-2}(\Delta x)^1+\cdots+C_n^{n-1}x^1(\Delta x)^{n-2}+(\Delta x)^{n-1}]\cdot\Delta x;\end{aligned}$$

(2) **求比值**:$\dfrac{\Delta y}{\Delta x}=nx^{n-1}+C_n^2x^{n-2}(\Delta x)^1+\cdots+C_n^{n-1}x^1(\Delta x)^{n-2}+(\Delta x)^{n-1}$;

(3) **求极限**:

$$\begin{aligned}\lim_{\Delta x\to0}\frac{\Delta y}{\Delta x}&=\lim_{\Delta x\to0}[nx^{n-1}+C_n^2x^{n-2}(\Delta x)^1+\cdots+C_n^{n-1}x^1(\Delta x)^{n-2}+(\Delta x)^{n-1}]\\&=nx^{n-1}+C_n^2x^{n-2}\cdot0+\cdots+C_n^{n-1}x^1\cdot0+0=nx^{n-1},\end{aligned}$$

即 $f'(x)=nx^{n-1}$,亦即$(x^n)'=nx^{n-1}(n\in\mathbf{N}^+)$.

解毕

注　利用复合函数求导法还可得到(后面证)**一般幂函数求导公式**如下:

$$(x^\alpha)'=\alpha x^{\alpha-1}\quad(\alpha\in\mathbf{R}).\tag{3.6}$$

例 3.12　应用公式(3.6)求下列函数的导数:

(1) $y=x$;　　(2) $y=\dfrac{1}{x}$;　　(3) $y=\sqrt{x}$;　　(4) $y=\sqrt[4]{x^3}$.

解　应用式(3.6)有

(1) $y'=(x^1)'=1\cdot x^{1-1}=1$,即 $x'=1$.

(2) $y'=\left(\dfrac{1}{x}\right)'=(x^{-1})'=(-1)x^{-1-1}=-x^{-2}=-\dfrac{1}{x^2}$,即$\left(\dfrac{1}{x}\right)'=-\dfrac{1}{x^2}$.

(3) $y'=(\sqrt{x})'=(x^{\frac{1}{2}})'=\dfrac{1}{2}x^{-\frac{1}{2}}=\dfrac{1}{2\sqrt{x}}$,即$(\sqrt{x})'=\dfrac{1}{2\sqrt{x}}$.

(4) $y'=(\sqrt[4]{x^3})'=(x^{\frac{3}{4}})'=\dfrac{3}{4}x^{-\frac{1}{4}}=\dfrac{3}{4\sqrt[4]{x}}$.

解毕

例 3.13　用导数定义求函数 $y=f(x)=\ln x$ 的导数 $f'(x)$.

解　因 $y=f(x)=\ln x$,故在点 x 处有

(1) **求增量**:$\Delta y=f(x+\Delta x)-f(x)=\ln(x+\Delta x)-\ln x=\ln\left(1+\dfrac{\Delta x}{x}\right)$;

(2) **求比值**:$\dfrac{\Delta y}{\Delta x}=\dfrac{\ln\left(1+\dfrac{\Delta x}{x}\right)}{\Delta x}=\dfrac{1}{\Delta x}\cdot\ln\left(1+\dfrac{\Delta x}{x}\right)=\dfrac{1}{x}\cdot\ln\left(1+\dfrac{\Delta x}{x}\right)^{\frac{x}{\Delta x}}$;

(3) **求极限**：$\lim\limits_{\Delta x\to 0}\dfrac{\Delta y}{\Delta x}=\dfrac{1}{x}\cdot\lim\limits_{\Delta x\to 0}\ln\left(1+\dfrac{\Delta x}{x}\right)^{\frac{x}{\Delta x}}=\dfrac{1}{x}\cdot\ln e=\dfrac{1}{x}$，即

$$(\ln x)'=\frac{1}{x}.$$

解毕

习　题　3.1

1. 用导数定义求函数 $y=f(x)=\begin{cases}x^2\sin\dfrac{1}{x}, & x\neq 0,\\ 0, & x=0\end{cases}$ 在点 $x_0=0$ 处的导数 .

2. 用导数定义求下列函数的导数：

(1) $f(x)=2x^2-3$；　　(2) $f(x)=\dfrac{1}{x^2}(x\neq 0)$.

3. 求下列函数的导数：

(1) $y=x^{12}$；　　(2) $y=x^{3.02}$；　　(3) $y=x\sqrt[3]{x^2}$；

(4) $y=\dfrac{1}{\sqrt{x}}$；　　(5) $y=\dfrac{x\sqrt{x}}{\sqrt[3]{x}}$.

4. 求曲线 $y=f(x)=\dfrac{1}{x}$ 在点(1,1)处的切线方程和法线方程 .

5. 求立方抛物线 $y=x^3$ 上 $x=\dfrac{1}{2}$ 对应点处的切线方程 .

6. 设函数 $f(x)$ 在点 $x=a$ 处可导，求下列极限：

(1) $\lim\limits_{\Delta x\to 0}\dfrac{f(a)-f(a+2\Delta x)}{\Delta x}$；　　(2) $\lim\limits_{\Delta x\to 0}\dfrac{f(a+3\Delta x)-f(a-2\Delta x)}{\Delta x}$；

(3) $\lim\limits_{h\to 0}\dfrac{f(a+h)-f(a-h)}{2h}$.

7. 讨论函数 $y=f(x)=\begin{cases}x-1, & x\leqslant 0,\\ x, & 0<x\leqslant 1,\\ x^2, & 1<x\leqslant 2,\\ 4x-4, & 2<x\end{cases}$ 在点 $x_0=0$，$x_1=1$ 和 $x_2=2$ 处的连续性与可导性 .

3.2　导数的运算法则及基本导数公式

在导数定义中，已给出通过计算比值的极限得到导数值的方法，且该方法可由“求增量，求比值和求极限”这三个步骤实现 . 但是，如果每一个导数都按定义去进

行计算的话,那将是极为困难和复杂的,甚至是不可能的．因此,我们希望找到计算导数的简便方法,这就是利用导数的定义,逐步推导出导数的运算法则和一些基本导数公式,进而得到全部基本导数公式,最后借助导数的运算法则和基本导数公式便得到计算导数的简便方法．

3.2.1　导数的运算法则

1. 导数的四则(和、差、积、商)运算法则

定理 3.3(和、差、积的求导法则)　若函数 $u(x)$ 和 $v(x)$ 均在点 x 处可导,则函数

$$u(x)\pm v(x),\quad u(x)\cdot v(x)$$

在点 x 处也可导,且有

$$[u(x)\pm v(x)]'=u'(x)\pm v'(x),\tag{3.7}$$

$$[u(x)\cdot v(x)]'=u'(x)\cdot v(x)+u(x)\cdot v'(x).\tag{3.8}$$

证明　因函数 $u(x)$、$v(x)$ 在点 x 处可导,故有

$$\lim_{\Delta x\to 0}\frac{u(x+\Delta x)-u(x)}{\Delta x}=u'(x),\quad \lim_{\Delta x\to 0}\frac{v(x+\Delta x)-v(x)}{\Delta x}=v'(x),$$

从而有

$$\begin{aligned}&\lim_{\Delta x\to 0}\frac{[u(x+\Delta x)\pm v(x+\Delta x)]-[u(x)\pm v(x)]}{\Delta x}\\&=\lim_{\Delta x\to 0}\frac{[u(x+\Delta x)-u(x)]\pm[v(x+\Delta x)-v(x)]}{\Delta x}\\&=\lim_{\Delta x\to 0}\frac{u(x+\Delta x)-u(x)}{\Delta x}\pm\lim_{\Delta x\to 0}\frac{v(x+\Delta x)-v(x)}{\Delta x}\\&=u'(x)\pm v'(x),\end{aligned}$$

即函数 $u(x)\pm v(x)$ 在点 x 处也可导,且(3.7)式成立．

同理可证:函数 $u(x)\cdot v(x)$ 在点 x 处可导,且(3.8)式成立．　**证毕**

推论 3.1(数乘和乘幂的求导法则)　若函数 $u(x)$ 在点 x 处可导,则对任意常数 k 和 $\forall n\in\mathbf{N}^+$ 都有

$$[ku(x)]'=ku'(x),\tag{3.9}$$

$$\{[u(x)]^n\}'=n[u(x)]^{n-1}u'(x).\tag{3.10}$$

推论 3.2(线性组合的求导法则)　若函数 $u(x)$ 和 $v(x)$ 均在点 x 处可导,则对任意常数 α 和 β,函数 $\alpha u(x)+\beta v(x)$ 在点 x 处也可导,且有

$$[\alpha u(x)+\beta v(x)]'=\alpha u'(x)+\beta v'(x).\tag{3.11}$$

注　式(3.7)、(3.8)和(3.11)均可推广到有限多个的情形．

定理 3.4(商的求导法则)　若函数 $u(x)$ 和 $v(x)$ 均在点 x 处可导且 $v(x)\neq 0$,

则函数$\dfrac{u(x)}{v(x)}$在点 x 处也可导,且有

$$\left[\frac{u(x)}{v(x)}\right]'=\frac{u'(x)v(x)-u(x)v'(x)}{v^2(x)}, \tag{3.12}$$

特别有

$$\left[\frac{k}{v(x)}\right]'=-\frac{kv'(x)}{v^2(x)},\quad \left[\frac{u(x)}{k}\right]'=\frac{u'(x)}{k}\quad (k\text{ 为任意常数}). \tag{3.13}$$

证明 因 $u(x)$、$v(x)$在点 x 处可导,故有

$$\lim_{\Delta x\to 0}\frac{u(x+\Delta x)-u(x)}{\Delta x}=u'(x),\quad \lim_{\Delta x\to 0}\frac{v(x+\Delta x)-v(x)}{\Delta x}=v'(x),$$

从而结合 $v(x)\neq 0$,有

$$\begin{aligned}
&\lim_{\Delta x\to 0}\frac{\dfrac{u(x+\Delta x)}{v(x+\Delta x)}-\dfrac{u(x)}{v(x)}}{\Delta x}=\lim_{\Delta x\to 0}\frac{1}{\Delta x}\frac{u(x+\Delta x)v(x)-u(x)v(x+\Delta x)}{v(x+\Delta x)v(x)}\\
&=\lim_{\Delta x\to 0}\frac{1}{\Delta x}\frac{[u(x+\Delta x)v(x)-u(x)v(x)]+[u(x)v(x)-u(x)v(x+\Delta x)]}{v(x+\Delta x)v(x)}\\
&=\lim_{\Delta x\to 0}\left[\frac{u(x+\Delta x)-u(x)}{\Delta x}\frac{1}{v(x+\Delta x)}\right]-\lim_{\Delta x\to 0}\left[\frac{u(x)}{v(x+\Delta x)v(x)}\frac{v(x+\Delta x)-v(x)}{\Delta x}\right]\\
&=u'(x)\cdot\frac{1}{v(x)}-\frac{u(x)}{v^2(x)}\cdot v'(x)=\frac{u'(x)v(x)-u(x)v'(x)}{v^2(x)},
\end{aligned}$$

即函数$\dfrac{u(x)}{v(x)}$在点 x 处也可导,且(3.12)式成立. **证毕**

例 3.14 求下列基本初等函数的导数:

(1) $y=\log_a x\,(a>0$ 且 $a\neq 1)$; (2) $y=\tan x$; (3) $y=\cot x$;

(4) $y=\sec x$; (5) $y=\csc x$.

解 由函数的数乘和商的求导法则以及例 3.10、例 3.13 有

(1) $y'=\left(\dfrac{\ln x}{\ln a}\right)'=\dfrac{(\ln x)'}{\ln a}=\dfrac{1}{\ln a}\cdot\dfrac{1}{x}=\dfrac{1}{x\ln a}$.

(2) $y'=\left(\dfrac{\sin x}{\cos x}\right)'=\dfrac{(\sin x)'\cdot\cos x-\sin x\cdot(\cos x)'}{(\cos x)^2}=\dfrac{\cos^2 x+\sin^2 x}{\cos^2 x}=\sec^2 x$.

(3) $y'=\left(\dfrac{\cos x}{\sin x}\right)'=\dfrac{(\cos x)'\cdot\sin x-\cos x\cdot(\sin x)'}{(\sin x)^2}=-\dfrac{\sin^2 x+\cos^2 x}{\sin^2 x}=-\csc^2 x$.

(4) $y'=\left(\dfrac{1}{\cos x}\right)'=-\dfrac{1\cdot(\cos x)'}{(\cos x)^2}=-\dfrac{1\cdot(-\sin x)}{(\cos x)^2}=\dfrac{1}{\cos x}\cdot\dfrac{\sin x}{\cos x}=\sec x\cdot\tan x$.

(5) $y'=\left(\dfrac{1}{\sin x}\right)'=-\dfrac{1\cdot(\sin x)'}{(\sin x)^2}=-\dfrac{1}{\sin x}\cdot\dfrac{\cos x}{\sin x}=-\csc x\cdot\cot x$. **解毕**

例 3.15　求下列函数的导数：

(1) $y=\frac{x^4}{4}-\frac{3}{x^3}+\sin\frac{\pi}{3}$；　　　　(2) $y=\frac{x^2-1}{x^2+1}$；

(3) $f(x)=(1+2x)(x^2-x)+\cos x\cdot\ln x$，求 $f'(x)$，$f'(\pi)$及 $f'(1)$.

解　由导数的运算法则和已知的基本导数公式，有

$$(1)\ y'=\frac{1}{4}(x^4)'-3(x^{-3})'+\left(\sin\frac{\pi}{3}\right)'=\frac{1}{4}\cdot 4x^3-3\cdot(-3)x^{-4}+0$$

$$=x^3+\frac{9}{x^4}.$$

$$(2)\ y'=\frac{(x^2-1)'(x^2+1)-(x^2-1)(x^2+1)'}{(x^2+1)^2}=\frac{2x\cdot[(x^2+1)-(x^2-1)]}{(x^2+1)^2}$$

$$=\frac{4x}{(x^2+1)^2}.$$

$$(3)\ f'(x)=(1+2x)'\cdot(x^2-x)+(1+2x)\cdot(x^2-x)'$$

$$+(\cos x)'\cdot\ln x+\cos x\cdot(\ln x)'$$

$$=2(x^2-x)+(1+2x)(2x-1)-\sin x\cdot\ln x+\frac{\cos x}{x}$$

$$=6x^2-2x-1-\sin x\cdot\ln x+\frac{\cos x}{x},$$

即 $f'(x)=6x^2-2x-1-\sin x\cdot\ln x+\frac{\cos x}{x}$，从而有

$$f'(\pi)=6\pi^2-2\pi-1-\sin\pi\cdot\ln\pi+\frac{\cos\pi}{\pi}=6\pi^2-2\pi-1-\frac{1}{\pi},$$

$$f'(1)=6\times1^2-2\times1-1-\sin1\cdot\ln1+\frac{\cos1}{1}=3+\cos1.$$

解毕

2. 反函数求导法则

定理 3.5　若函数 $x=f(y)$在某区间 I_y 内严格单调、可导且 $f'(y)\neq0$，则其反函数 $y=f^{-1}(x)$在区间 $I_x=\{x\mid x=f(y),y\in I_y\}$内也可导，且有

$$[f^{-1}(x)]'=\frac{1}{f'(y)}\ \text{即}\ \frac{\mathrm{d}y}{\mathrm{d}x}=\frac{1}{\frac{\mathrm{d}x}{\mathrm{d}y}}\ \text{亦即}\ y'_x=\frac{1}{x'_y}. \tag{3.14}$$

证明　由假设条件知，反函数 $y=f^{-1}(x)$存在且在区间 I_x 内严格单调、连续．设 Δx 表示反函数 $y=f^{-1}(x)$的自变量在点 x 处的改变量，Δy 表示相应的函数改变量，则由反函数 $y=f^{-1}(x)$的严格单调性和连续性知，当 $\Delta x\neq0$ 时必有 $\Delta y\neq0$，及当 $\Delta x\to0$ 时必有 $\Delta y\to0$，从而有

$$[f^{-1}(x)]'=\lim_{\Delta x\to 0}\frac{\Delta y}{\Delta x}=\lim_{\Delta x\to 0}\frac{1}{\frac{\Delta x}{\Delta y}}=\frac{1}{\lim\limits_{\Delta y\to 0}\frac{\Delta x}{\Delta y}}=\frac{1}{f'(y)}.$$ **证毕**

例 3.16　求指数函数 $y=\mathrm{e}^x$ 的导数．

解　因对数函数 $x=\ln y$ 在其定义区间 $(0,+\infty)$ 内严格递增、可导，且

$$x'_y=(\ln y)'=\frac{1}{y}\neq 0\quad (y\in(0,+\infty)),$$

故由定理 3.5 知：$x=\ln y$ 的反函数 $y=\mathrm{e}^x$ 在其值域 $(-\infty,+\infty)$ 内可导，且

$$(\mathrm{e}^x)'=y'_x=\frac{1}{x'_y}=\frac{1}{\frac{1}{y}}=y=\mathrm{e}^x\quad (x\in(-\infty,+\infty)),$$

即

$$(\mathrm{e}^x)'=\mathrm{e}^x\quad (x\in(-\infty,+\infty)).$$ **解毕**

例 3.17　求反正弦函数 $y=\arcsin x$ 的导数．

解　因正弦函数 $x=\sin y$ 在区间 $\left(-\frac{\pi}{2},\frac{\pi}{2}\right)$ 内严格递增、可导，且

$$x'_y=(\sin y)'=\cos y>0\quad \left(y\in\left(-\frac{\pi}{2},\frac{\pi}{2}\right)\right),$$

故由定理 3.5 知：$x=\sin y$ 的反函数 $y=\arcsin x$ 在其值域 $(-1,1)$ 内可导，且

$$(\arcsin x)'=y'_x=\frac{1}{x'_y}=\frac{1}{\cos y}=\frac{1}{\sqrt{1-(\sin y)^2}}=\frac{1}{\sqrt{1-x^2}}\quad (x\in(-1,1)),$$

即

$$(\arcsin x)'=\frac{1}{\sqrt{1-x^2}}\quad (x\in(-1,1)).$$ **解毕**

同理有

$$(\arccos x)'=-\frac{1}{\sqrt{1-x^2}}\quad (x\in(-1,1));$$

$$(\arctan x)'=\frac{1}{1+x^2}\quad (x\in(-\infty,+\infty));$$

$$(\operatorname{arccot} x)'=-\frac{1}{1+x^2}\quad (x\in(-\infty,+\infty)).$$

3. 复合函数求导法则(即链式法则)

定理 3.6(复合函数求导法则)　若内函数 $u=\varphi(x)$ 在点 x 处可导，外函数 $y=f(u)$ 在相应点 $u=\varphi(x)$ 处也可导，则复合函数 $y=f[\varphi(x)]$ 在点 x 处必可导，且有求导的**链式公式**：

$$\frac{\mathrm{d}y}{\mathrm{d}x}=\frac{\mathrm{d}y}{\mathrm{d}u}\cdot\frac{\mathrm{d}u}{\mathrm{d}x}=f'(u)\cdot\varphi'(x).\tag{3.15}$$

证明　设自变量 x 取得改变量 Δx，则中间变量 u 取得相应的改变量 $\Delta u=$

$\varphi(x+\Delta x)-\varphi(x)$，进而因变量 y 取得相应的改变量 $\Delta y=f(u+\Delta u)-f(u)$.

因内函数 $u=\varphi(x)$在点 x 处可导必连续，故当 $\Delta x\to 0$ 时必有 $\Delta u\to 0$，从而当 $\Delta u\neq 0$ 时，结合外函数 $y=f(u)$和内函数 $u=\varphi(x)$的可导性便有

$$\lim_{\Delta x\to 0}\frac{\Delta y}{\Delta x}=\lim_{\Delta x\to 0}\left(\frac{\Delta y}{\Delta u}\cdot\frac{\Delta u}{\Delta x}\right)=\lim_{\Delta u\to 0}\frac{\Delta y}{\Delta u}\cdot\lim_{\Delta x\to 0}\frac{\Delta u}{\Delta x}=f'(u)\cdot\varphi'(x),$$

即有

$$\frac{\mathrm{d}y}{\mathrm{d}x}=f'(u)\cdot\varphi'(x).$$

当 $\Delta u=0$ 时，易证上式仍成立(略).　**证毕**

对复合函数求导时，关键是弄清复合关系，即弄清谁是自变量，谁是中间变量，谁是因变量，亦即弄清复合关系图 $y\to u\to x$. 只有弄清了复合关系，在求复合函数的导数时才不易出错.

例 3.18　求幂函数 $y=x^{\alpha}$ 的导数($x>0$ 且 $\alpha\neq 0$).

解　因幂函数 $y=x^{\alpha}=\mathrm{e}^{\alpha\ln x}$可由函数 $y=\mathrm{e}^{u}$ 与 $u=\alpha\ln x$ 复合而成，故有

$$(x^{\alpha})'=\frac{\mathrm{d}y}{\mathrm{d}x}=\frac{\mathrm{d}y}{\mathrm{d}u}\cdot\frac{\mathrm{d}u}{\mathrm{d}x}=(\mathrm{e}^{u})'_{u}\cdot(\alpha\ln x)'_{x}=\mathrm{e}^{u}\cdot\alpha\cdot\frac{1}{x}$$
$$=\alpha\cdot\mathrm{e}^{\alpha\ln x}\cdot x^{-1}=\alpha\cdot x^{\alpha}\cdot x^{-1}=\alpha x^{\alpha-1},$$

即

$$(x^{\alpha})'=\alpha x^{\alpha-1}.$$

解毕

例 3.19　求指数函数 $y=a^{x}$ 的导数($a>0$ 且 $a\neq 1$).

解　因指数函数 $y=a^{x}=\mathrm{e}^{x\ln a}$可由函数 $y=\mathrm{e}^{u}$ 与 $u=x\ln a$ 复合而成，故有

$$(a^{x})'=\frac{\mathrm{d}y}{\mathrm{d}x}=\frac{\mathrm{d}y}{\mathrm{d}u}\cdot\frac{\mathrm{d}u}{\mathrm{d}x}=(\mathrm{e}^{u})'_{u}\cdot(x\ln a)'_{x}=\mathrm{e}^{u}\cdot\ln a=\mathrm{e}^{x\ln a}\cdot\ln a=a^{x}\ln a,$$

即

$$(a^{x})'=a^{x}\ln a.$$

解毕

例 3.20　求下列复合函数的导数：

(1) $y=\sin kx(k\neq 0)$；　(2) $y=\cos kx(k\neq 0)$；　(3) $y=(3x+2)^{5}$；

(4) $y=\ln\sin x$；　(5) $y=\sqrt{a^{2}-x^{2}}$；　(6) $y=\sqrt{x^{2}\pm a^{2}}$；

(7) $y=\arctan\dfrac{1}{x}$.

解　(1) 因 $y=\sin kx$ 可由函数 $y=\sin u$ 与 $u=kx$ 复合而成，故有

$$y'=\frac{\mathrm{d}y}{\mathrm{d}x}=\frac{\mathrm{d}y}{\mathrm{d}u}\cdot\frac{\mathrm{d}u}{\mathrm{d}x}=(\sin u)'_{u}\cdot(kx)'_{x}=\cos u\cdot k=k\cos kx.$$

(2) 类似(1)有$(\cos kx)'=-k\sin kx$.

(3) 因 $y=(3x+2)^{5}$ 可由函数 $y=u^{5}$ 与 $u=3x+2$ 复合而成，故有

$$y'=\frac{\mathrm{d}y}{\mathrm{d}x}=\frac{\mathrm{d}y}{\mathrm{d}u}\cdot\frac{\mathrm{d}u}{\mathrm{d}x}=(u^{5})'_{u}\cdot(3x+2)'_{x}=5u^{4}\cdot 3=15(3x+2)^{4}.$$

(4) 因 $y=\ln\sin x$ 可由函数 $y=\ln u$ 与 $u=\sin x$ 复合而成,故有

$$y'=\frac{dy}{dx}=\frac{dy}{du}\cdot\frac{du}{dx}=(\ln u)'_u\cdot(\sin x)'_x=\frac{1}{u}\cdot\cos x=\frac{\cos x}{\sin x}=\cot x.$$

(5) 因 $y=\sqrt{a^2-x^2}$ 可由函数 $y=\sqrt{u}$ 与 $u=a^2-x^2$ 复合而成,故有

$$(\sqrt{a^2-x^2})'=y'=\frac{dy}{dx}=\frac{dy}{du}\cdot\frac{du}{dx}=(\sqrt{u})'_u\cdot(a^2-x^2)'_x$$

$$=\frac{1}{2\sqrt{u}}\cdot(0-2x)=\frac{-x}{\sqrt{a^2-x^2}}.$$

(6) 类似(5)有 $(\sqrt{x^2\pm a^2})'=\dfrac{x}{\sqrt{x^2\pm a^2}}$.

(7) 因 $y=\arctan\dfrac{1}{x}$ 可由函数 $y=\arctan u$ 与 $u=\dfrac{1}{x}$ 复合而成,故有

$$\left(\arctan\frac{1}{x}\right)'=y'=\frac{dy}{dx}=\frac{dy}{du}\cdot\frac{du}{dx}=(\arctan u)'_u\cdot\left(\frac{1}{x}\right)'_x$$

$$=\frac{1}{1+u^2}\cdot\left(-\frac{1}{x^2}\right)=-\frac{1}{1+\left(\frac{1}{x}\right)^2}\cdot\frac{1}{x^2}=-\frac{1}{x^2+1}.$$ **解毕**

复合函数求导的链式公式还可推广到有限次(即有限多层)复合函数中去.

推论 3.3(三层复合函数求导的链式法则) 若函数 $v=\psi(x)$ 在点 x 处可导, $u=\varphi(v)$ 在相应点 $v=\psi(x)$ 处可导, $y=f(u)$ 在相应点 $u=\varphi(v)$ 处也可导,则复合函数

$$y=f\{\varphi[\psi(x)]\}\quad(\text{复合关系图为 } y\to u\to v\to x)$$

在点 x 处必可导,且有求导的**三层链式公式**:

$$\frac{dy}{dx}=\frac{dy}{du}\cdot\frac{du}{dv}\cdot\frac{dv}{dx}=f'(u)\cdot\varphi'(v)\cdot\psi'(x).$$

注 在具体计算复合函数的导数时,可由外向里逐层求导,且不一定把中间变量写出来.

例 3.21 求下列复合函数的导数:

(1) $y=\tan(3x+1)^2$;　　(2) $y=\sqrt{1+\tan\left(x+\dfrac{1}{x}\right)}$;

(3) $y=\ln(x+\sqrt{x^2+a^2})$.

解 (1) 因 $y=\tan(3x+1)^2$ 可由 $y=\tan u, u=v^2, v=3x+1$ 复合而成,故有

$$y'=\frac{dy}{dx}=\frac{dy}{du}\cdot\frac{du}{dv}\cdot\frac{dv}{dx}=(\tan u)'_u\cdot(v^2)'_v\cdot(3x+1)'_x$$

$$=\sec^2u\cdot 2v\cdot 3=6(3x+1)\sec^2(3x+1)^2.$$

下面各小题采用由外向里逐层求导的方法进行，不再设中间变量.

(2) $y'=\left[\sqrt{1+\tan\left(x+\frac{1}{x}\right)}\right]'_{\left[1+\tan\left(x+\frac{1}{x}\right)\right]}\cdot\left[1+\tan\left(x+\frac{1}{x}\right)\right]'_x$

$$=\frac{1}{2\sqrt{1+\tan\left(x+\frac{1}{x}\right)}}\cdot\left\{1'_x+\left[\tan\left(x+\frac{1}{x}\right)\right]'_x\right\}$$

$$=\frac{1}{2}\cdot\frac{1}{\left[1+\tan\left(x+\frac{1}{x}\right)\right]^{\frac{1}{2}}}\cdot\left\{0+\left[\tan\left(x+\frac{1}{x}\right)\right]'_{\left(x+\frac{1}{x}\right)}\cdot\left(x+\frac{1}{x}\right)'_x\right\}$$

$$=\frac{1}{2}\cdot\left[1+\tan\left(x+\frac{1}{x}\right)\right]^{-\frac{1}{2}}\cdot\sec^2\left(x+\frac{1}{x}\right)\cdot\left(1-\frac{1}{x^2}\right).$$

(3) $y'=\left[\ln(x+\sqrt{x^2+a^2})\right]'_{(x+\sqrt{x^2+a^2})}\cdot(x+\sqrt{x^2+a^2})'_x$

$$=\frac{1}{x+\sqrt{x^2+a^2}}\cdot\left(1+\frac{x}{\sqrt{x^2+a^2}}\right)=\frac{1}{\sqrt{x^2+a^2}}.$$

解毕

4. 隐函数求导法

若由二元方程 $F(x,y)=0$(即含有两个变量的方程)能确定 y 是 x 的可导函数 $y(x)$(称为**隐函数**，为区别起见，将前面遇到的函数 $y=f(x)$ 称为**显函数**)，则可利用复合函数的求导法则求出隐函数 $y(x)$ 的导数，其步骤如下：

(1) 将方程 $F(x,y)=0$ 两边同时**对自变量 x 求导**；

(2) 在求导的过程中**将因变量 y 视为中间变量**，然后利用复合函数求导法进行求导运算，由此得到一个以 y' 为未知函数的方程 $G(y')=0$；

(3) 由方程 $G(y')=0$ 解出 y' 便可得到所要求的导数 $y'=y'(x)$.

一般说来，要将隐函数转化为显函数的形式往往比较困难，有时是不可能的(如由方程 $y=e^{xy}$ 确定的隐函数虽然存在，但其显函数形式不存在，即不是初等函数). 因此，一般情况下都采用上面所述方法来计算隐函数的导数，下面举例说明.

例 3.22　计算由下列方程所确定的隐函数的导数：

(1) $x^2+y^2=1$；　　(2) $\sin xy=y$；　　(3) $y=e^{xy}$.

解　(1) 由 $x^2+y^2=1\Rightarrow(x^2+y^2)'_x=1'_x\Rightarrow(x^2)'_x+(y^2)'_x=0$

$$\Rightarrow 2x+(y^2)'_y\cdot y'_x=0\Rightarrow 2x+2y\cdot y'=0$$

$$\Rightarrow y'=-\frac{x}{y}.$$

(2) 由 $\sin xy=y\Rightarrow(\sin xy)'_x=y'_x\Rightarrow\cos xy\cdot(xy)'_x=y'$

$$\Rightarrow\cos xy\cdot(1\cdot y+x\cdot y'_x)=y'\Rightarrow y\cos xy+xy'\cos xy=y'$$

$$\Rightarrow (1-x\cos xy)y'=y\cos xy \Rightarrow y'=\frac{y\cos xy}{1-x\cos xy}.$$

(3) 由 $y=\mathrm{e}^{xy}\Rightarrow (y)'_x=(\mathrm{e}^{xy})'_x=(\mathrm{e}^{xy})'_{(xy)}\cdot(xy)'_x=\mathrm{e}^{xy}\cdot(1\cdot y+x\cdot y')$

$$\Rightarrow y'=y\mathrm{e}^{xy}+xy'\mathrm{e}^{xy}\Rightarrow (1-x\mathrm{e}^{xy})y'=y\mathrm{e}^{xy}$$

$$\Rightarrow y'=\frac{y\mathrm{e}^{xy}}{1-x\mathrm{e}^{xy}}.$$

解毕

例 3.23 设方程 $x^3+y^2=2$ 确定 y 是 x 的函数，求其曲线上点(1，－1)处的切线方程.

解 (1) 求点(1，－1)处的切线斜率.

将方程 $x^3+y^2=2$ 的两边同时对自变量 x 求导，得 $3x^2+2y\cdot y'=0$，由此解得 $y'=-\dfrac{3x^2}{2y}$，故结合点(1，－1)在曲线上，便得曲线在点(1，－1)处的切线斜率

$$k=y'|_{(1,-1)}=\left(-\frac{3x^2}{2y}\right)\bigg|_{(1,-1)}=\frac{3}{2}.$$

(2) 求切线方程.

因曲线过点(1，－1)，且曲线在该点处的切线斜率 $k=\dfrac{3}{2}$，故所求切线方程为

$$y+1=\frac{3}{2}(x-1)\quad 即\ 3x-2y-5=0.$$

解毕

5. 对数求导法

由于对数运算可**将积、商运算转化为和、差运算，将乘幂、开方运算转化为乘积运算**，而在求导运算中，和、差的求导运算比积、商的求导运算简单，乘积的求导运算又比乘幂、开方的求导运算简单．因此，当函数中出现由许多乘除或乘幂或开方组成的项时，便可采用“**对数求导法**”来进行求导，以达到简化运算的目的.

采用“对数求导法”求导数的步骤如下：

(1) 将原函数或原方程两边同时取自然对数，由此得到一个关于变量 x、y 的方程，即得到一个隐函数；

(2) 同隐函数求导法的步骤.

下面通过实例来说明“对数求导法”的简便之处.

例 3.24 用对数求导法求下列函数的导数：

(1) $y=\sqrt[3]{\dfrac{(x-1)(x-2)}{(x-3)(x-4)}}$； (2) $y=x^x$；

(3) $y=x^{\sin x}$； (4) $y=x^x+x^{\sin x}$.

解 (1) 将函数 $y=\sqrt[3]{\dfrac{(x-1)(x-2)}{(x-3)(x-4)}}=\left[\dfrac{(x-1)(x-2)}{(x-3)(x-4)}\right]^{\frac{1}{3}}$ 两边同时取自然对

数得隐函数

$$\ln y=\frac{1}{3}\ln\frac{(x-1)(x-2)}{(x-3)(x-4)}=\frac{1}{3}[\ln(x-1)+\ln(x-2)-\ln(x-3)-\ln(x-4)],$$

上式两边同时对自变量 x 求导,得

$$(\ln y)'_x=\frac{1}{3}[\ln(x-1)+\ln(x-2)-\ln(x-3)-\ln(x-4)]'_x,$$

进而有

$$\frac{1}{y}\cdot y'_x=\frac{1}{3}\left[\frac{1}{x-1}\cdot(x-1)'_x+\frac{1}{x-2}\cdot(x-2)'_x-\frac{1}{x-3}\cdot(x-3)'_x-\frac{1}{x-4}\cdot(x-4)'_x\right],$$

从而有

$$y'=\frac{1}{3}\sqrt[3]{\frac{(x-1)(x-2)}{(x-3)(x-4)}}\left(\frac{1}{x-1}+\frac{1}{x-2}-\frac{1}{x-3}-\frac{1}{x-4}\right).$$

(2) 将函数 $y=x^x$ 两边同时取自然对数得隐函数 $\ln y=\ln x^x=x\cdot\ln x$,两边再同时对自变量 x 求导,得 $\frac{1}{y}\cdot y'_x=x'_x\cdot\ln x+x\cdot(\ln x)'_x$,由此有

$$y'=y\left(1\cdot\ln x+x\cdot\frac{1}{x}\right)=x^x(1+\ln x).$$

(3) 将函数 $y=x^{\sin x}$ 两边同时取自然对数得隐函数 $\ln y=\sin x\cdot\ln x$,两边再同时对自变量 x 求导,得 $\frac{1}{y}\cdot y'_x=(\sin x)'_x\cdot\ln x+\sin x\cdot(\ln x)'_x$,由此有

$$y'=y\left(\cos x\cdot\ln x+\sin x\cdot\frac{1}{x}\right)=x^{\sin x}\left(\cos x\cdot\ln x+\frac{\sin x}{x}\right).$$

(4) 利用(2)和(3)的结果,得

$$y'=(x^x)'_x+(x^{\sin x})'_x=x^x(1+\ln x)+x^{\sin x}\left(\cos x\cdot\ln x+\frac{\sin x}{x}\right).$$ **解毕**

6. *参数方程求导法*

在实际问题中,有些函数既不由显函数形式给出,也不由隐函数形式给出,而是通过**参变量**(简称**参数**)t 的形式给出,即

$$\begin{cases}x=\varphi(t),\\ y=\psi(t)\end{cases}\quad(\alpha\leqslant t\leqslant\beta),\tag{3.16}$$

并将(3.16)式称为函数的**参数方程**.

要求参数方程所确定函数的导数,首先会想到将参数消去而得到函数的显函数形式.但是,由于消去参数往往比较困难,因此,我们希望有一种方法能直接由

参数方程求出它所确定函数的导数来,下面就来推导由式(3.16)所确定的 y 为 x 的函数的导数公式.

设 $x=\varphi(t)$ 与 $y=\psi(t)$ 均可导且 $\varphi'(t)\neq 0$,则 $x=\varphi(t)$ 必存在反函数 $t=\varphi^{-1}(x)$,将其代入 $y=\psi(t)$ 中便得到复合函数

$$y=\psi[\varphi^{-1}(x)],$$

这就是由式(3.16)所确定函数的显函数形式(从理论上讲存在这样的函数关系,但在实际中往往比较难解出或解不出显函数的形式). 于是,由复合函数与反函数的求导法则有

$$\frac{\mathrm{d}y}{\mathrm{d}x}=\frac{\mathrm{d}y}{\mathrm{d}t}\cdot\frac{\mathrm{d}t}{\mathrm{d}x}=\psi'(t)\cdot\frac{1}{\varphi'(t)}=\frac{\psi'(t)}{\varphi'(t)}=\frac{y'_t}{x'_t},$$

即有

$$\frac{\mathrm{d}y}{\mathrm{d}x}=\frac{\psi'(t)}{\varphi'(t)}=\frac{y'_t}{x'_t}. \tag{3.17}$$

例 3.25 求下列由参数方程所确定函数的导数 $\frac{\mathrm{d}y}{\mathrm{d}x}$:

(1) $\begin{cases}x=b\sin t,\\ y=a\cos t;\end{cases}$ (2) $\begin{cases}x=a(t-\sin t),\\ y=a(1-\cos t)\end{cases}$(摆线).

解 由式(3.17)有

(1) $$\frac{\mathrm{d}y}{\mathrm{d}x}=\frac{y'_t}{x'_t}=\frac{(a\cos t)'_t}{(b\sin t)'_t}=\frac{a(-\sin t)}{b\cos t}=-\frac{a}{b}\tan t;$$

(2) $$\frac{\mathrm{d}y}{\mathrm{d}x}=\frac{y'_t}{x'_t}=\frac{[a(1-\cos t)]'_t}{[a(t-\sin t)]'_t}=\frac{a(0+\sin t)}{a(1-\cos t)}=\frac{\sin t}{1-\cos t}.$$ **解毕**

3.2.2 基本导数公式表

由于用导数的定义进行求导运算是一件较复杂、困难和烦琐的工作,因而一般不采用定义的方法进行求导运算,而是借助基本导数公式,然后再运用已建立的求导运算法则来进行求导运算. 所以,我们将本节及前面所得到的导数公式和求导法则列在下面以方便记忆和今后使用,同时将它们称为**基本导数公式表**.

1. 导数的运算法则

(1) **和、差的求导公式**:$[u(x)\pm v(x)]'=u'(x)\pm v'(x)$.

(2) **乘积的求导公式**:$[u(x)\cdot v(x)]'=u'(x)\cdot v(x)+u(x)\cdot v'(x)$.

(3) **数乘的求导公式**:$[ku(x)]'=ku'(x)$(k 为任意常数).

(4) **线性组合的求导公式**:$[\alpha u(x)+\beta v(x)]'=\alpha u'(x)+\beta v'(x)$($\alpha$、$\beta$ 为任意常数).

(5) **商的求导公式**:$\left[\frac{u(x)}{v(x)}\right]'=\frac{u'(x)\cdot v(x)-u(x)\cdot v'(x)}{v^2(x)}$ $(v(x)\neq 0)$,特

别有

$$\left[\frac{C}{v(x)}\right]'=-\frac{C\cdot v'(x)}{v^2(x)}(v(x)\neq 0);\quad \left[\frac{u(x)}{C}\right]'=\frac{u'(x)}{C}(C\neq 0).$$

（6）**反函数的求导公式**：$[f^{-1}(x)]'=\dfrac{1}{f'(y)}(f'(y)\neq 0)$.

（7）**复合函数** $y=f[\varphi(x)]$**的求导公式——链式公式**：$\dfrac{dy}{dx}=\dfrac{dy}{du}\cdot\dfrac{du}{dx}$，即

$$\{f[\varphi(x)]\}'_x=f'_u(u)\cdot\varphi'_x(x)=f'[\varphi(x)]\cdot\varphi'(x)(u=\varphi(x)).$$

（8）**参数方程** $\begin{cases}x=\varphi(t),\\ y=\psi(t)\end{cases}$ **的求导公式**：$\dfrac{dy}{dx}=\dfrac{\psi'(t)}{\varphi'(t)}=\dfrac{y'_t}{x'_t}$.

2. 基本初等函数和根式函数的导数

（1）**常量函数的导数**：$(C)'=0$.

（2）**幂函数的导数**：$(x^\alpha)'=\alpha x^{\alpha-1}$（$\alpha$ 为任意实数且 $\alpha\neq 0$），**特别有**

$$x'=1,\quad (\sqrt{x})'=\frac{1}{2\sqrt{x}},\quad \left(\frac{1}{x}\right)'=-\frac{1}{x^2}.$$

（3）**指数函数的导数**：$(a^x)'=a^x\ln a(a>0,a\neq 1)$，**特别有** $(e^x)'=e^x$.

（4）**对数函数的导数**：$(\log_a x)'=\dfrac{1}{x\ln a}(a>0,a\neq 1)$，**特别有** $(\ln x)'=\dfrac{1}{x}$.

（5）**三角函数的导数**：

$$(\sin x)'=\cos x,\qquad (\cos x)'=-\sin x,$$
$$(\tan x)'=\sec^2 x,\qquad (\cot x)'=-\csc^2 x,$$
$$(\sec x)'=\sec x\cdot\tan x,\qquad (\csc x)'=-\csc x\cdot\cot x.$$

（6）**反三角函数的导数**：

$$(\arcsin x)'=\frac{1}{\sqrt{1-x^2}},\quad (\arccos x)'=-\frac{1}{\sqrt{1-x^2}}(-1<x<1);$$

$$(\arctan x)'=\frac{1}{1+x^2},\quad (\text{arccot}\,x)'=-\frac{1}{1+x^2}(-\infty<x<+\infty).$$

（7）**根式函数的导数**：$(\sqrt{x^2\pm a^2})'=\dfrac{x}{\sqrt{x^2\pm a^2}}$；$(\sqrt{a^2-x^2})'=\dfrac{-x}{\sqrt{a^2-x^2}}$.

习　题　3.2

1. 求下列简单函数的导数：

（1）$y=3x^4-2x^2+\ln x-\sin\dfrac{\pi}{4}$；　　（2）$y=3^x\sin x-2\sqrt{3}$；

(3) $y=(x+2)\sqrt{x}$；　(4) $y=x(x+1)\tan x$；

(5) $y=\dfrac{x-1}{x+1}$；　(6) $y=\dfrac{1+\ln x}{1-\ln x}$；

(7) $y=\sqrt[3]{\sqrt{\sqrt{x^5}}}$；　(8) $y=e^x\arctan x-\cos x$.

2. 求下列函数的导数：

(1) $y=(1-2x^2)^3$；　(2) $y=(3x+2)^3(4x+3)^4$；

(3) $y=\sqrt{2}x+\sqrt{2x}$；　(4) $y=\ln\sqrt{x}+\sqrt{\ln x}$；

(5) $y=e^{e^{x^2}}$；　(6) $y=\sin^3\dfrac{x}{2}$；

(7) $y=\ln(x+\sqrt{x^2-a^2})$；　(8) $y=\sin nx\cdot\sin^n x$；

(9) $y=\ln\ln x$；　(10) $y=\left(\arctan\dfrac{x}{3}\right)^2$；

(11) $y=\operatorname{arccot}\dfrac{1}{x}$；　(12) $y=\arctan\dfrac{1-x}{1+x}$.

3. 求下列隐函数的导数：

(1) $x^2+xy+y^2=1$,求$\dfrac{dy}{dx}$；　(2) $y=x+\ln y$,求$\dfrac{dy}{dx}$；

(3) $y=xe^y$,求$\dfrac{dy}{dx}$；　(4) $y=\sin(x+y)$,求$\dfrac{dy}{dx}$.

4. 求曲线 $y^2+y^3=2x$ 在点(1,1)处的切线方程和法线方程.

5. 求下列函数的导数 y'：

(1) $y^x=x^y$；　(2) $y=(\sin x)^x$；

(3) $y=x\sqrt{\dfrac{1+x}{1-x}}$；　(4) $y=\dfrac{\sqrt{x+1}(2-x)^5}{(x+2)^4}$.

6. 求下列参数方程所确定函数的导数$\dfrac{dy}{dx}$：

(1) $\begin{cases}x=1-t^2,\\ y=t^3-t^2;\end{cases}$　(2) $\begin{cases}x=e^t\cos t,\\ y=e^t\sin t;\end{cases}$

(3) $\begin{cases}x=a(1-\cos t),\\ y=a(t-\sin t);\end{cases}$　(4) $\begin{cases}x=t-\arctan t,\\ y=\ln(1+t^2).\end{cases}$

3.3 高阶导数

在实际问题中,常常会碰到对函数求多次导数的问题.例如,如果某物体的运动规律(即路程函数)为 $S=S(t)$,则该物体在时刻 t 时的瞬时速度为 $v(t)=S'(t)$,加速度为 $a(t)=[v(t)]'=[S'(t)]'$,由此便产生了高阶导数的问题,下面进行讨论.

定义 3.5　若函数 $y=f(x)$ 在区间 I 内的导函数 $f'(x)$ 仍在 I 内可导，则称 $f'(x)$ 的导函数 $[f'(x)]'$ 为函数 $y=f(x)$ 在区间 I 内的**二阶导函数**，简称**二阶导数**，记为 $f''(x)$ 或 y'' 或 $\frac{\mathrm{d}^2y}{\mathrm{d}x^2}$ 或 $\frac{\mathrm{d}^2f}{\mathrm{d}x^2}$，即

$$y''=\frac{\mathrm{d}^2y}{\mathrm{d}x^2}=\frac{\mathrm{d}^2f}{\mathrm{d}x^2}=f''(x)=[f'(x)]'=\lim_{\Delta x\to 0}\frac{f'(x+\Delta x)-f'(x)}{\Delta x}.$$

类似可定义三阶导数、四阶导数等概念．一般地，若函数 $y=f(x)$ 在区间 I 内的 $n-1(n\geqslant 2)$ 阶导函数 $\underbrace{\{\cdots[(y')]'\cdots\}'}_{n-1个'}$ 仍可导，则称 $\underbrace{\{\cdots[(y')]'\cdots\}'}_{n-1个'}$ 的导函数为函数 $y=f(x)$ 在区间 I 内的 n **阶导函数**，简称 n **阶导数**（当 $n\geqslant 2$ 时还称为**高阶导数**），记为 $f^{(n)}(x)$ 或 $y^{(n)}$ 或 $\frac{\mathrm{d}^ny}{\mathrm{d}x^n}$ 或 $\frac{\mathrm{d}^nf}{\mathrm{d}x^n}$，即

$$y^{(n)}=\frac{\mathrm{d}^ny}{\mathrm{d}x^n}=\frac{\mathrm{d}^nf}{\mathrm{d}x^n}=f^{(n)}(x)=[f^{(n-1)}(x)]'=\lim_{\Delta x\to 0}\frac{f^{(n-1)}(x+\Delta x)-f^{(n-1)}(x)}{\Delta x},$$

并规定 $f^{(0)}(x)=f(x)$，且将函数 $y=f(x)$ 在点 $x=x_0$ 处的 n **阶导数值**记为

$$f^{(n)}(x_0)\quad 或\quad y^{(n)}\big|_{x=x_0}\quad 或\quad \left.\frac{\mathrm{d}^ny}{\mathrm{d}x^n}\right|_{x=x_0}\quad 或\quad \left.\frac{\mathrm{d}^nf}{\mathrm{d}x^n}\right|_{x=x_0}.$$

例 3.26　求下列函数的二阶导数 y''：

(1) $y=x^4+x-2$；　　(2) $y=x\ln\frac{x}{2}$；

(3) $y=xe^x$；　　(4) $y=e^{-x}\sin x$.

解　(1) 因 $y'=4x^3+1$，故 $y''=(y')'=(4x^3+1)'=12x^2$.

(2) 因 $y=x\ln\frac{x}{2}=x\cdot(\ln x-\ln 2)$，故

$$y'=1\cdot(\ln x-\ln 2)+x\cdot\left(\frac{1}{x}-0\right)=\ln x-\ln 2+1,$$

从而

$$y''=(y')'=(\ln x-\ln 2+1)'=\frac{1}{x}.$$

(3) 因 $y'=1\cdot e^x+x\cdot e^x=(1+x)\cdot e^x$，故

$$y''=(y')'=[(1+x)\cdot e^x]'=1\cdot e^x+(1+x)\cdot e^x=(2+x)e^x.$$

(4) 因 $y'=-e^{-x}\sin x+e^{-x}\cos x=e^{-x}(\cos x-\sin x)$，故

$$\begin{aligned}y''&=(y')'=[e^{-x}(\cos x-\sin x)]'\\&=-e^{-x}(\cos x-\sin x)+e^{-x}(-\sin x-\cos x)\\&=-2e^{-x}\cos x.\end{aligned}$$

解毕

例 3.27　求下列函数的 n 阶导数：

(1) $y=a^x$；　　(2) $y=\sin x$；　　(3) $y=\cos x$.

解 (1) 因 $y=a^x$,故

$$y'=(a^x)'=a^x\ln a;$$

$$y''=(y')'=(a^x\ln a)'=(a^x)'\cdot\ln a=a^x\ln a\cdot\ln a=a^x\ln^2 a.$$

一般地,由数学归纳法可得到

$$(a^x)^{(n)}=a^x\ln^n a\quad(n\in\mathbf{N}).\tag{3.18}$$

特别有

$$(\mathrm{e}^x)^{(n)}=\mathrm{e}^x\quad(n\in\mathbf{N}).\tag{3.19}$$

(2) 因 $y=\sin x$,故

$$y'=(\sin x)'=\cos x=\sin\left(x+\frac{\pi}{2}\right)=\sin\left(x+1\cdot\frac{\pi}{2}\right);$$

$$\begin{aligned}y''=(y')'&=\left[\sin\left(x+1\cdot\frac{\pi}{2}\right)\right]_x'\\&=\cos\left(x+1\cdot\frac{\pi}{2}\right)\cdot\left(x+1\cdot\frac{\pi}{2}\right)_x'\\&=\sin\left[\left(x+1\cdot\frac{\pi}{2}\right)+\frac{\pi}{2}\right]\cdot 1\\&=\sin\left(x+2\cdot\frac{\pi}{2}\right).\end{aligned}$$

一般地,由数学归纳法可得到

$$(\sin x)^{(n)}=\sin\left(x+n\cdot\frac{\pi}{2}\right)\quad(n\in\mathbf{N}).\tag{3.20}$$

(3) 类似(2)可得到

$$(\cos x)^{(n)}=\cos\left(x+n\cdot\frac{\pi}{2}\right)\quad(n\in\mathbf{N}).\tag{3.21}$$

解毕

例 3.28 求下列函数的 n 阶导数:

(1) $y=\dfrac{1}{ax+b}$(a、b 为常数且 $a\neq 0$); (2) $y=\dfrac{1}{x}$; (3) $y=\ln x$.

解 (1) 因 $y=\dfrac{1}{ax+b}=(ax+b)^{-1}$,故有

$$y'=(-1)\cdot(ax+b)^{-2}\cdot a=\frac{(-1)^1\cdot 1!\cdot a^1}{(ax+b)^{1+1}};$$

$$\begin{aligned}y''=(y')'&=(-1)\cdot(-2)\cdot(ax+b)^{-3}\cdot a\cdot a\\&=\frac{(-1)^2\cdot 2!\cdot a^2}{(ax+b)^{2+1}}.\end{aligned}$$

一般地,由数学归纳法可得到

$$\left(\frac{1}{ax+b}\right)^{(n)}=\frac{(-1)^n\cdot n!\cdot a^n}{(ax+b)^{n+1}}\quad(n\in\mathbf{N}^+).\tag{3.22}$$

(2) 因 $y=\frac{1}{x}$,故在(3.22)式中取 $a=1,b=0$ 便得

$$\left(\frac{1}{x}\right)^{(n)}=\frac{(-1)^n\cdot n!\ \cdot 1^n}{(1\cdot x+0)^{n+1}}=\frac{(-1)^n\cdot n!}{x^{n+1}}\quad (n\in\mathbf{N}^+). \tag{3.23}$$

(3) 因 $y=\ln x$,故将(3.23)式中的 n 换为 $n-1$ 便得

$$(\ln x)^{(n)}=[(\ln x)']^{(n-1)}=\left(\frac{1}{x}\right)^{(n-1)}=\frac{(-1)^{n-1}\cdot(n-1)!}{x^n}\quad (n\in\mathbf{N}^+). \tag{3.24}$$

解毕

习　题　3.3

1. 求下列函数的二阶导数：

(1) $y=x\ln x$；　(2) $y=\ln\tan x$；

(3) $y=(1+x^2)\arctan x$；　(4) $y=\mathrm{e}^{\cos x}$；

(5) $y=\sqrt{x^2+1}-\frac{x}{2}$.

2. 求 n 次多项式函数 $P_n(x)=a_0x^n+a_1x^{n-1}+\cdots+a_{n-1}x+a_n(a_0\neq 0)$的 n 阶导数.

3. 计算下列各题：

(1) 设 $f(x)=(x-10)^5$,求 $f^{(3)}(11)$；　(2) $f(x)=\mathrm{e}^x\sin 3x$,求 $f''\left(\frac{\pi}{3}\right)$.

4. 若 $f(x)=(x+2)^5$,求 $f''(x-2)$.

5. 求下列函数的 n 阶导数：

(1) $y=x^\alpha(\alpha\in\mathbf{R})$；　(2) $y=x\mathrm{e}^x$；

(3) $y=\frac{1}{x^2+x-2}$.

6. 设 $f(x)$的 $n-2$ 阶导数 $f^{(n-2)}(x)=\frac{x}{\ln x}$,求 $f^{(n)}(x)$.

3.4　函数的微分

由前面的讨论知,$f'(x)$表示函数 $y=f(x)$在点 x 处的变化率,它描述了函数 $f(x)$在点 x 处变化的快慢程度．但是,有时还需了解函数 $f(x)$在点 x 处取得一个微小改变量 Δx 时,由函数 $y=f(x)$得到的相应改变量 Δy 取值如何的问题．而且,由于改变量 Δy 的计算往往比较困难,所以,我们希望能找到这样一个量：**用它**

来近似代替改变量 Δy 时,既能使得计算简便,又能使得误差较小,这就是本节要讨论的微分问题.

3.4.1 微分概念

1. 引例

设有半径为 x 的圆,求半径 x 由 x_0 改变到 $x_0+\Delta x$ 时,圆面积 S 的改变量 ΔS (图 3-4).

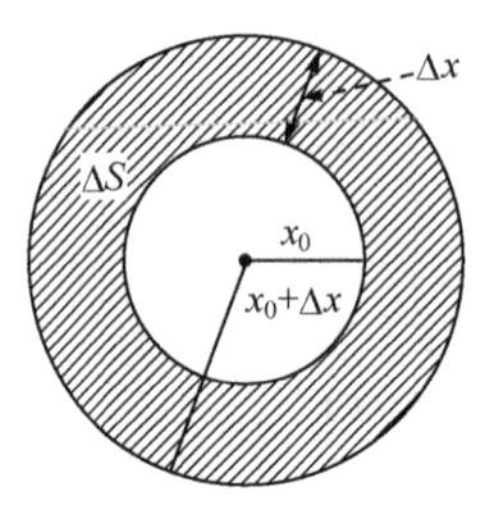

图 3-4

解 因半径为 x 的圆面积 $S=S(x)=\pi x^2$,故所求圆面积的改变量为

$$\Delta S=\pi(x_0+\Delta x)^2-\pi x_0^2=2x_0\pi\cdot\Delta x+\pi(\Delta x)^2,$$

且由上式看出: ΔS 由两部分组成:

$$\begin{cases}(1)\ 2x_0\pi\cdot\Delta x=\Delta S \text{ 的主要部分(称为线性主部)},\\ (2)\ \pi(\Delta x)^2=o(\Delta x)\ (\Delta x\to 0),\end{cases}$$

故可取(忽略 $\pi(\Delta x)^2$ 不计):

$$\Delta S\approx 2x_0\pi\cdot\Delta x\text{(当}|\Delta x|\text{足够小时,即}|\Delta x|\ll 1).$$

解毕

2. 微分的定义

因在许多实际问题中还会遇到类似于引例中的近似式问题,由此可引出下面微分概念.

定义 3.6 若函数 $y=f(x)$ 在某 $U(x_0)$ 内有定义,且存在与 Δx 无关的常数 A,使得

$$\Delta y=f(x_0+\Delta x)-f(x_0)=A\cdot\Delta x+o(\Delta x)\quad(\Delta x\to 0),$$

则称函数 $y=f(x)$ 在点 x_0 处可微,并称 Δy 的**线性主部** $A\cdot\Delta x$ 为**函数 $y=f(x)$ 在点 x_0 处的微分**,记为 $\mathrm{d}y|_{x=x_0}$ 或 $\mathrm{d}f(x)|_{x=x_0}$,即

$$\mathrm{d}y|_{x=x_0}=\mathrm{d}f(x)|_{x=x_0}=A\cdot\Delta x. \tag{3.25}$$

定义 3.7 若函数 $f(x)$ 在区间 I 内处处可微,则称函数 $f(x)$ **在 I 内可微**,或称 $f(x)$ 是区间 I 内的**可微函数**,并将函数 $y=f(x)$ 在点 $x\in I$ 处的微分记为 $\mathrm{d}y$ 或 $\mathrm{d}f(x)$,即

$$\mathrm{d}y=\mathrm{d}f(x)=A\cdot\Delta x. \tag{3.26}$$

3.4.2 可微、可导、连续三者之间的关系及微分的几何意义

1. 可微与可导之间的关系

定理 3.7 函数 $y=f(x)$ 在点 x_0 处可微 $\Leftrightarrow$ 函数 $y=f(x)$ 在点 x_0 处可导,且

可微时有 $A=f'(x_0)$，故(3.26)式可改写为

$$\mathrm{d}y\big|_{x=x_0}=\mathrm{d}f(x)\big|_{x=x_0}=f'(x_0)\Delta x. \tag{3.27}$$

证明 "⇒" 因函数 $y=f(x)$ 在点 x_0 处可微，故由可微定义知，对给定的改变量 $\Delta x\neq 0$，存在与 Δx 无关的常数 A，使得

$$\Delta y=f(x_0+\Delta x)-f(x_0)=A\cdot\Delta x+o(\Delta x)(\Delta x\to 0),$$

于是有 $\dfrac{\Delta y}{\Delta x}=A+\dfrac{o(\Delta x)}{\Delta x}(\Delta x\to 0)$，从而有

$$\lim_{\Delta x\to 0}\frac{\Delta y}{\Delta x}=\lim_{\Delta x\to 0}\left[A+\frac{o(\Delta x)}{\Delta x}\right]=A+0=A,$$

即函数 $y=f(x)$ 在点 x_0 处可导，且 $A=f'(x_0)$.

"⇐" 因函数 $y=f(x)$ 在点 x_0 处可导，故由导数定义知，极限

$$\lim_{\Delta x\to 0}\frac{\Delta y}{\Delta x}=f'(x_0)$$

存在(有限)，从而由极限与无穷小量之间的关系知：存在无穷小量 $\beta(\Delta x\to 0)$，使得

$$\frac{\Delta y}{\Delta x}=f'(x_0)+\beta(\Delta x\to 0),$$

由此有

$$\Delta y=f'(x_0)\cdot\Delta x+\beta\cdot\Delta x(\Delta x\to 0)\quad(\Delta x=0\text{ 时显然成立}),$$

且当 $\Delta x\neq 0$ 时有 $\lim\limits_{\Delta x\to 0}\dfrac{\beta\cdot\Delta x}{\Delta x}=\lim\limits_{\Delta x\to 0}\beta=0$，即 $\beta\cdot\Delta x=o(\Delta x)(\Delta x\to 0)$，因而由可微定义知，函数 $y=f(x)$ 在点 x_0 处可微. **证毕**

2. 微商的含义

由定理 3.7 知：若函数 $y=f(x)$ 在点 $x\in I$ 处可微，则有 $\mathrm{d}y=f'(x)\Delta x$，特别当 $y=x$ 时有

$$\mathrm{d}x=\mathrm{d}y=x'\cdot\Delta x=1\cdot\Delta x=\Delta x\quad\text{即 }\Delta x=\mathrm{d}x,$$

故可将 $\mathrm{d}y=f'(x)\Delta x$ 表为 $\mathrm{d}y=f'(x)\mathrm{d}x=y'\mathrm{d}x$ 的形式，因而有

$$y'=f'(x)=\frac{\mathrm{d}y}{\mathrm{d}x},$$

即**导数** $y'=f'(x)=\dfrac{\mathrm{d}y}{\mathrm{d}x}$ **可视为微分之商**，这就是为什么将导数称为微商之故.

3. 可微、可导与连续三者之间的关系

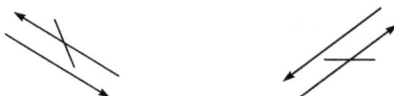

4. 微分的几何意义

若函数 $f(x)$ 在点 x_0 处可微,则曲线 $y=f(x)$ 在点 $M_0(x_0,f(x_0))=M_0(x_0,y_0)$ 处的切线 M_0T 必存在,且 $M_0T: y-y_0=f'(x_0)(x-x_0)$,即

$$M_0T: y=y_0+f'(x_0)\Delta x.$$

又当自变量 x 在点 x_0 处取得微小增量 Δx,即 x 由 x_0 变到 $x_0+\Delta x$ 时,相应地切线 M_0T 上的点由 M_0 变到 $N(x_0+\Delta x, y_0+f'(x_0)\Delta x)=N(x_0+\Delta x, y_0+\mathrm{d}y)$,即

$$M_0(x_0,y_0)\rightarrow N(x_0+\Delta x, y_0+\mathrm{d}y),$$

由此知,微分 $\mathrm{d}y=f'(x_0)\mathrm{d}x$ 在几何上表示切线 M_0T 上的点 M_0 和点 N 处的纵坐标之差,即

$$QN=M_0Q\cdot\tan\alpha=f'(x_0)\cdot\Delta x=\mathrm{d}y \quad (\text{图 } 3\text{-}5).$$

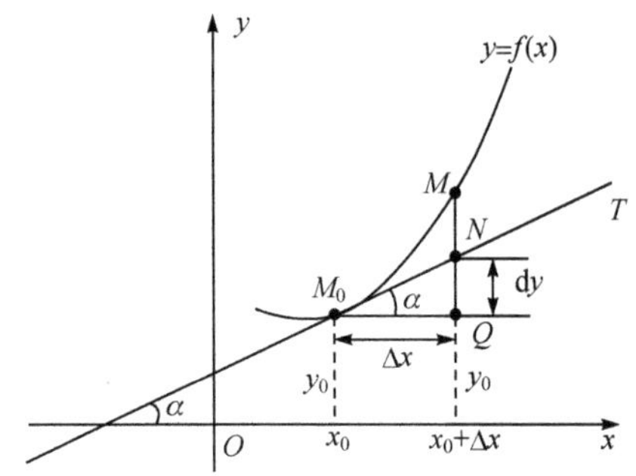

图 3-5 微分的几何意义

3.4.3 微分的计算

从微分公式 $\mathrm{d}y=f'(x)\mathrm{d}x=y'\mathrm{d}x$ 立即看出,**计算微分 $\mathrm{d}y$ 的问题,关键是如何计算导数 $y'=f'(x)$ 的问题**. 因此,计算微分时没有出现新的计算问题.

例 3.29 设函数 $y=f(x)=x^2+3$,求当 $x=1,\Delta x=0.01$ 时的 Δy 与 $\mathrm{d}y$,并计算用 $\mathrm{d}y$ 近似代替 Δy 时所产生的误差.

解　因 $f(x)=x^2+3$，故 $f'(x)=2x$，且

$$\Delta y=f(x+\Delta x)-f(x)=[(x+\Delta x)^2+3]-(x^2+3)=2x\cdot\Delta x+(\Delta x)^2,$$

从而有

$$\Delta y\big|_{x=1,\Delta x=0.01}=2\times1\times0.01+(0.01)^2=0.02+0.0001=0.0201;$$

$$\begin{aligned}\mathrm{d}y\big|_{x=1,\Delta x=0.01}=f'(x)\Delta x\big|_{x=1,\Delta x=0.01}&=f'(1)\times0.01\\&=2\times0.01=0.02.\end{aligned}$$

由上面结果知，当 $x=1$，$\Delta x=0.01$ 时有

$$\Delta y=0.0201\approx0.02=\mathrm{d}y,$$

且由此产生的误差为

$$\delta=|\Delta y-\mathrm{d}y|=|0.0201-0.02|=0.0001=\frac{1}{10000}.$$

解毕

例 3.30　求下列函数的微分：

(1) $y=\ln x$；　　(2) $y=\sin(3x+2)$.

解　(1) 因 $y=\ln x$，故 $y'=\dfrac{1}{x}$，从而

$$\mathrm{d}y=y'\mathrm{d}x=\frac{1}{x}\mathrm{d}x=\frac{\mathrm{d}x}{x}.$$

(2)
$$\mathrm{d}y=y'\mathrm{d}x=[\sin(3x+2)]'\mathrm{d}x=3\cos(3x+2)\mathrm{d}x.$$

解毕

3.4.4　微分的基本公式与运算法则

由微分公式 $\mathrm{d}y=y'\mathrm{d}x$ 看出，有一个基本导数公式和导数的运算法则，就相应地有一个基本微分公式和微分的运算法则，因而根据基本导数公式表和导数的运算法则便可得到基本微分公式表和微分的运算法则如下：

1. 基本初等函数的微分

(1) **常量函数的微分**：$\mathrm{d}C=0$.

(2) **幂函数的微分**：$\mathrm{d}x^\alpha=\alpha x^{\alpha-1}\mathrm{d}x$（$\alpha$ 为任意实数，且 $\alpha\neq0$）.

(3) **指数函数的微分**：$\mathrm{d}a^x=a^x\ln a\mathrm{d}x$（$a>0,a\neq1$）. **特别有**

$$\mathrm{d}\mathrm{e}^x=\mathrm{e}^x\mathrm{d}x.$$

(4) **对数函数的微分**：$\mathrm{d}\log_a x=\dfrac{1}{x\ln a}\mathrm{d}x=\dfrac{\mathrm{d}x}{x\ln a}$（$a>0,a\neq1$）. **特别有**

$$\mathrm{d}\ln x=\frac{1}{x}\mathrm{d}x=\frac{\mathrm{d}x}{x}.$$

(5) **三角函数的微分**：

$\mathrm{d}\sin x=\cos x\mathrm{d}x$，　　$\mathrm{d}\cos x=-\sin x\mathrm{d}x$，　　$\mathrm{d}\tan x=\sec^2 x\mathrm{d}x$，

$\mathrm{d}\cot x=-\csc^2 x\mathrm{d}x$， $\mathrm{d}\sec x=\sec x\cdot\tan x\mathrm{d}x$， $\mathrm{d}\csc x=-\csc x\cdot\cot x\mathrm{d}x$.

(6) **反三角函数的微分**：

$$\mathrm{d}\arcsin x=\frac{1}{\sqrt{1-x^2}}\mathrm{d}x=\frac{\mathrm{d}x}{\sqrt{1-x^2}},\qquad \mathrm{d}\arccos x=-\frac{1}{\sqrt{1-x^2}}\mathrm{d}x=-\frac{\mathrm{d}x}{\sqrt{1-x^2}},$$

$$\mathrm{d}\arctan x=\frac{1}{1+x^2}\mathrm{d}x=\frac{\mathrm{d}x}{1+x^2},\qquad \mathrm{d}\,\mathrm{arccot}\,x=-\frac{1}{1+x^2}\mathrm{d}x=-\frac{\mathrm{d}x}{1+x^2}.$$

2. 微分的运算法则

(7) **和、差的微分法则**：$\mathrm{d}[u(x)\pm v(x)]=\mathrm{d}u(x)\pm\mathrm{d}v(x)$.

(8) **积的微分法则**：$\mathrm{d}[u(x)\cdot v(x)]=v(x)\cdot\mathrm{d}u(x)+u(x)\cdot\mathrm{d}v(x)$.

(9) **数乘的微分法则**：$\mathrm{d}[C\cdot u(x)]=C\cdot\mathrm{d}u(x)$.

(10) **线性组合的微分法则**：

$$\begin{aligned}&\mathrm{d}[C_1\cdot u_1(x)+C_2\cdot u_2(x)+\cdots+C_n\cdot u_n(x)]\\&=C_1\cdot\mathrm{d}u_1(x)+C_2\cdot\mathrm{d}u_2(x)+\cdots+C_n\cdot\mathrm{d}u_n(x).\end{aligned}$$

(11) **商的微分法则**：

$$\mathrm{d}\left[\frac{u(x)}{v(x)}\right]=\frac{v(x)\cdot\mathrm{d}u(x)-u(x)\cdot\mathrm{d}v(x)}{v^2(x)}\quad(v(x)\neq0);$$

$$\mathrm{d}\left[\frac{C}{v(x)}\right]=-\frac{C\cdot\mathrm{d}v(x)}{v^2(x)}\quad(v(x)\neq0).$$

(12) **复合函数的微分法则**：

若 $y=f(u)$，$u=\varphi(x)$，即 y 为因变量，u 为中间变量，x 为自变量，亦即有复合关系：

$$y\rightarrow u\rightarrow x$$

且 $f(u)$、$\varphi(x)$ 均可导，则对复合函数 $y=f[\varphi(x)]$ 有

$$\mathrm{d}y=f'[\varphi(x)]\cdot\varphi'(x)\mathrm{d}x=f'[\varphi(x)]\mathrm{d}\varphi(x)=f'(u)\mathrm{d}u.$$

由上可见，对函数 $y=f(u)$ 来说，不论 u 是自变量还是中间变量，函数的微分形式都相同，即都可表为 $\mathrm{d}y=f'(u)\mathrm{d}u$ 的形式，并称此性质为函数的**一阶微分形式不变性**.

例 3.31 求下列函数的微分：

(1) $y=\mathrm{e}^{ax+bx^2}$； (2) $y=\dfrac{(x^2-1)\sin x}{x^2+1}$； (3) $y=x\sqrt{(x^2+a^2)^3}$.

解 (1) 因 $y=\mathrm{e}^{ax+bx^2}$，故

$$y'=\mathrm{e}^{ax+bx^2}\cdot(ax+bx^2)'=(a+2bx)\mathrm{e}^{ax+bx^2},$$

于是

$$\mathrm{d}y=y'\mathrm{d}x=(a+2bx)\mathrm{e}^{ax+bx^2}\mathrm{d}x.$$

(2) 由微分的四则运算法则有

$$\mathrm{d}y=\frac{(x^2+1)\cdot \mathrm{d}[(x^2-1)\sin x]-[(x^2-1)\sin x]\cdot \mathrm{d}(x^2+1)}{(x^2+1)^2}$$

$$=\frac{(x^2+1)[\sin x\cdot \mathrm{d}(x^2-1)+(x^2-1)\cdot \mathrm{d}\sin x]-[(x^2-1)\sin x]\cdot 2x\mathrm{d}x}{(x^2+1)^2}$$

$$=\frac{(x^2+1)[\sin x\cdot 2x\mathrm{d}x+(x^2-1)\cdot \cos x\mathrm{d}x]-[(x^2-1)\sin x]\cdot 2x\mathrm{d}x}{(x^2+1)^2}$$

$$=\frac{4x\sin x+(x^4-1)\cos x}{(x^2+1)^2}\mathrm{d}x.$$

(3) 由乘积的微分法则及一阶微分形式不变性有

$$\mathrm{d}y=\mathrm{d}[x\cdot(x^2+a^2)^{\frac{3}{2}}]=(x^2+a^2)^{\frac{3}{2}}\cdot \mathrm{d}x+x\cdot \mathrm{d}(x^2+a^2)^{\frac{3}{2}}$$

$$=(x^2+a^2)^{\frac{3}{2}}\mathrm{d}x+x\cdot\frac{3}{2}(x^2+a^2)^{\frac{1}{2}}\mathrm{d}(x^2+a^2)$$

$$=(x^2+a^2)^{\frac{3}{2}}\mathrm{d}x+x\cdot\frac{3}{2}(x^2+a^2)^{\frac{1}{2}}\cdot 2x\mathrm{d}x$$

$$=\sqrt{x^2+a^2}(4x^2+a^2)\mathrm{d}x.$$

解毕

例 3.32　设隐函数 $y=y(x)$ 由方程 $x^2-y^2+x\ln y=1$ 确定,求 $\mathrm{d}y$ 及 y'.

解　由 $x^2-y^2+x\ln y=1\Rightarrow \mathrm{d}x^2-\mathrm{d}y^2+\mathrm{d}(x\ln y)=\mathrm{d}(1)$

$$\Rightarrow 2x\mathrm{d}x-2y\mathrm{d}y+\ln y\mathrm{d}x+x\mathrm{d}(\ln y)=0$$

$$\Rightarrow (2x+\ln y)\mathrm{d}x-2y\mathrm{d}y+x\cdot\frac{1}{y}\mathrm{d}y=0$$

$$\Rightarrow (2y^2-x)\mathrm{d}y=y(2x+\ln y)\mathrm{d}x$$

$$\Rightarrow \mathrm{d}y=\frac{y(2x+\ln y)}{2y^2-x}\mathrm{d}x,\quad y'=\frac{\mathrm{d}y}{\mathrm{d}x}=\frac{y(2x+\ln y)}{2y^2-x}.$$

解毕

注　因导数可视为微分之商,故求导时也可先求出微分后再据此得到所求导数,如上例.

3.4.5　微分在近似计算中的应用

若函数 $y=f(x)$ 在点 x_0 处可微且 $f'(x_0)\neq 0$,则当 $|\Delta x|\ll 1$($|\Delta x|\ll 1$ 表示 $|\Delta x|$ 足够小于 1)时有计算函数增量 Δy 和函数值 $f(x_0+\Delta x)$ 的近似计算公式:

$$\Delta y=f(x_0+\Delta x)-f(x_0)\approx \mathrm{d}y=f'(x_0)\Delta x,\tag{3.28}$$

$$f(x_0+\Delta x)\approx f(x_0)+f'(x_0)\Delta x.\tag{3.29}$$

若在(3.29)式中取 $x_0=0$,则 $\Delta x=x-x_0=x$,$x_0+\Delta x=x$,从而当 $|x|\ll 1$ 时,有

$$f(x)\approx f(0)+f'(0)x.\tag{3.30}$$

例 3.33　证明:当$|x|\ll 1$(x用弧度作单位)时有:

(1) $\sqrt[n]{1+x}\approx 1+\frac{1}{n}x$;　　(2) $e^x\approx 1+x$;　　(3) $\ln(1+x)\approx x$;

(4) $\tan x\approx x$;　　(5) $\sin x\approx x$.

证明　(1) 令 $f(x)=\sqrt[n]{1+x}=(1+x)^{\frac{1}{n}}$,则

$$f'(x)=\frac{1}{n}(1+x)^{\frac{1}{n}-1},\quad f(0)=\sqrt[n]{1+0}=1,\quad f'(0)=\frac{1}{n}(1+0)^{\frac{1}{n}-1}=\frac{1}{n},$$

从而由公式(3.30)有

$$\sqrt[n]{1+x}=f(x)\approx f(0)+f'(0)x=1+\frac{1}{n}x.$$

(2) 令 $f(x)=e^x$,则

$$f'(x)=e^x,\quad f(0)=e^0=1,\quad f'(0)=e^0=1,$$

从而由公式(3.30)有

$$e^x=f(x)\approx f(0)+f'(0)x=1+x.$$

同理可证(3)、(4)、(5)(请读者自己证明).　　**证毕**

例 3.34　计算下列各值的近似值:

(1) $\sqrt[3]{1.03}$;　　(2) $\sin 30°30'$.

解　(1) 因$|0.03|=0.03\ll 1$,故由近似计算公式$\sqrt[3]{1+x}\approx 1+\frac{1}{3}x$有

$$\sqrt[3]{1.03}=\sqrt[3]{1+0.03}\approx 1+\frac{1}{3}\times 0.03=1+0.01=1.01.$$

(2) 因 $30°30'=30°+30'=\frac{\pi}{6}+\frac{\pi}{360}$,且$\left|\frac{\pi}{360}\right|\ll 1$故可令 $f(x)=\sin x$,则

$$f'(x)=\cos x,\quad f\left(\frac{\pi}{6}\right)=\sin\frac{\pi}{6}=\frac{1}{2},\quad f'\left(\frac{\pi}{6}\right)=\cos\frac{\pi}{6}=\frac{\sqrt{3}}{2},$$

从而由公式(3.29)有

$$\sin 30°30'=\sin\left(\frac{\pi}{6}+\frac{\pi}{360}\right)=f\left(\frac{\pi}{6}+\frac{\pi}{360}\right)$$

$$\approx f\left(\frac{\pi}{6}\right)+f'\left(\frac{\pi}{6}\right)\times\frac{\pi}{360}=\frac{1}{2}+\frac{\sqrt{3}}{2}\times\frac{\pi}{360}\approx 0.5076.$$　　**解毕**

例 3.35　半径为 8cm 的金属球加热后,其半径伸长了 0.04cm,求该球体积增量的近似值.

解　设金属球的半径和体积分别为 r 和 V,则

$$V=V(r)=\frac{4}{3}\pi r^3,\quad V'(r)=4\pi r^2,\quad V'(8)=4\pi\times 8^2=256\pi,$$

且$|0.04|=0.04\ll 1$,从而应用公式(3.28)便得所求增量的近似值

$$\begin{aligned}\Delta V &= V(8+0.04)-V(8)\approx V'(8)\times 0.04\\ &= 256\pi\times 0.04=10.24\pi(\mathrm{cm}^3).\end{aligned}$$

解毕

习　题　3.4

1. 设函数 $y=f(x)=x^2-3x$,求当 $x=1$,Δx 依次等于 0.1 和 0.01 时的改变量 Δy 和微分 $\mathrm{d}y$ 以及 $\Delta y-\mathrm{d}y$.

2. 求下列函数的微分:

(1) $y=2^x+3\sec x-2\mathrm{e}$;　(2) $y=\mathrm{e}^x\sin x$;　(3) $y=\dfrac{1+x^2}{1-x^2}$;

(4) $y=\ln\sqrt{1+x^2}$;　(5) $y=\mathrm{e}^{\arctan\frac{1}{x}}$;　(6) $y=\mathrm{e}^{2x}\sin 3x$.

3. 求下列隐函数的微分:

(1) $x^2+y^2+x\ln y=5$;　(2) $y=\sin(x-y)$;　(3) $y=1+x\mathrm{e}^y$.

4. 计算下列各数的近似值:

(1) $\sqrt[4]{0.96}$;　(2) $\tan 136^\circ$;　(3) $\mathrm{e}^{1.03}$;

(4) $\arctan 1.03$.

5. 一个立方体的边长为 3m,如果将其边长增加 5cm,求此立方体体积增加的近似值.

3.5　导数在经济学中的简单应用

3.5.1　边际分析

在经济问题中,常常需要考虑某些经济函数的变化率,即经济函数的导数.在经济学中,习惯将导数称为**边际**,而将利用导数对经济函数进行分析的方法称为**边际分析方法**.

边际分析方法是经济分析方法中的一种重要分析方法,需要掌握,下面进行讨论.

1. 函数变化率(瞬时变化率)——边际函数

定义 3.8　若 $y=f(x)$是一个经济函数,且 Δx 是经济变量 x 在点 x_0 处的改变量,则称比值$\dfrac{f(x_0+\Delta x)-f(x_0)}{\Delta x}$为函数 $f(x)$在区间$(x_0,x_0+\Delta x)$或$(x_0+\Delta x,x_0)$内的**平均变化率**,它表示在区间$(x_0,x_0+\Delta x)$或$(x_0+\Delta x,x_0)$内函数值$f(x)$的**平均变化速度**.

定义 3.9　若 $f(x)$是一个可导的经济函数,则称其导函数 $f'(x)$为经济函数 $f(x)$的**边际函数**,并称导数值 $f'(x_0)$为经济函数 $f(x)$在点 x_0 处的**边际函数值**,

且 $f'(x_0)$表示经济函数 $f(x)$在点 x_0 处的变化速度.

2. 边际函数值 $f'(x_0)$的经济意义

若函数 $y=f(x)$在点 x_0 处可导,则

$$\Delta y\Big|_{\substack{x=x_0\\ \Delta x=1}}\approx \mathrm{d}y\Big|_{\substack{x=x_0\\ \Delta x=1}}=f'(x)\cdot\Delta x\Big|_{\substack{x=x_0\\ \Delta x=1}}=f'(x_0),$$

或者

$$\Delta y\Big|_{\substack{x=x_0\\ \Delta x=-1}}\approx \mathrm{d}y\Big|_{\substack{x=x_0\\ \Delta x=-1}}=f'(x)\cdot\Delta x\Big|_{\substack{x=x_0\\ \Delta x=-1}}=-f'(x_0),$$

故**边际函数值 $f'(x_0)$的经济意义是**:在点 $x=x_0$ 处,当自变量 x 产生一个单位的改变量(即 $\Delta x=1$ 或 $\Delta x=-1$)时,相应的函数值 y 近似地改变$|f'(x_0)|$个单位.

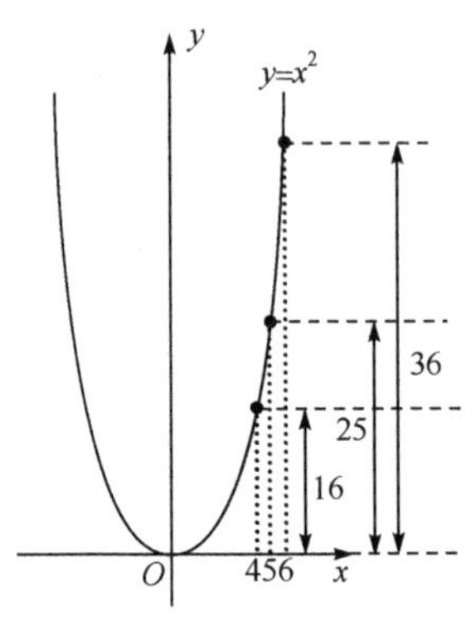

图 3-6　边际函数值 $f'(5)$ 的经济意义图

注　在实际应用中,经济学家常常略去“近似”二字而直接说 y 改变了$|f'(x_0)|$个单位,这就是边际函数值的含义.

例 3.36　设函数 $f(x)=x^2$,试求函数 $f(x)$在 $x=5$ 时的边际函数值,并解释其经济意义.

解　因 $f(x)=x^2$,故 $f'(x)=2x$,从而所求边际函数值为

$$f'(5)=2\times 5=10,$$

它表示:在 $x=5$ 处,当 x 增加(或减少)一个单位时,相应的函数值 y(近似)改变了 10 个单位(图 3-6).

解毕

3. 常见的边际函数及边际分析

1) **边际成本与边际收益**

定义 3.10　若 $C(q)$为可导总成本函数,则称比值$\dfrac{C(q)}{q}\overset{\text{记为}}{=\!=}\overline{C}(q)$为总成本 $C(q)$的**平均成本**,而称导函数 $C'(q)$(q 为产量)为总成本函数 $C(q)$的**边际成本函数**,简称**边际成本**.

例 3.37　若某工厂生产某产品的总成本函数为 $C(q)=30000+5q+0.001q^3$,求:

(1) 生产 100 个单位时的总成本和平均单位成本;

(2) 生产 100 个单位时的边际成本,并解释其经济意义.

解　因 $C(q)=30000+5q+0.001q^3$,故

(1) 生产 100 个单位时的总成本为

$$C(100)=30000+5\times 100+0.001\times 100^3=31500;$$

平均单位成本为

$$\overline{C}(100)=\frac{C(100)}{100}=\frac{31500}{100}=315.$$

(2) 因边际成本 $C'(q)=5+0.003q^2$，故生产 100 个单位时的边际成本为

$$C'(100)=5+0.003\times 100^2=35.$$

$C'(100)=35$ 的**经济意义**：当产量在 100 个单位的基础上再增加(或减少)一个单位的产量时，约需增加(或减少)35 个单位的成本．　　**解毕**

定义 3.11　若 $R(q)$ 为可导总收益函数，则称比值 $\frac{R(q)}{q}\xlongequal{\text{记为}}\overline{R}(q)$ 为总收益 $R(q)$ 的**平均收益**，而称导函数 $R'(q)$(q 为销量)为总收益函数 $R(q)$ 的**边际收益函数**，简称**边际收益**．

例 3.38　若某产品的价格函数为 $p=P(q)=40-\frac{q}{5}$，其中 p 为价格，q 为销售量，求销售量为 10 个单位时的总收益、平均收益和边际收益．

解　因 $p=P(q)=40-\frac{q}{5}$，故分别有下列经济函数：

总收益函数：$R(q)=P(q)\cdot q=\left(40-\frac{q}{5}\right)\cdot q=40q-\frac{q^2}{5}$；

平均收益函数：$\overline{R}(q)=\frac{R(q)}{q}=\frac{P(q)\cdot q}{q}=P(q)=40-\frac{q}{5}$；

边际收益函数：　$R'(q)=\left(40q-\frac{q^2}{5}\right)'=40-\frac{2q}{5}.$

于是，所求总收益、平均收益和边际收益分别为

$$R(10)=\left(40-\frac{10}{5}\right)\times 10=38\times 10=380;$$

$$\overline{R}(10)=40-\frac{10}{5}=40-2=38;$$

$$R'(10)=40-\frac{2\times 10}{5}=40-4=36.$$

解毕

2) **边际需求与边际利润**

定义 3.12　若 $D(p)$ 为可导需求函数，则称导函数 $D'(p)$(p 为价格)为需求函数 $D(p)$ 的**边际需求函数**，简称**边际需求**．

例 3.39　已知某商品的需求函数 $D(p)=545-0.1p^2$，求 $p=50$ 时的边际需求，并解释其经济意义．

解　因 $D(p)=545-0.1p^2$，故 $D'(p)=-0.2p$，从而当 $p=50$ 时的边际需求为

$$D'(50)=-0.2\times 50=-10.$$

$D'(50)=10$ **的经济意义**:当商品的价格在 50 个单位的基础上上涨(或下降)1%时,需求量将在 $D(50)=295$ 个单位的基础上约减少(或增加)10%. **解毕**

定义 3.13 若 $L(q)$为可导总利润函数,则称导函数 $L'(q)=R'(q)-C'(q)$(q 为需求量)为总利润函数 $L(q)$的**边际利润函数**,简称**边际利润**.

易见,边际利润由边际收益与边际成本所决定.

例 3.40 某公司每月生产 q(吨)矿石的总收益函数为 $R(q)=100q-q^2$(万元),而生产 q(吨)矿石的总成本函数为 $C(q)=40+111q-7q^2+\frac{1}{3}q^3$(万元),试求:

(1) 边际利润函数;

(2) 当产量 q 分别为 10 吨、11 吨和 12 吨时的边际利润,并作相应的经济解释.

解 因 $R(q)=100q-q^2$,$C(q)=40+111q-7q^2+\frac{1}{3}q^3$,故利润函数为

$$L(q)=R(q)-C(q)=-\frac{1}{3}q^3+6q^2-11q-40,$$

从而

(1) 边际利润函数为 $L'(q)=-q^2+12q-11$.

(2) 当产量 q 分别为 10 吨、11 吨和 12 吨时的边际利润分别为

$$L'(10)=9;\qquad L'(11)=0;\qquad L'(12)=-11.$$

$L'(10)=9$ **的经济意义**:当产量 $q=10$ 吨时,在此基础上多生产一吨矿石利润约增加 9 万元,少生产一吨矿石利润约减少 9 万元.

$L'(11)=0$ **的经济意义**:当产量 $q=11$ 吨时,在此基础上不论是多生产一吨矿石或少生产一吨矿石,利润既不会增加也不会减少.

$L'(12)=-11$ **的经济意义**:当产量 $q=12$ 吨时,在此基础上多生产一吨矿石利润约减少 11 万元,少生产一吨矿石利润约增加 11 万元. **解毕**

3.5.2 弹性分析

在经济学中,仅仅研究变量的绝对改变量的大小和绝对变化率是远远不够的,还需要研究变量的相对改变量的大小和相对变化率,如下面两例.

例 3.41 甲商品每单位价格为 20 元,涨价 1 元;乙商品每单位价格为 200 元,也涨价 1 元.两种商品价格的绝对改变量都是 1 元,问哪一种商品涨价的相对幅度大?

解 因甲商品的价格 $p_1=20$ 元,乙商品的价格 $p_2=200$ 元,故它们涨价的相对幅度分别为

$$\frac{\Delta p}{p_1}=\frac{1}{20}=5\%,\quad \frac{\Delta p}{p_2}=\frac{1}{200}=0.5\%.$$

显然，两种商品价格的绝对改变量都相同，但甲商品涨价的相对幅度却大于乙商品涨价的相对幅度，且由比值

$$\frac{甲商品涨价的相对幅度}{乙商品涨价的相对幅度}=\frac{\dfrac{\Delta p}{p_1}}{\dfrac{\Delta p}{p_2}}=\frac{5\%}{0.5\%}=\frac{5}{0.5}=10$$

知：**甲商品涨价的相对幅度是乙商品涨价相对幅度的 10 倍**，因此，甲商品涨价的相对幅度远远大于乙商品涨价的相对幅度．　**解毕**

例 3.42　对函数 $y=f(x)=x^2$，显然当自变量 x 由 4 改变到 6 时，因变量 y 就由 16 改变到 36，试计算它们的绝对改变量和相对改变量，并比较那个变量改变的相对幅度大？相差多少倍？

解　(1) x 与 y 的绝对改变量分别为

$$\Delta x=6-4=2,\quad \Delta y=f(6)-f(4)=36-16=20.$$

(2) x 与 y 的相对改变量分别为

$$\frac{\Delta x}{x}=\frac{2}{4}=50\%,\quad \frac{\Delta y}{y}=\frac{20}{16}=125\%.$$

由(1)、(2)看出：因变量 y 改变的相对幅度比自变量 x 改变的相对幅度大，且由比值

$$\frac{y\,改变的相对幅度}{x\,改变的相对幅度}=\frac{\dfrac{\Delta y}{y}}{\dfrac{\Delta x}{x}}=\frac{125\%}{50\%}=\frac{125}{50}=2.5$$

还可看出：因变量 y 改变的相对幅度是自变量 x 改变的相对幅度的 2.5 倍，这表示，在开区间(4,6)内，自变量 x 从 4 开始每改变 1%，因变量 y 就平均改变 2.5%．

解毕

从上面两例看出：在经济学中，我们不仅需要研究函数的绝对改变量与绝对变化率，还需要研究函数的**相对改变量**与**相对变化率**．因此，在经济学中，我们需要借助导数对某些经济函数分析它们在给定区间内和给定点处的相对变化率，这种分析方法称为**弹性分析方法**．

弹性分析方法也是经济分析方法中的一种重要分析方法，需要掌握，下面进行讨论．

1. 函数的相对变化率——函数的弹性

定义 3.14　若函数 $y=f(x)$ 定义于区间 I 上，且 x_0、$x_0+\Delta x\in I$，则称比值

$$\frac{\frac{\Delta y}{y_0}}{\frac{\Delta x}{x_0}}=\frac{x_0}{y_0}\cdot\frac{\Delta y}{\Delta x}\overset{\text{记为}}{=\!=}\frac{Ey}{Ex}\bigg|_{(x_0,x_0+\Delta x)}\quad(y_0=f(x_0)\neq 0)$$

为函数 $y=f(x)$在区间$(x_0,x_0+\Delta x)$或$(x_0+\Delta x,x_0)$内的**平均相对变化率**,或称为函数 $y=f(x)$在 x_0 与 $x_0+\Delta x$ **两点间的弹性**.

定义 3.15 若函数 $y=f(x)$定义于区间 I 上,且 $f(x)$在点 $x_0\in I$ 处可导,则称极限值

$$\lim_{\Delta x\to 0}\frac{\frac{\Delta y}{y_0}}{\frac{\Delta x}{x_0}}=\frac{x_0}{y_0}\cdot\lim_{\Delta x\to 0}\frac{\Delta y}{\Delta x}=f'(x_0)\cdot\frac{x_0}{f(x_0)}\overset{\text{记为}}{=\!=}\frac{Ey}{Ex}\bigg|_{x=x_0}\overset{\text{或记为}}{=\!=\!=}\frac{E}{Ex}f(x_0)$$

为函数 $y=f(x)$在**点 x_0 处的弹性**(**或相对变化率**),其中 $y_0=f(x_0)\neq 0$.

定义 3.16 若函数 $y=f(x)$在区间 I 上每一点 x 处的弹性都存在,且在区间 I 上 $f(x)\neq 0$,则称由弹性定义的函数

$$\frac{E}{Ex}f(x)=y'\cdot\frac{x}{y}=f'(x)\cdot\frac{x}{f(x)}\overset{\text{记为}}{=\!=}\frac{Ey}{Ex}\quad(x\in I)$$

为函数 $y=f(x)$的**弹性函数**,而称数值$\frac{Ey}{Ex}\Big|_{x=x_0}=\frac{E}{Ex}f(x_0)$为函数 $f(x)$在点 x_0 处的**弹性函数值**.

2. 弹性函数值$\frac{E}{Ex}f(x_0)$的经济意义

若函数 $y=f(x)$在点 x_0 处的弹性$\frac{E}{Ex}f(x_0)$存在(有限),则$\frac{E}{Ex}f(x_0)$的**经济意义是**:在点 $x=x_0$ 处,当 x 产生 1%的改变量时,相应的函数值 y 近似地产生$\left|\frac{E}{Ex}f(x_0)\right|$%的改变量.

注 (1) 在实际应用中,经济学家常略去“近似”二字而直接说因变量 y 改变了$\left|\frac{E}{Ex}f(x_0)\right|$%,这就是弹性函数值$\frac{E}{Ex}f(x_0)$的含义.

(2) $\left|\frac{E}{Ex}f(x_0)\right|$反映了因变量 y 对自变量 x 变化的敏感程度,而弹性函数值的符号则表示因变量和自变量的变化方向. 变化方向相同,弹性函数值为正,否则为负.

例 3.43 求函数 $y=f(x)=5+4x$ 在点 $x=3$ 处的弹性.

解 因 $f(x)=5+4x$,故 $f(3)=17$,$f'(3)=4$,从而

$$\frac{Ey}{Ex}\bigg|_{x=3}=f'(x)\cdot\frac{x}{f(x)}\bigg|_{x=3}=f'(3)\times\frac{3}{f(3)}=4\times\frac{3}{17}=\frac{12}{17}.$$

解毕

例 3.44　求下列函数的弹性函数：

(1) $y=k\mathrm{e}^{\lambda x}(k\neq 0)$；　　(2) $y=kx^{\alpha}(k\neq 0)$.

解　(1) 因 $y=k\mathrm{e}^{\lambda x}$，故

$$\frac{Ey}{Ex}=y'\cdot\frac{x}{y}=(k\mathrm{e}^{\lambda x})'\cdot\frac{x}{k\mathrm{e}^{\lambda x}}=\lambda\cdot k\mathrm{e}^{\lambda x}\cdot\frac{x}{k\mathrm{e}^{\lambda x}}=\lambda x.$$

(2) 因 $y=kx^{\alpha}$，故

$$\frac{Ey}{Ex}=y'\cdot\frac{x}{y}=(kx^{\alpha})'\cdot\frac{x}{kx^{\alpha}}=\alpha\cdot kx^{\alpha-1}\cdot\frac{1}{kx^{\alpha-1}}=\alpha.$$

解毕

3. 常见的弹性函数及弹性分析

1) **需求弹性**

定义 3.17　若某商品在常规意义下的需求函数为 $q=D(p)$（即递减函数），则称比值

$$-\frac{\dfrac{\Delta D}{D_0}}{\dfrac{\Delta p}{p_0}}=-\frac{\Delta D}{\Delta p}\cdot\frac{p_0}{D_0}\xlongequal{\text{记为}}\bar{\eta}(p_0,p_0+\Delta p)\geqslant 0\quad(p_0\text{ 为价格})$$

为该商品在 p_0 与 $p_0+\Delta p$ **两点间的需求价格弹性**，其中 $D_0=D(p_0)>0$.

定义 3.18　若 $q=D(p)(>0)$ 为某商品在常规意义下的可导需求函数（即递减函数），则称函数

$$-D'(p)\cdot\frac{p}{D(p)}\xlongequal{\text{记为}}\eta(p)\geqslant 0\quad(p\text{ 为价格})$$

为该商品的**需求价格弹性函数**，简称**需求弹性**，而称函数值 $\eta(p_0)$ 为该商品在**价格为 p_0 单位时的需求弹性函数值**.

2) **两点间的需求价格弹性 $\bar{\eta}(p_0,p_0+\Delta p)$ 的经济意义**

当商品的价格 p 在区间 $(p_0,p_0+\Delta p)$ 或 $(p_0+\Delta p,p_0)$ 内从 p_0 处提价（或降价）1%时，该商品的需求量就在相应的基础 $D(p_0)$ 上减少（或增加）$\bar{\eta}(p_0,p_0+\Delta p)$%.

3) **需求弹性函数值 $\eta(p_0)$ 的经济意义**

当商品的价格在 p_0 单位处提价（或降价）1%时，该商品的需求量就在相应的基础 $D(p_0)$ 上减少（或增加）$\eta(p_0)$%. **特别地：**

(1) 当 $\eta(p_0)>1$ 时，表示该商品的价格在 p_0 处的需求量变动的幅度大于价格变动的幅度，即此时需求量对价格的变化比较敏感，因而称 $\eta(p_0)>1$ 时的商品为**富有弹性的商品**，且此时宜采取的经济策略是用降价的方法来提高总收入，即**薄利多销**.

(2) 当 $\eta(p_0)=1$ 时,表示该商品的价格在 p_0 处的需求量变动的幅度与价格变动的幅度相同(即**等幅**),因而称 $\eta(p_0)=1$ 时的商品为**具有单位弹性的商品**,且此时宜采取的经济策略还是以适当降价为好,因这样即不减少总收入,又可缩短资金周转的时间,由此真正体现了时间就是金钱的原则.

(3) 当 $\eta(p_0)<1$ 时,表示该商品的价格在 p_0 处的需求量变动的幅度小于价格变动的幅度,即此时需求量对价格的变化不敏感,因而称 $\eta(p_0)<1$ 时的商品为**缺乏弹性的商品**,且此时宜采取的经济策略是用提价的方法来提高总收入.

例 3.45 已知某商品的需求函数为 $q=D(p)=5000-200p-5p^2$,求:

(1) 从 $p=10$ 到 $p=12$ 两点间的需求价格弹性,并解释其经济意义;

(2) 需求价格弹性函数,并对需求价格弹性函数值 $\eta(10)$ 作经济解释.

解 (1) 因 $q=D(p)=5000-200p-5p^2$,p 从 10 变到 12,故

$$\Delta p=2,D(10)=2500,\Delta D=D(12)-D(10)=-620,$$

从而

$$\bar{\eta}(10,10+2)=\bar{\eta}(10,12)=-\frac{\Delta D}{\Delta p}\cdot\frac{p}{D}\bigg|_{\substack{p=10\\ \Delta p=2}}=-\frac{-620}{2}\times\frac{10}{2500}=1.24.$$

$\bar{\eta}(10,12)=1.24$ **的经济意义**:当商品的价格 p 在区间(10,12)内从 $p=10$ 个单位处提价 1%时,该商品的需求量将在 $D(10)=2500$ 个单位的基础上减少 1.24%.

(2) 因 $q=D(p)=5000-200p-5p^2$,故

$$\eta(p)=-D'(p)\cdot\frac{p}{D(p)}=-(-200-10p)\cdot\frac{p}{5000-200p-5p^2}$$

$$=\frac{40p+2p^2}{1000-40p-p^2};$$

$$\eta(10)=\frac{40\times10+2\times10^2}{1000-40\times10-10^2}=1.2.$$

$\eta(10)=1.2$ 的**经济意义**:因 $\eta(10)=1.2>1$,故当价格 $p=10$ 时,该商品属富有弹性的商品,即该商品的价格在 10 个单位的基础上降价 1%时,需求量将在相应基础 $D(10)=2500$ 上上升 1.2%,因而此时宜采取适当降价的经济策略来提高总收入,即薄利多销. **解毕**

例 3.46 已知某商品的需求函数为 $q=D(p)=3e^{-\frac{p}{8}}$,求:

(1) 需求价格弹性函数;

(2) $p=7,p=8,p=9$ 时的需求价格弹性,并解释其经济意义.

解 (1) 因 $q=D(p)=3e^{-\frac{p}{8}}$,故

$$\eta(p)=-D'(p)\cdot\frac{p}{D(p)}=-\left(-\frac{1}{8}\cdot3e^{-\frac{p}{8}}\right)\times\frac{p}{3e^{-\frac{p}{8}}}=\frac{p}{8}.$$

(2) $\eta(7)=\frac{7}{8}=0.875<1$,商品属缺乏弹性的商品,故其**经济意义是**:当商品的价格在 7 个单位的基础上提价 1%时,只引起需求量在相应基础 $D(7)=3e^{-\frac{7}{8}}$ 上下降 0.875%,此时宜提价而不宜降价.

$\eta(8)=\frac{8}{8}=1$,商品属具有单位弹性的商品,故其**经济意义是**:当商品的价格在 8 个单位的基础上降价 1%时,需求量将在相应基础 $D(8)=3e^{-1}$ 上上升 1%,此时可适当降价.

$\eta(9)=\frac{9}{8}=1.125>1$,商品属富有弹性的商品,故其**经济意义是**:当商品的价格在 9 个单位的基础上降价 1%时,需求量将在相应基础 $D(9)=3e^{-\frac{9}{8}}$ 上上升 1.125%,此时宜降价而不宜提价.　　**解毕**

4) **供给弹性及供给弹性函数值 $\varepsilon(p_0)$ 的经济意义**

定义 3.19　若 $q=S(p)(>0)$ 为某商品在常规意义下的可导供给函数(即递增函数),则称函数

$$S'(p)\cdot\frac{p}{S(p)}\xlongequal{\text{记为}}\varepsilon(p)\geqslant 0\quad(p\text{ 为价格})$$

为该商品的**供给价格弹性函数**,简称**供给弹性**,而称函数值 $\varepsilon(p_0)$ 为该商品在**价格为 p_0 单位时的供给弹性函数值**.

供给弹性函数值 $\varepsilon(p_0)$ 的经济意义:当商品的价格在 p_0 处提价(或降价)1%时,该商品的供给量就在相应基础 $S(p_0)$ 上增加(或减少)$\varepsilon(p_0)$%.

例 3.47　已知某商品的供给函数为 $q=S(p)=p^3-p$,求:

(1) 供给弹性函数;

(2) $p=9$ 时的供给弹性,并解释其经济意义.

解　(1) 因 $q=S(p)=p^3-p$,故

$$\varepsilon(p)=S'(p)\cdot\frac{p}{S(p)}=(3p^2-1)\cdot\frac{p}{p^3-p}=\frac{3p^2-1}{p^2-1}.$$

(2) $\varepsilon(9)=\left.\frac{3p^2-1}{p^2-1}\right|_{p=9}=3.025$,其**经济意义是**:当商品的价格在 9 个单位的基础上提价(或降价)1%时,供给量将在相应基础 $S(9)=720$ 上增加(或减少)3.025%.　　**解毕**

5) **收益弹性及收益弹性函数值 $\mu(p_0)$ 的经济意义**

定义 3.20　若 $R(p)(>0)$ 为某商品的可导收益函数,则称函数

$$\frac{ER}{Ep}=R'(p)\cdot\frac{p}{R(p)}\xlongequal{\text{记为}}\mu(p)\quad(p\text{ 为价格})$$

为该商品的**收益价格弹性函数**,简称**收益弹性**,而称函数值 $\mu(p_0)$ 为该商品在**价格为 p_0 单位时的收益弹性函数值**.

收益弹性函数值 $\mu(p_0)$ 的经济意义:

(1) 若 $\mu(p_0)>0$,则商品的价格在 p_0 单位处提价(或降价)1%时,该商品的收益就在相应的基础 $R(p_0)$ 上增加(或减少)$\mu(p_0)$%;

(2) 若 $\mu(p_0)=0$,则商品的价格在 p_0 单位处不论提价或降价 1%,该商品的收益始终保持在 $R(p_0)$ 的水平上而不产生变化(即不增也不减);

(3) 若 $\mu(p_0)<0$,则商品的价格在 p_0 单位处提价(或降价)1%时,该商品的收益就在相应的基础 $R(p_0)$ 上减少(或增加)$|\mu(p_0)|$%.

例 3.48　设某商品的需求函数为 $q=D(p)=75-p^2$,问:

(1) 当 $p=4$ 个单位时,若价格 p 上涨 1%,总收益增加还是减少? 将变化百分之几?

(2) 当 $p=6$ 个单位时,若价格 p 上涨 1%,总收益增加还是减少? 将变化百分之几?

解　(1) 因 $q=D(p)=75-p^2$,故总收益函数和收益弹性函数分别为

$$R(p)=p\cdot D(p)=p(75-p^2)=75p-p^3,$$

$$\mu(p)=R'(p)\cdot\frac{p}{R(p)}=(75-3p^2)\cdot\frac{p}{p(75-p^2)}=\frac{75-3p^2}{75-p^2},$$

从而 $\mu(4)=\dfrac{75-3\times 4^2}{75-4^2}\approx 0.46>0$,因而当该商品的价格在 4 个单位的基础上上涨 1%时,总收益将在相应的基础 $R(4)=236$ 上约增加 0.46%.

(2) 因 $\mu(6)=\dfrac{75-3\times 6^2}{75-6^2}=-\dfrac{33}{39}\approx -0.85<0$,故当该商品的价格在 6 个单位的基础上上涨 1%时,总收益将在相应的基础 $R(6)=234$ 上约减少 0.85%.　**解毕**

习　题　3.5

1. 若某产品的总成本函数为 $C(q)=1500+0.01q^2$,求:

(1) 生产 120 个单位时的总成本和平均单位成本;

(2) 生产 120 个单位时的边际成本,并解释其经济意义.

2. 若某公司生产某产品的固定成本为 50000 元,可变成本为每件 25 元,价格函数为

$$p=P(q)=70-0.005q,$$

其中 q 为销售量. 假设供销平衡,求:

(1) 边际利润函数;

(2) 当产量 q 为 3000 件时的边际利润,并作相应的经济解释.

3. 求下列函数的边际函数和弹性函数：

(1) $y=ax+b$；　(2) $y=4x^2-2x^3$；　(3) $y=100a^{-x}(a>0,a\neq1)$.

4. 已知某商品的需求函数为 $q=D(p)=100e^{-\frac{p^2}{4}}$，求：

(1) 需求价格弹性函数；

(2) 需求价格弹性函数值 $\eta(2)$，并解释其经济意义．

5. 已知某商品的供给函数为 $q=S(p)=3p^2-p$，求：

(1) 供给价格弹性函数；

(2) 供给价格弹性函数值 $\varepsilon(2)$，并解释其经济意义．

6. 已知某商品的需求函数为 $q=D(p)=150-\dfrac{p^2}{6}$，求：

(1) 需求价格弹性函数和收益价格弹性函数；

(2) 当 $p=10$ 个单位时的需求价格弹性，并解释其经济意义；

(3) 当 $p=10$ 个单位时，若价格 p 上涨 1%，总收益增加还是减少？将变化百分之几？

(4) 当 $p=20$ 个单位时，若价格 p 上涨 1%，总收益增加还是减少？将变化百分之几？

习　题　三

一、单项选择题

1. 导数值 $f'(x_0)$ 在几何上表示(即其几何意义)：　【　】

A. 曲线 $y=f(x)$ 在点 $(x_0,y_0)=(x_0,f(x_0))$ 处的切线；

B. 曲线 $y=f(x)$ 在点 $(x_0,y_0)=(x_0,f(x_0))$ 处的切线的斜率；

C. 曲线 $y=f(x)$ 在点 $(x_0,y_0)=(x_0,f(x_0))$ 处的法线；

D. 曲线 $y=f(x)$ 在点 $(x_0,y_0)=(x_0,f(x_0))$ 处的法线的斜率．

2. 若函数 $f(x)$ 在点 (x_0,y_0) 处可导且 $f'(x_0)\neq0$，则曲线 $y=f(x)$ 上过点 (x_0,y_0) 处的切线方程和法线方程分别为：　【　】

A. $y-y_0=f'(x_0)(x-x_0)$，$y-y_0=-\dfrac{1}{f'(x_0)}(x-x_0)$；

B. $y-y_0=-f'(x_0)(x-x_0)$，$y-y_0=\dfrac{1}{f'(x_0)}(x-x_0)$；

C. $y-y_0=-f'(x_0)(x-x_0)$，$y-y_0=-\dfrac{1}{f'(x_0)}(x-x_0)$；

D. $y-y_0=f'(x_0)(x-x_0)$，$y-y_0=\dfrac{1}{f'(x_0)}(x-x_0)$.

3. “函数 $f(x)$在点 x_0 处连续”是“函数 $f(x)$在点 x_0 处可导”的(　　)条件: 【　】

A. 充分条件; B. 必要条件;
C. 充要条件; D. 无关条件.

4. 若 $f(x)=\ln(1+3^{-3x})$,则 $f'(0)=$(　　). 【　】

A. $\ln3$; B. $\frac{3}{2}$;
C. $\frac{3}{2}\ln3$; D. $-\frac{3}{2}\ln3$.

5. 若 $f(x)=x^n$(为正整数),则 $f^{(n+1)}(x)=$ 【　】

A. 0; B. $(n+1)!$;
C. $n!$; D. ∞.

6. 若 $y=\frac{\ln x}{x}$,则 $\mathrm{d}y=$ 【　】

A. $\frac{1-\ln x}{x^2}$; B. $\frac{1-\ln x}{x^2}\mathrm{d}x$;
C. $\frac{\ln x-1}{x^2}$; D. $\frac{\ln x-1}{x^2}\mathrm{d}x$.

7. 若 $\mathrm{d}(\quad\quad)=\left(\frac{2x}{1+x^4}+\frac{1}{\sqrt{x}}\right)\mathrm{d}x$,则括号里面的函数是: 【　】

A. $\arctan x+2\sqrt{x}$; B. $\arctan x+\sqrt{x}$;
C. $\arctan x^2+2\sqrt{x}$; D. $\arctan x^2+\sqrt{x}$.

8. 当$|x|$足够小(即$|x|\ll1$)时,$\mathrm{e}^x\approx$ 【　】

A. $1+x$; B. x; C. $1+\frac{1}{2}x$; D. $1-x$.

9. 若某商品的总收益函数为 $R(x)=150x-0.01x^2$(元),则当产量 $x=100$ 时的边际收益是: 【　】

A. 148 元; B. 149 元; C. 150 元; D. 50 元.

10. 下列函数的弹性函数为常数的是(　　),其中 a、b 是常数. 【　】

A. $y=ba^x$; B. $y=ax+b$; C. $y=ax$; D. $y=x^a+b$.

二、填空题

1. 若直线 $y=2x+b$ 是曲线 $y=x^2+4x+3$ 的一条切线,则 $b=$____.

2. 过曲线 $y=\frac{4+x}{4-x}$上点(2,3)处的切线的斜率是____.

3. 若函数 $f(x)$在点 x_0 处可导,则$\lim\limits_{h\to0}\frac{f(x_0+2h)-f(x_0-2h)}{h}=$____.

4. 函数 $f(x)$在点 x_0 处可微是函数 $f(x)$在点 x_0 处可导____的条件.

5. 若 $f(x)=x(x+1)(x+2)\cdots(x+n)$,则 $f'(0)=$____.

6. $\left(\dfrac{1}{x-1}\right)^{(n)}=$____.

7. 若函数 $f(x)$二阶可导且 $y=f(x^2)$,则 $y''=$____.

8. 若函数 $f(x)$在点 x_0 处可导,则边际函数值 $f'(x_0)$的经济意义是:在点 $x=x_0$处,当自变量 x 产生一个单位的改变量(即 $\Delta x=1$ 或 $\Delta x=-1$)时,相应的函数值 y 近似地改变____个单位.

9. 若某商品的总成本函数为 $C(q)=12+\dfrac{q^3}{15}$,则生产 5 单位产品的边际成本为____.

10. 若 $q=D(p)$为某商品在常规意义(即递减函数)下的可导需求函数(其中 p 为价格,q 为销售量),则该商品的需求价格弹性函数 $\eta(p)=$____.

三、解答题

1. 设函数 $f(x)=ax^2+bx+c$,其中 a、b、c 为常数且 $a\neq 0$,求:

$$f'(x),f'(x^2),f'\left(-\frac{1}{2}\right),f'\left(-\frac{b}{2a}\right).$$

2. 求曲线 $y=2+x^2$ 上横坐标为 1 对应的点处的切线方程和法线方程.

3. 已知函数 $f(x)=(x^2-1)\varphi(x)$,且函数 $\varphi(x)$在点 $x=1$ 处连续,求 $f'(1)$.

4. 讨论函数 $f(x)=x|x|$ 在点 $x=0$ 处的连续性与可导性.

5. 讨论函数 $f(x)=\begin{cases}-1, & x\leqslant 0,\\ 2x-1, & 0<x\leqslant 1,\\ x^2, & 1<x\leqslant 2,\\ x, & 2<x\end{cases}$ 在点 $x=0$,$x=1$ 和 $x=2$ 处的连续性与可导性.

6. 求下列函数的导数:

(1) $y=\arcsin(\sin x)$;　(2) $y=\ln\left(\tan\dfrac{x}{2}\right)$;　(3) $y=\left(\dfrac{1}{x}\right)^{\sin x}$.

7. 设 $f\left(\dfrac{1}{x}\right)=\dfrac{x}{x+1}$,求 $f'[f(x)]$和$\{f[f(x)]\}'$.

8. 若函数 $f(u)$可导,求下列函数的导数 y'或微分 $\mathrm{d}y$:

(1) $y=f(\mathrm{e}^x)\mathrm{e}^{f(x)}$,求 y';　(2) $y=f(\sin^2 x)+f(\cos^2 x)$,求 y';

(3) $y=f\left(\arctan\dfrac{1}{x}\right)$,求 $\mathrm{d}y$.

9. 求下列函数的二阶导数：

(1) $y=x\cos^2 x$；　(2) $y=\sqrt{(1+x^2)^3}$；　(3) $\begin{cases}x=\sin t,\\ y=\cos t.\end{cases}$

10. 求函数 $y=x\ln x$ 的 n 阶导数．

11. 求下列函数的微分 $\mathrm{d}y$：

(1) $y=\mathrm{e}^{\arctan\sqrt{x}}$；　(2) $y=\arctan\dfrac{x+1}{x-1}$；　(3) $y=1+x\mathrm{e}^x$.

12. 求下列隐函数的导数 y'或微分 $\mathrm{d}y$：

(1) $x=y+\arctan y$,求 y'；　(2) $\arcsin y=\mathrm{e}^{x+y}$,求 y'；

(3) $xy=\mathrm{e}^{x+y}$,求 $\mathrm{d}y$.

13. 求函数 $y=x\mathrm{e}^{-5x}$的边际函数与弹性函数．

14. 若某商品的总成本函数和总收益函数分别为 $C(q)=2q^2+3q+70$(元)和 $R(q)=q^2+300q$(元),求：

(1) 边际成本函数,边际收益函数和边际利润函数；

(2) 已生产并销售了 50 个单位的产品,那么生产第 51 个单位产品的利润是多少元?

15. 若生产某商品的固定成本为 6 万元,可变成本为每件 35 元,需求函数为 $p=P(q)=100-\dfrac{q}{500}$,其中 p 为价格,q 为销售量,求：

(1) 边际利润函数；

(2) 生产 250 个单位时的边际利润,并解释其经济意义．

16. 已知某商品的需求函数为 $q=D(p)=800\mathrm{e}^{-0.02p}$,求当 $p=100$ 单位时的需求价格弹性,并解释其经济意义．

17. 若某商品的需求函数为 $p=\mathrm{e}^{2q}$,总成本函数为 $C(q)=\dfrac{1}{2}q^2+4q+500$,求：

(1) 边际利润函数；

(2) 收益价格弹性函数．

第 4 章　微分中值定理与导数的应用

导数反映的是函数的局部性质,而要反映函数的整体性质,微分中值定理必将在其中起到重要的桥梁作用．因此,本章将以微分中值定理作为理论和导数应用的基础,以此来研究函数的整体性质,特别是求未定式的极限值、函数单调性的判断、曲线的凹凸性和拐点的判断,以及解决在实际问题中常遇到的求最值的问题等．

4.1　微分中值定理

4.1.1　罗尔中值定理

下面先介绍罗尔中值定理,然后根据它推出拉格朗日中值定理．

定理 4.1(罗尔中值定理)　若函数 $f(x)$满足条件:

(1) 在闭区间$[a,b]$上连续;

(2) 在开区间(a,b)内可导;

(3) $f(a)=f(b)$,

则$\exists\xi\in(a,b)$,使得 $f'(\xi)=0$.

注　若 $f'(x_0)=0$,则称 x_0 为函数 $f(x)$的**驻点或稳定点**,因而定理 4.1 中的 ξ 就是函数 $f(x)$的驻点．

证明　由条件(1)和最值定理知:函数 $f(x)$在闭区间$[a,b]$上必可取得最小值 m 和最大值 M,于是

若 $M=m$,则 $f(x)\equiv M$ 于$[a,b]$,此时任取 $\xi\in(a,b)$均有 $f'(\xi)=0$;

若 $M\neq m$,则 $m<M$,故结合 $f(a)=f(b)$知,m 和 M 中至少有一个不为 $f(a)$,不妨设 $M\neq f(a)$,因而必$\exists\xi\in(a,b)$,使得 $f(\xi)=M$,进而可证

$$f'(\xi)=0.$$

事实上,因 $\xi\in(a,b)$,故$\forall\xi+\Delta x\in(a,b)(\Delta x\neq0)$,结合 $f(\xi)=M$ 有

$$\frac{f(\xi+\Delta x)-f(\xi)}{\Delta x}=\begin{cases}\geqslant0, & \Delta x<0,\\ \leqslant0, & \Delta x>0,\end{cases}$$

因而再结合 $f'(\xi)$存在及极限的保号性,便有

$$0\leqslant\lim_{\Delta x\to0^-}\frac{f(\xi+\Delta x)-f(\xi)}{\Delta x}=f'(\xi-0)=f'(\xi+0)=\lim_{\Delta x\to0^+}\frac{f(\xi+\Delta x)-f(\xi)}{\Delta x}\leqslant0,$$

从而有

$$f'(\xi)=0.$$

证毕

罗尔中值定理的几何意义：若函数 $f(x)$ 满足罗尔中值定理的三个条件，则曲线段

$$y=f(x) \quad (a\leqslant x\leqslant b)$$

是除端点 A、B 外处处具有不垂直于 x 轴的切线的连续曲线弧 $\overset{\frown}{AB}$，且在两个端点 A 和 B 处等高，因而在弧 $\overset{\frown}{AB}$(端点除外)上至少有一条水平切线(即平行于 x 轴的直线，图 4-1)，以及水平切线全在曲线的"谷底"或"峰顶"处相切.

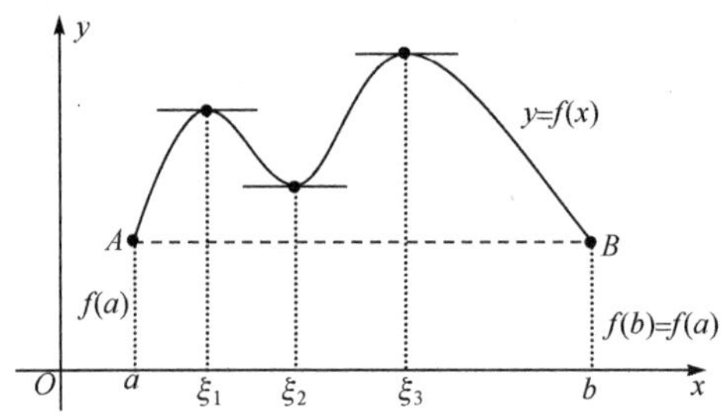

图 4-1　罗尔中值定理的几何意义

显然，水平切线都平行于连接弧 $\overset{\frown}{AB}$ 的两个端点的线段 AB.

必须指出，罗尔中值定理中的三个条件是十分重要的，但它们仅是充分条件，即定理中的条件只要有一条不满足，结论就有可能不成立，而结论成立时定理中的三个条件不一定都满足(见下面例 4.1 和例 4.2). 另外，定理只说明在给定条件下 $f(x)$ 在 (a,b) 内必有驻点，但没有说明驻点 ξ 如何确定以及有多少个(如图 4-1 中有 3 个 ξ).

例 4.1　虽然函数 $f(x)=1-\sqrt[3]{x^2}$ 在 $[-1,1]$ 上连续且 $f(-1)=f(1)$(即满足定理中的条件(1)和(3))，但由

$$f'(x)=(1-x^{\frac{2}{3}})'=-\frac{2}{3}x^{-\frac{1}{3}}=-\frac{2}{3\sqrt[3]{x}}\neq 0, \quad x\in(-1,0)\cup(0,1),$$

及 $f(x)$ 在点 $x=0\in(-1,1)$ 处不可导知，在 $(-1,1)$ 内不存在任何实数 ξ 而使得 $f'(\xi)=0$，即定理 4.1 的结论不成立，不成立的原因是函数 $f(x)$ 在开区间 $(-1,1)$ 内不处处可导，即函数 $f(x)$ 不满足定理 4.1 中的条件(2).

例 4.2　虽然函数 $f(x)=\begin{cases}\sin x, & 0<x\leqslant\pi,\\ 1, & x=0\end{cases}$ 在 $[0,\pi]$ 上不连续且 $f(0)\neq f(\pi)$(即不满足定理 4.1 中的条件(1)和(3))，但却 $\exists\,\xi=\frac{\pi}{2}\in(0,\pi)$，使得

$$f'\left(\frac{\pi}{2}\right)=\cos\xi\big|_{\xi=\frac{\pi}{2}}=\cos\frac{\pi}{2}=0,$$

即曲线在 $\xi=\frac{\pi}{2}\in(0,\pi)$ 对应的点处具有水平切线(图 4-2)，由此说明定理 4.1 的条件不是必要的．

例 4.3　验证函数 $f(x)=\ln\sin x$ 在闭区间 $\left[\frac{\pi}{6},\frac{5\pi}{6}\right]$ 上满足罗尔中值定理的全部条件，并求出定理结论中的值 ξ.

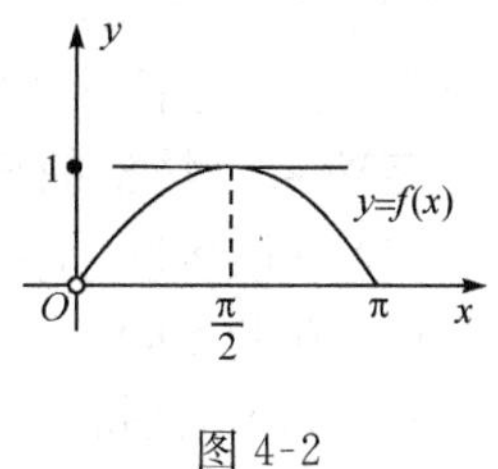

图 4-2

解　因 $f(x)=\ln\sin x$ 为初等函数且 $\left[\frac{\pi}{6},\frac{5\pi}{6}\right]$ 在函数 $f(x)$ 的定义域内，故

(1) 函数 $f(x)$ 在闭区间 $\left[\frac{\pi}{6},\frac{5\pi}{6}\right]$ 上连续；

(2) 函数 $f(x)$ 在开区间 $\left(\frac{\pi}{6},\frac{5\pi}{6}\right)$ 内可导，且 $f'(x)=\cot x$；

(3) $f\left(\frac{\pi}{6}\right)=\ln\frac{1}{2}=f\left(\frac{5\pi}{6}\right)$，

即函数 $f(x)$ 在闭区间 $\left[\frac{\pi}{6},\frac{5\pi}{6}\right]$ 上满足罗尔中值定理的全部条件，因而必 $\exists\xi\in\left(\frac{\pi}{6},\frac{5\pi}{6}\right)$，使得 $f'(\xi)=0$. 事实上，由 $f'(\xi)=\cot\xi=0\left(\frac{\pi}{6}<\xi<\frac{5\pi}{6}\right)$ 可解得

$$\xi=\frac{\pi}{2}\in\left(\frac{\pi}{6},\frac{5\pi}{6}\right).$$

解毕

例 4.4　证明：方程 $x^3-3x^2+1=0$ 在开区间 $(0,1)$ 内不可能有两个不同的实根.

证明(反证法)　若方程在开区间 $(0,1)$ 内有两个不同的实根 ξ_1 和 ξ_2，即对函数 $f(x)=x^3-3x^2+1$ 有

$$f(\xi_1)=0,\quad f(\xi_2)=0,$$

且不妨设 $\xi_1<\xi_2$，则易知函数 $f(x)$ 在闭区间 $[\xi_1,\xi_2]\subset(0,1)$ 上满足罗尔中值定理的全部条件，即函数 $f(x)$ 满足条件：

(1) 在闭区间 $[\xi_1,\xi_2]$ 上连续；

(2) 在开区间 (ξ_1,ξ_2) 内可导；

(3) $f(\xi_1)=f(\xi_2)$，

故由罗尔中值定理知，$\exists\xi\in(\xi_1,\xi_2)\subset(0,1)$，使得 $f'(\xi)=0$. 但是，由等式

$$f'(\xi)=(3x^2-6x)\big|_{x=\xi}=3\xi^2-6\xi=3\xi(\xi-2)=0$$

解出的 $\xi=0$ 和 $2\notin(0,1)$，此与 $\xi\in(0,1)$ 矛盾．由此可见，方程 $x^3-3x^2+1=0$ 在开区间 $(0,1)$ 内不可能有两个不同的实根．

证毕

4.1.2 拉格朗日中值定理

由于罗尔中值定理中的条件 $f(a)=f(b)$ 很特殊，而一般函数很难满足该条件，因此在大多数场合中罗尔中值定理不能直接应用．所以，我们自然会想到去掉该条件，这就是下面要介绍的拉格朗日中值定理．

定理 4.2(拉格朗日中值定理) 若函数 $f(x)$ 满足条件：

(1) 在闭区间 $[a,b]$ 上连续；

(2) 在开区间 (a,b) 内可导，

则 $\exists\xi\in(a,b)$，使得

$$\frac{f(b)-f(a)}{b-a}=f'(\xi)$$

即

$$f(b)-f(a)=f'(\xi)\cdot(b-a), \tag{4.1}$$

并称式(4.1)为**拉格朗日公式**．

证明 作辅助函数

$$F(x)=f(x)-\left[f(a)+\frac{f(b)-f(a)}{b-a}(x-a)\right] \quad (a\leqslant x\leqslant b),$$

则由条件(1)、(2)易知，函数 $F(x)$ 在闭区间 $[a,b]$ 上满足罗尔中值定理中的全部条件，因而 $\exists\xi\in(a,b)$，使得 $F'(\xi)=0$，即

$$F'(\xi)=f'(\xi)-\frac{f(b)-f(a)}{b-a}=0,$$

亦即(4.1)式成立． **证毕**

拉格朗日中值定理的几何意义：若函数 $f(x)$ 满足拉格朗日中值定理的二个条件，则曲线段

$$y=f(x) \quad (a\leqslant x\leqslant b)$$

上连接端点 A 和 B 的直线段 AB 的斜率

$$k_{AB}=\frac{f(b)-f(a)}{b-a},$$

因而(4.1)式表示在弧 $\overparen{AB}$(端点除外)上至少有一点 $C(\xi,f(\xi))$ 处的切线平行于连接弧 $\overparen{AB}$ 的两个端点的线段 AB(图 4-3)．

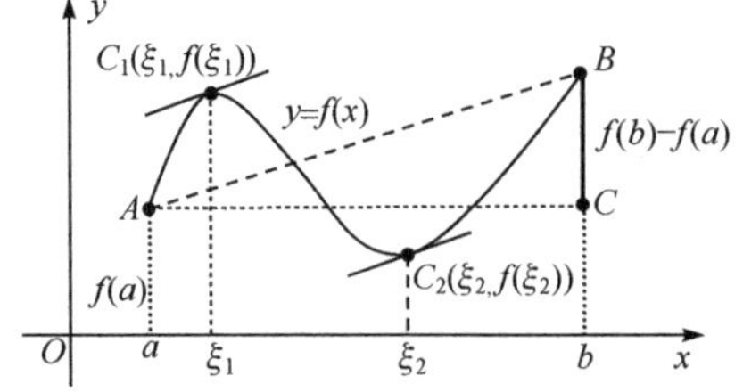

图 4-3 拉格朗日中值定理的几何意义

注 (1) 拉格朗日中值定理中的条件仍然是使结论成立的充分非必要条件，仍可以例 4.1 和例 4.2 加以说明．

(2) 拉格朗日中值定理仍只说明，在给定条件下 $f(x)$ 在 (a,b) 内必有使拉格朗日公式成立的点，但也没有说明这样的点 ξ

如何确定以及有多少个(图 4-3 中有 2 个 ξ).

(3) 因公式(4.1)也可改写为

$$\frac{f(a)-f(b)}{a-b}=f'(\xi),$$

即

$$f(a)-f(b)=f'(\xi)\cdot(a-b),$$

故式(4.1)中的 ξ 也可表述为介于 a 和 b 之间,即 $a<\xi<b$ 或 $b<\xi<a$,因而总有

$$0<\frac{\xi-a}{b-a}\xlongequal{\text{记为}}\theta<1,$$

即可将 ξ 表为 $\xi=a+\theta(b-a)$(其中 $0<\theta<1$)的形式,从而可将拉格朗日公式(4.1)改写为如下形式:

$$\frac{f(b)-f(a)}{b-a}=f'[a+\theta(b-a)]$$

即

$$f(b)-f(a)=f'[a+\theta(b-a)]\cdot(b-a), \tag{4.2}$$

其中 $0<\theta<1$.

(4) 若记 $a=x,b=x+\Delta x$,则 $b-a=\Delta x$,因而还可将公式(4.1)和(4.2)分别改写为下面两个**有限增量公式**的形式:

$$\Delta y=f(x+\Delta x)-f(x)=f'(\xi)\Delta x \quad (\text{其中 }\xi\text{ 介于 }x\text{ 与 }x+\Delta x\text{ 之间}), \tag{4.3}$$

和

$$\Delta y=f(x+\Delta x)-f(x)=f'(x+\theta\cdot\Delta x)\cdot\Delta x \quad (\text{其中 }0<\theta<1). \tag{4.4}$$

由拉格朗日中值定理不难证明(请读者证明)下面两个重要推论:

推论 4.1　若 $f'(x)\equiv 0$ 于 I,则 $f(x)\equiv C$(C 为常数)于 I.

推论 4.2　若 $f'(x)\equiv g'(x)$ 于 I,则 $f(x)\equiv g(x)+C$(C 为常数)于 I.

例 4.5　验证函数 $f(x)=\ln x$ 在闭区间$[1,\mathrm{e}]$上满足拉格朗日中值定理的全部条件,并求出定理结论中的值 ξ.

解　因 $f(x)=\ln x$ 为初等函数且$[1,\mathrm{e}]$在函数 $f(x)$ 的定义域$(0,+\infty)$内,故

(1) 函数 $f(x)$ 在闭区间$[1,\mathrm{e}]$上连续;

(2) 函数 $f(x)$ 在开区间$(1,\mathrm{e})$内可导且 $f'(x)=\dfrac{1}{x}$,

即函数 $f(x)$ 在闭区间$[1,\mathrm{e}]$上满足拉格朗日中值定理的全部条件,因而 $\exists\,\xi\in(1,\mathrm{e})$,使得

$$\frac{f(\mathrm{e})-f(1)}{\mathrm{e}-1}=f'(\xi).$$

事实上,由 $\dfrac{f(\mathrm{e})-f(1)}{\mathrm{e}-1}=f'(\xi)\Rightarrow\dfrac{\ln\mathrm{e}-\ln 1}{\mathrm{e}-1}=\dfrac{1}{\xi}\Rightarrow\xi=\mathrm{e}-1\in(1,\mathrm{e})$.　**解毕**

例 4.6　证明:$\forall\,x_1,\ x_2\in\mathbf{R}$,不等式 $|\sin x_2-\sin x_1|\leqslant|x_2-x_1|$ 恒成立.

证明 令 $f(x)=\sin x$，并任取 $x_1,x_2\in(-\infty,+\infty)$ 且不妨设 $x_1<x_2$，则

(1) $f(x)$ 在闭区间 $[x_1,x_2]$ 上连续；

(2) $f(x)$ 在开区间 (x_1,x_2) 内可导且 $f'(x)=\cos x$，

即函数 $f(x)$ 在闭区间 $[x_1,x_2]$ 上满足拉格朗日中值定理的全部条件，故 $\exists\xi\in(x_1,x_2)$，使得

$$f(x_2)-f(x_1)=f'(\xi)(x_2-x_1)\quad(x_1<\xi<x_2),$$

即 $\sin x_2-\sin x_1=\cos\xi\cdot(x_2-x_1)(x_1<\xi<x_2)$，从而结合 $|\cos\xi|\leqslant 1$ 有

$$|\sin x_2-\sin x_1|=|\cos\xi|\cdot|x_2-x_1|\leqslant|x_2-x_1|\quad(\forall x_1,\quad x_2\in\mathbf{R}).$$ **证毕**

例 4.7 证明：$\frac{x}{1+x}<\ln(1+x)<x(x>0)$.

证明 令 $f(t)=\ln(1+t)$，则当 $x>0$ 时

(1) 函数 $f(t)$ 在闭区间 $[0,x]$ 上连续；

(2) 函数 $f(t)$ 在开区间 $(0,x)$ 内可导且 $f'(t)=\frac{1}{1+t}$，

即函数 $f(t)$ 在 $[0,x]$ 上满足拉格朗日中值定理的全部条件，故 $\exists\xi\in(0,x)$，使得

$$f(x)=f(x)-f(0)=f'(\xi)(x-0)=f'(\xi)\cdot x=\frac{x}{1+\xi}\quad(0<\xi<x),$$

从而当 $x>0$ 时有

$$\frac{x}{1+x}<\ln(1+x)=\frac{x}{1+\xi}<\frac{x}{1+0}=x.$$ **证毕**

4.1.3 柯西中值定理*

定理 4.3(柯西中值定理) 若函数 $f(x)$、$g(x)$ 满足条件：

(1) 在闭区间 $[a,b]$ 上连续；

(2) 在开区间 (a,b) 内可导；

(3) $g'(x)\neq 0$ 于 (a,b)，

则 $\exists\xi\in(a,b)$，使得

$$\frac{f(b)-f(a)}{g(b)-g(a)}=\frac{f'(\xi)}{g'(\xi)}.\tag{4.5}$$

显然，罗尔中值定理是拉格朗日中值定理当 $f(a)=f(b)$ 时的特殊情形，而拉格朗日中值定理又是柯西中值定理中当 $g(x)=x$ 时的特殊情形．因此，拉格朗日中值定理是罗尔中值定理的推广，柯西中值定理又是拉格朗日中值定理的推广，拉格朗日中值定理和柯西中值定理都是罗尔中值定理的推广．

习 题 4.1

1. 判断下列函数在给定闭区间上是否满足罗尔中值定理的全部条件？若满

足,则求出定理结论中相应的 ξ 值.

(1) $f(x)=\ln\cos x$ 在 $\left[-\dfrac{\pi}{3},\dfrac{\pi}{3}\right]$ 上;　　(2) $f(x)=|x|$ 在 $[-1,1]$ 上.

2. 不用求出函数 $f(x)=(x-1)(x-2)(x-3)$ 的导数,判断方程 $f'(x)=0$ 有几个实根,并指出这些根所在的区间.

3. 证明:若函数 $f(x)$ 在闭区间 $[1,2]$ 上连续,在开区间 $(1,2)$ 内可导且 $f(1)=f(2)=0$,则 $\exists\xi\in(1,2)$,使得 $\dfrac{f(\xi)}{\xi}=2014f'(\xi)$.

4. 判断下列函数在给定闭区间上是否满足拉格朗日中值定理的全部条件?若满足,则求出定理结论中相应的 ξ 值.

(1) $f(x)=x^3+x$ 在 $[0,1]$ 上;　　(2) $f(x)=\sqrt[3]{x}$ 在 $[-1,2]$ 上.

5. 证明推论 4.1 和推论 4.2.

6. 证明恒等式: $\arcsin x+\arccos x=\dfrac{\pi}{2}\,(-1\leqslant x\leqslant 1)$.

7. 证明:当 $x>1$ 时,不等式 $e^x>e\cdot x$ 恒成立.

4.2　洛必达法则

在讨论无穷小量阶的比较中我们看到,两个无穷小量之比的极限会出现不同的情形,即当 $\lim f(x)=\lim g(x)=0$ 时, $\lim\dfrac{f(x)}{g(x)}$ 会出现不同的情形.例如,当 $x\to 0$ 时同时有

$$x\to 0;\quad 2x\to 0;\quad x^2\to 0;\quad \sin x\to 0;\quad x\sin\frac{1}{x}\to 0,$$

但此时却分别有

$$\frac{x^2}{x}=x\to 0;\quad \frac{x}{x^2}=\frac{1}{x}\to\infty;\quad \frac{2x}{x}=2\to 2\neq 0,1,\infty;\quad \frac{\sin x}{x}\to 1;$$

$$\frac{x\sin\dfrac{1}{x}}{x}=\sin\frac{1}{x}\not\to \text{任何定数 } A \text{ 及 } \infty,$$

而导致上述各种不同情形出现的原因是这些无穷小量各自趋于 0 的速度不尽相同.

同样,当 $x\to\infty$ 时同时有

$$x\to\infty;\quad x^2\to\infty;\quad 2x\to\infty;\quad x+\frac{1}{x}\sin x\to\infty,\quad x^2+x^2\cdot|\sin x|\to\infty,$$

且此时也分别有

$$\frac{x^2}{x}\to\infty;\quad \frac{x}{x^2}\to 0;\quad \frac{2x}{x}\to 2\neq 0,1,\infty;\quad \frac{x+\frac{1}{x}\sin x}{x}=1+\frac{1}{x^2}\sin x\to 1;$$

$$\frac{x^2+x^2\cdot|\sin x|}{x^2}=1+|\sin x|\not\to \text{任何定数} A \text{ 及}\infty,$$

而导致上述各种不同情形出现的原因是这些无穷大量各自趋于∞ 的速度不尽相同．

通常，将上述两类极限统称为“**未定式**”或“**不定式**”或“**待定型**”，并分别记为“$\frac{0}{0}$**型**”及“$\frac{\infty}{\infty}$**型**”．由于第 2 章中我们只能解决求某些特殊未定式的极限，因此，本节将利用中值定理来导出求未定式极限的有效方法——**洛必达法则**．

4.2.1 $\frac{0}{0}$ 型未定式的洛必达法则

定理 4.4（$\frac{0}{0}$**型洛必达法则**） 若函数 $f(x)$，$g(x)$满足条件：

(1) $\lim\limits_{x\to a}f(x)=\lim\limits_{x\to a}g(x)=0$；

(2) 在某去心邻域$\mathring{U}(a)$内，$f'(x)$、$g'(x)$均存在且 $g'(x)\neq 0$；

(3) $\lim\limits_{x\to a}\frac{f'(x)}{g'(x)}=A(|A|\leqslant+\infty)$，

则$\lim\limits_{x\to a}\frac{f(x)}{g(x)}=A(|A|\leqslant+\infty)$，即

$$\lim_{x\to a}\frac{f(x)}{g(x)}=\lim_{x\to a}\frac{f'(x)}{g'(x)}.$$

证明 因极限$\lim\limits_{x\to a}\frac{f(x)}{g(x)}$存在与否与 $f(a)$、$g(a)$是否存在无关，故可假定 $f(a)=g(a)=0$，于是由假设条件及柯西中值定理有

$$\frac{f(x)}{g(x)}=\frac{f(x)-f(a)}{g(x)-g(a)}=\frac{f'(\xi)}{g'(\xi)}\quad(\xi\text{ 介于 }a\text{ 与 }x\text{ 之间}),$$

从而有(注意：当 $x\to a$ 时必有 $\xi\to a$)

$$\lim_{x\to a}\frac{f(x)}{g(x)}=\lim_{x\to a}\frac{f'(\xi)}{g'(\xi)}=\lim_{\xi\to a}\frac{f'(\xi)}{g'(\xi)}=\lim_{x\to a}\frac{f'(x)}{g'(x)}.$$ **证毕**

注 (1) 定理 4.4 的结论可推广到 $x\to a^+$，$x\to a^-$，$x\to\pm\infty$及 $x\to\infty$等情形．

(2) 若$\lim\limits_{x\to a}\frac{f'(x)}{g'(x)}$ 仍为$\frac{0}{0}$型及 $f'(x)$、$g'(x)$仍满足定理 4.4 的条件，则可继续使用洛必达法则，直至求出(或求不出)极限$\lim\limits_{x\to a}\frac{f(x)}{g(x)}$值为止，即

$$\lim_{x\to a}\frac{f(x)}{g(x)}\overset{\frac{0}{0}\text{型}}{=\!=}\lim_{x\to a}\frac{f'(x)}{g'(x)}\overset{\frac{0}{0}\text{型}}{=\!=}\lim_{x\to a}\frac{f''(x)}{g''(x)}\overset{\frac{0}{0}\text{型}}{=\!=}\cdots\overset{\frac{0}{0}\text{型}}{=\!=}\lim_{x\to a}\frac{f^{(n)}(x)}{g^{(n)}(x)},$$

且

1° 当极限$\lim\limits_{x\to a}\dfrac{f^{(n)}(x)}{g^{(n)}(x)}=A(|A|\leqslant+\infty)$时，$\lim\limits_{x\to a}\dfrac{f(x)}{g(x)}=A$，此时求$\dfrac{0}{0}$型未定式极限的计算问题已得到解决．

2° 当极限$\lim\limits_{x\to a}\dfrac{f^{(n)}(x)}{g^{(n)}(x)}$不存在也不为$\infty$时，并不表明原极限$\lim\limits_{x\to a}\dfrac{f(x)}{g(x)}$不存在也不为$\infty$，而仅表明在该情形下采用洛必达法则的方法计算不出这类极限，但还可以考虑采用其他方法来计算这类极限．如不能由

$$\lim_{x\to 0}\frac{x^2\cos\frac{1}{x}}{\sin x}\overset{\frac{0}{0}\text{型}}{=\!=}\lim_{x\to 0}\frac{2x\cos\frac{1}{x}+\sin\frac{1}{x}}{\cos x}\text{ 及 }\lim_{x\to 0}\frac{2x\cos\frac{1}{x}+\sin\frac{1}{x}}{\cos x}\text{不存在}$$

而下结论说极限$\lim\limits_{x\to 0}\dfrac{x^2\cos\frac{1}{x}}{\sin x}$不存在．事实上，有

$$\lim_{x\to 0}\frac{x^2\cos\frac{1}{x}}{\sin x}=\lim_{x\to 0}\left(\frac{x}{\sin x}\cdot x\cos\frac{1}{x}\right)=\lim_{x\to 0}\frac{x}{\sin x}\cdot\lim_{x\to 0}x\cos\frac{1}{x}=1\times 0=0.$$

例 4.8 计算下列$\dfrac{0}{0}$型未定式的极限：

(1) $\lim\limits_{x\to 4}\dfrac{x^3-64}{x-4}$；　(2) $\lim\limits_{x\to 0}\dfrac{x-\sin x}{x^3}$；　(3) $\lim\limits_{x\to 0}\dfrac{\ln(1+x)}{x^2}$；

(4) $\lim\limits_{x\to 0}\dfrac{e^x+e^{-x}-2}{1-\cos x}$；　(5) $\lim\limits_{x\to 1}\dfrac{x^3-3x+2}{x^3-x^2-x+1}$；　(6) $\lim\limits_{x\to+\infty}\dfrac{\pi-2\arctan x}{\frac{1}{x}}$.

解 (1) $\lim\limits_{x\to 4}\dfrac{x^3-64}{x-4}\overset{\frac{0}{0}\text{型}}{=\!=}\lim\limits_{x\to 4}\dfrac{(x^3-64)'}{(x-4)'}=\lim\limits_{x\to 4}\dfrac{3x^2}{1}=3\times 4^2=48.$

(2) $\lim\limits_{x\to 0}\dfrac{x-\sin x}{x^3}\overset{\frac{0}{0}\text{型}}{=\!=}\lim\limits_{x\to 0}\dfrac{1-\cos x}{3x^2}\overset{\frac{0}{0}\text{型}}{=\!=}\lim\limits_{x\to 0}\dfrac{\sin x}{6x}\overset{\frac{0}{0}\text{型}}{=\!=}\lim\limits_{x\to 0}\dfrac{\cos x}{6}=\dfrac{1}{6}.$

(3) $\lim\limits_{x\to 0}\dfrac{\ln(1+x)}{x^2}\overset{\frac{0}{0}\text{型}}{=\!=}\lim\limits_{x\to 0}\dfrac{\frac{1}{1+x}}{2x}=\lim\limits_{x\to 0}\dfrac{1}{2x(1+x)}=\infty.$

(4) $\lim\limits_{x\to 0}\dfrac{e^x+e^{-x}-2}{1-\cos x}\overset{\frac{0}{0}\text{型}}{=\!=}\lim\limits_{x\to 0}\dfrac{e^x-e^{-x}}{\sin x}\overset{\frac{0}{0}\text{型}}{=\!=}\lim\limits_{x\to 0}\dfrac{e^x+e^{-x}}{\cos x}=2.$

(5) $\lim\limits_{x\to1}\dfrac{x^3-3x+2}{x^3-x^2-x+1}\overset{\frac{0}{0}\text{型}}{=\!=}\lim\limits_{x\to1}\dfrac{3x^2-3}{3x^2-2x-1}\overset{\frac{0}{0}\text{型}}{=\!=}\lim\limits_{x\to1}\dfrac{6x}{6x-2}=\dfrac{3}{2}$.

(6) $\lim\limits_{x\to+\infty}\dfrac{\pi-2\arctan x}{\dfrac{1}{x}}\overset{\frac{0}{0}\text{型}}{=\!=}\lim\limits_{x\to+\infty}\dfrac{-\dfrac{2}{1+x^2}}{-\dfrac{1}{x^2}}=\lim\limits_{x\to+\infty}\dfrac{2x^2}{1+x^2}=2$. **解毕**

4.2.2 $\dfrac{\infty}{\infty}$型未定式的洛必达法则

定理 4.5($\dfrac{\infty}{\infty}$型洛必达法则) 若函数 $f(x)$,$g(x)$满足条件:

(1) $\lim\limits_{x\to a}f(x)=\lim\limits_{x\to a}g(x)=\infty$;

(2) 在某去心邻域$\mathring{U}(a)$内,$f'(x)$、$g'(x)$均存在且 $g'(x)\neq0$;

(3) $\lim\limits_{x\to a}\dfrac{f'(x)}{g'(x)}=A(|A|\leqslant+\infty)$,

则$\lim\limits_{x\to a}\dfrac{f(x)}{g(x)}=A(|A|\leqslant+\infty)$,即

$$\lim_{x\to a}\frac{f(x)}{g(x)}=\lim_{x\to a}\frac{f'(x)}{g'(x)}.$$

注 定理 4.5 有与定理 4.4 类似的注(略).

例 4.9 计算下列$\dfrac{\infty}{\infty}$型未定式的极限:

(1) $\lim\limits_{x\to+\infty}\dfrac{\ln x}{x^\lambda}(\lambda>0)$; (2) $\lim\limits_{x\to+\infty}\dfrac{x^n}{e^{\lambda x}}$($n$ 为正整数,$\lambda>0$); (3) $\lim\limits_{x\to0^+}\dfrac{\ln\tan x}{\ln x}$.

解 (1) $\lim\limits_{x\to+\infty}\dfrac{\ln x}{x^\lambda}\overset{\frac{\infty}{\infty}\text{型}}{=\!=}\lim\limits_{x\to+\infty}\dfrac{\dfrac{1}{x}}{\lambda x^{\lambda-1}}=\lim\limits_{x\to+\infty}\dfrac{1}{\lambda x^\lambda}=0$.

(2) $\lim\limits_{x\to+\infty}\dfrac{x^n}{e^{\lambda x}}\overset{\frac{\infty}{\infty}\text{型}}{=\!=}\lim\limits_{x\to+\infty}\dfrac{nx^{n-1}}{\lambda e^{\lambda x}}\overset{\frac{\infty}{\infty}\text{型}}{=\!=}\lim\limits_{x\to+\infty}\dfrac{n(n-1)x^{n-2}}{\lambda^2e^{\lambda x}}\overset{\frac{\infty}{\infty}\text{型}}{=\!=}\cdots\overset{\frac{\infty}{\infty}\text{型}}{=\!=}\lim\limits_{x\to+\infty}\dfrac{n!}{\lambda^ne^{\lambda x}}=0$,

且不难计算,当 n 为任意正实数时仍有$\lim\limits_{x\to+\infty}\dfrac{x^n}{e^{\lambda x}}=0$.

(3) $\lim\limits_{x\to0^+}\dfrac{\ln\tan x}{\ln x}\overset{\frac{\infty}{\infty}\text{型}}{=\!=}\lim\limits_{x\to0^+}\dfrac{\dfrac{1}{\tan x}\cdot\sec^2x}{\dfrac{1}{x}}=\lim\limits_{x\to0^+}\sec^2x\cdot\lim\limits_{x\to0^+}\dfrac{x}{\tan x}=1$. **解毕**

由例 4.9 看出:当 $x\to+\infty$时,下面三个函数

$$e^{\lambda x}(\lambda>0),x^{\lambda}(\lambda>0)与\ln x$$

均为正无穷大量,且指数函数 $e^{\lambda x}$ 趋于 $+\infty$ 的速度比幂函数 x^{λ} 趋于 $+\infty$ 的速度快得多,幂函数 x^{λ} 趋于 $+\infty$ 的速度又比对数函数 $\ln x$ 趋于 $+\infty$ 的速度快得多．另外,$\frac{0}{0}$型和$\frac{\infty}{\infty}$型的洛必达法则可综合起来进行应用,且容易计算的极限可分离出来进行计算(如可将(3)中的极限 $\lim\limits_{x\to 0^+}\sec^2 x$ 分离出来进行计算).

例 4.10　计算下列$\frac{\infty}{\infty}$型未定式的极限:

(1) $\lim\limits_{x\to\infty}\dfrac{x+\sin x}{x}$;　　　(2) $\lim\limits_{x\to+\infty}\dfrac{e^x-e^{-x}}{e^x+e^{-x}}$.

解　(1) 因极限 $\lim\limits_{x\to\infty}\dfrac{(x+\sin x)'}{x'}=\lim\limits_{x\to\infty}\dfrac{1+\cos x}{1}$ 不存在(含不为∞),故该题不能用洛必达法则进行计算,但可用下述方法进行:

$$\lim_{x\to\infty}\frac{x+\sin x}{x}=\lim_{x\to\infty}\left(1+\frac{1}{x}\cdot\sin x\right)=\lim_{x\to\infty}1+\lim_{x\to\infty}\left(\frac{1}{x}\cdot\sin x\right)=1+0=1.$$

(2) 因

$$\lim_{x\to+\infty}\frac{e^x-e^{-x}}{e^x+e^{-x}}\overset{\frac{\infty}{\infty}型}{=\!=}\lim_{x\to+\infty}\frac{e^x+e^{-x}}{e^x-e^{-x}}\overset{\frac{\infty}{\infty}型}{=\!=}\lim_{x\to+\infty}\frac{e^x-e^{-x}}{e^x+e^{-x}}=原式,$$

故该题利用洛必达法则也无法进行计算,由此进一步说明,**洛必达法则不是万能的**．所以,当洛必达法则失效时,就必须考虑采用其他方法进行计算．事实上,有

$$\lim_{x\to+\infty}\frac{e^x-e^{-x}}{e^x+e^{-x}}=\lim_{x\to+\infty}\frac{e^x(1-e^{-2x})}{e^x(1+e^{-2x})}=\lim_{x\to+\infty}\frac{1-\frac{1}{e^{2x}}}{1+\frac{1}{e^{2x}}}=\frac{1-0}{1+0}=1.$$

解毕

4.2.3　其他类型的未定式

除$\frac{0}{0}$型和$\frac{\infty}{\infty}$型这两种未定式外,还有 $0\cdot\infty$、$\infty-\infty$、0^0、1^∞ 及 ∞^0 等五种类型的未定式,由于**它们均可转化为$\frac{0}{0}$型和$\frac{\infty}{\infty}$型的未定式**,故可考虑用洛必达法则来求这些类型的极限值．

1. $0\cdot\infty$ 型未定式的转化

若 $\lim f(x)=0$ 及 $\lim g(x)=\infty$,则称 $\lim f(x)g(x)$ 为 $0\cdot\infty$ **型的未定式**,且可将其转化为

$$\lim \frac{f(x)}{\frac{1}{g(x)}}\left(\frac{0}{0}\text{型}\right), \quad \lim \frac{g(x)}{\frac{1}{f(x)}}\left(\frac{\infty}{\infty}\text{型}\right),$$

即可转化为$\frac{0}{0}$型和$\frac{\infty}{\infty}$型的未定式.

注 以上极限过程对自变量的任一种趋势都可进行转化,但在同一问题中的自变量的趋势必须是相同的,以下情形也类似,不再赘述.

例 4.11 计算下列 $0\cdot\infty$型未定式的极限:

(1) $\lim\limits_{x\to\infty} x\tan\frac{1}{x}$; (2) $\lim\limits_{x\to 0^+} x^n \ln x\,(n>0)$.

解 (1) $$\lim_{x\to\infty} x\tan\frac{1}{x} \xlongequal{0\cdot\infty\text{型}} \lim_{x\to\infty}\frac{\tan\frac{1}{x}}{\frac{1}{x}} \xlongequal{\frac{0}{0}\text{型}} \lim_{x\to\infty}\frac{\sec^2\frac{1}{x}\cdot\left(-\frac{1}{x^2}\right)}{-\frac{1}{x^2}}$$

$$=\lim_{x\to\infty}\sec^2\frac{1}{x}=1.$$

(2) 因 $n>0$,故有

$$\lim_{x\to 0^+} x^n\ln x \xlongequal{0\cdot\infty\text{型}} \lim_{x\to 0^+}\frac{\ln x}{x^{-n}} \xlongequal{\frac{\infty}{\infty}\text{型}} \lim_{x\to 0^+}\frac{\frac{1}{x}}{-nx^{-n-1}} = \lim_{x\to 0^+}\frac{x^n}{-n}=0,$$

特别有

$$\lim_{x\to 0^+} x\ln x=0.$$ **解毕**

2. $\infty-\infty$型未定式的转化

若 $\lim f(x)=\infty$ 及 $\lim g(x)=\infty$,则称 $\lim[f(x)-g(x)]$为$\infty-\infty$型的未定式,且可将其转化为

$$\lim\left\{f(x)g(x)\cdot\left[\frac{1}{g(x)}-\frac{1}{f(x)}\right]\right\} \quad (0\cdot\infty\text{型}),$$

即可转化为 $0\cdot\infty$型的未定式,进而根据第一种情形可继续转化为$\frac{0}{0}$型和$\frac{\infty}{\infty}$型的未定式.

例 4.12 计算下列$\infty-\infty$型未定式的极限:

(1) $\lim\limits_{x\to 0}\left(\frac{1}{\sin x}-\frac{1}{x}\right)$; (2) $\lim\limits_{x\to 1}\left(\frac{x}{x-1}-\frac{1}{\ln x}\right)$.

解　(1) $\lim\limits_{x\to0}\left(\dfrac{1}{\sin x}-\dfrac{1}{x}\right)\xlongequal{(\infty-\infty)型}\lim\limits_{x\to0}\dfrac{x-\sin x}{x\sin x}\xlongequal{\frac{0}{0}型}\lim\limits_{x\to0}\dfrac{1-\cos x}{\sin x+x\cos x}$

$$\xlongequal{\frac{0}{0}型}\lim_{x\to0}\frac{\sin x}{2\cos x-x\sin x}=\frac{0}{2-0}=0.$$

(2) $\lim\limits_{x\to1}\left(\dfrac{x}{x-1}-\dfrac{1}{\ln x}\right)\xlongequal{(\infty-\infty)型}\lim\limits_{x\to1}\dfrac{x\ln x-x+1}{(x-1)\ln x}\xlongequal{\frac{0}{0}型}\lim\limits_{x\to1}\dfrac{\ln x+x\cdot\dfrac{1}{x}-1}{\ln x+\dfrac{x-1}{x}}$

$$=\lim_{x\to1}\frac{\ln x}{\ln x+1-\dfrac{1}{x}}\xlongequal{\frac{0}{0}型}\lim_{x\to1}\frac{\dfrac{1}{x}}{\dfrac{1}{x}+\dfrac{1}{x^2}}=\lim_{x\to1}\frac{1}{1+1}=\frac{1}{2}.$$　**解毕**

3. 0^0、1^∞及∞^0型未定式的转化

若 $\lim f(x)=\lim g(x)=0$ 或 $\lim f(x)=1,\lim g(x)=\infty$ 或 $\lim f(x)=\infty$，$\lim g(x)=0$(其中 $f(x)>0$)，则称 $\lim f(x)^{g(x)}$ 为 0^0 **型或** 1^∞ **型或**∞^0 **型的未定式**，且均可将它们转化为

$$\lim e^{g(x)\ln f(x)}\quad(0\cdot\infty型),$$

即可转化为 $0\cdot\infty$型的未定式，进而根据第一种情形可继续转化为$\dfrac{0}{0}$型和$\dfrac{\infty}{\infty}$型的未定式 .

例 4.13　计算下列 0^0 型或 1^∞型或∞^0 型未定式的极限：

(1) $\lim\limits_{x\to0^+}x^x$；　(2) $\lim\limits_{x\to1}x^{\frac{1}{x-1}}$；　(3) $\lim\limits_{x\to+\infty}(x+e^x)^{\frac{2}{x}}$.

解　(1) $\lim\limits_{x\to0^+}x^x\xlongequal{0^0型}\lim\limits_{x\to0^+}e^{x\ln x}\xlongequal{0\cdot\infty型}e^{\lim\limits_{x\to0^+}\frac{\ln x}{\frac{1}{x}}}\xlongequal{\frac{\infty}{\infty}型}e^{\lim\limits_{x\to0^+}\frac{\frac{1}{x}}{-\frac{1}{x^2}}}=e^{\lim\limits_{x\to0^+}(-x)}=e^0=1.$

(2) $\lim\limits_{x\to1}x^{\frac{1}{x-1}}\xlongequal{1^\infty型}\lim\limits_{x\to1}e^{\frac{1}{x-1}\ln x}\xlongequal{0\cdot\infty型}e^{\lim\limits_{x\to1}\frac{\ln x}{x-1}}\xlongequal{\frac{0}{0}型}e^{\lim\limits_{x\to1}\frac{\frac{1}{x}}{1}}=e^{\lim\limits_{x\to1}\frac{1}{x}}=e.$

(3) $\lim\limits_{x\to+\infty}(x+e^x)^{\frac{2}{x}}\xlongequal{\infty^0型}\lim\limits_{x\to+\infty}e^{\frac{2}{x}\ln(x+e^x)}\xlongequal{0\cdot\infty型}e^{2\lim\limits_{x\to+\infty}\frac{\ln(x+e^x)}{x}}\xlongequal{\frac{\infty}{\infty}型}e^{2\lim\limits_{x\to+\infty}\frac{\frac{1+e^x}{x+e^x}}{1}}$

$$=e^{2\lim\limits_{x\to+\infty}\frac{1+e^x}{x+e^x}}\xlongequal{\frac{\infty}{\infty}型}e^{2\lim\limits_{x\to+\infty}\frac{e^x}{1+e^x}}\xlongequal{\frac{\infty}{\infty}型}e^{2\lim\limits_{x\to+\infty}\frac{e^x}{e^x}}=e^2.$$　**解毕**

注　(1) 洛必达法则只适用于$\dfrac{0}{0}$型和$\dfrac{\infty}{\infty}$型这两种未定式，其他未定式须先转

化为这两种类型之一,然后才能应用洛必达法则.

(2) 多次使用洛必达法则时,每次使用前都应认真检查法则的条件是否都满足(主要是检查所求极限是否为$\frac{0}{0}$型或$\frac{\infty}{\infty}$型的未定式),否则将导致错误的结果.如下列计算

$$\lim_{x\to\infty}\frac{x-\sin x}{x+\sin x}\overset{\frac{\infty}{\infty}型}{=\!=\!=}\lim_{x\to\infty}\frac{1-\cos x}{1+\cos x}=\lim_{x\to\infty}\frac{\sin x}{-\sin x}=-1$$

是错误的,错误的原因在于$\lim\limits_{x\to 0}\frac{1-\cos x}{1+\cos x}$不再是未定式,而正确的做法和结果是:

$$\lim_{x\to\infty}\frac{x-\sin x}{x+\sin x}=\lim_{x\to\infty}\frac{1-\frac{1}{x}\sin x}{1+\frac{1}{x}\sin x}=\frac{1-0}{1+0}=1.$$

4. 数列形式的未定式极限的求法

(1) 先求出相应函数形式的极限(未定式);

(2) 再通过归结原则得到原数列的极限.

例 4.14 计算下列数列的极限:

(1) $\lim\limits_{n\to\infty}\sqrt[n]{n}$; (2) $\lim\limits_{n\to\infty}\left(1+\frac{1}{n}+\frac{1}{n^2}\right)^n$.

解 (1) 因

$$\lim_{x\to+\infty}\sqrt[x]{x}=\lim_{x\to+\infty}x^{\frac{1}{x}}\overset{\infty^0型}{=\!=\!=}\lim_{x\to+\infty}e^{\frac{1}{x}\ln x}\overset{0\cdot\infty型}{=\!=\!=}e^{\lim\limits_{x\to+\infty}\frac{\ln x}{x}}\overset{\frac{\infty}{\infty}型}{=\!=\!=}e^{\lim\limits_{x\to+\infty}\frac{\frac{1}{x}}{1}}=e^0=1,$$

故由归结原则,有

$$\lim_{n\to\infty}\sqrt[n]{n}=\lim_{x\to+\infty}\sqrt[x]{x}=1.$$

(2) 因

$$\lim_{x\to+\infty}\left(1+\frac{1}{x}+\frac{1}{x^2}\right)^x\overset{1^\infty型}{=\!=\!=}\lim_{x\to+\infty}e^{x\ln\left(1+\frac{1}{x}+\frac{1}{x^2}\right)}\overset{0\cdot\infty型}{=\!=\!=}e^{\lim\limits_{x\to+\infty}\frac{\ln\frac{x^2+x+1}{x^2}}{\frac{1}{x}}}$$

$$\overset{\frac{0}{0}型}{=\!=\!=}e^{\lim\limits_{x\to+\infty}\frac{[\ln(x^2+x+1)-2\ln x]'}{\left(\frac{1}{x}\right)'}}=e^{\lim\limits_{x\to+\infty}\frac{\frac{2x+1}{x^2+x+1}-\frac{2}{x}}{-\frac{1}{x^2}}}$$

$$=e^{\lim\limits_{x\to+\infty}\frac{-\frac{x+2}{x(x^2+x+1)}}{-\frac{1}{x^2}}}=e^{\lim\limits_{x\to+\infty}\frac{x^2+2x}{x^2+x+1}}=e,$$

故由归结原则,有

$$\lim_{n\to\infty}\left(1+\frac{1}{n}+\frac{1}{n^2}\right)^n=\lim_{x\to+\infty}\left(1+\frac{1}{x}+\frac{1}{x^2}\right)^x=\mathrm{e}.$$ **解毕**

习　题　4.2

1. 用洛必达法则计算下列$\frac{0}{0}$型未定式的极限：

(1) $\lim\limits_{x\to-3}\frac{x^3+27}{x+3}$；　(2) $\lim\limits_{x\to0}\frac{(1+x)^{\sqrt{3}}-1}{x}$；　(3) $\lim\limits_{x\to0}\frac{\mathrm{e}^x-\mathrm{e}^{-x}}{\sin x}$；

(4) $\lim\limits_{x\to0}\frac{\mathrm{e}^x-\mathrm{e}^{-x}-2x}{x-\sin x}$；　(5) $\lim\limits_{x\to+\infty}\frac{\pi-2\arctan x}{\ln\left(1+\frac{1}{x}\right)}$；　(6) $\lim\limits_{x\to a}\frac{x^n-a^n}{x^m-a^m}$.

2. 用洛必达法则计算下列$\frac{\infty}{\infty}$型未定式的极限：

(1) $\lim\limits_{x\to+\infty}\frac{\ln(x\ln x)}{x+1}$；　(2) $\lim\limits_{x\to+\infty}\frac{\mathrm{e}^x}{x^n}(n>0)$；　(3) $\lim\limits_{x\to0^+}\frac{\ln\sin x}{\ln x}$；

(4) $\lim\limits_{x\to+\infty}\frac{\mathrm{e}^x-x}{\mathrm{e}^x+x}$；　(5) $\lim\limits_{x\to+\infty}\frac{\ln(1+\mathrm{e}^x)}{\sqrt{1+x^2}}$；　(6) $\lim\limits_{x\to0^+}\frac{\cot x}{\mathrm{e}^{\frac{1}{x}}}$.

3. 计算下列未定式的极限：

(1) $\lim\limits_{x\to0}x\cot3x$；　(2) $\lim\limits_{x\to0}x^2\mathrm{e}^{\frac{1}{x^2}}$；　(3) $\lim\limits_{x\to\infty}x\ln\frac{x-1}{x+1}$；

(4) $\lim\limits_{x\to1}\left(\frac{1}{x-1}-\frac{2}{x^2-1}\right)$；　(5) $\lim\limits_{x\to0}\left(\frac{1}{x}-\frac{1}{\mathrm{e}^x-1}\right)$；　(6) $\lim\limits_{x\to0^+}x^{\sin x}$；

(7) $\lim\limits_{x\to0}\left(1+\frac{1}{x^2}\right)^x$；　(8) $\lim\limits_{x\to0^+}\left(\frac{1}{x}\right)^{\sin x}$.

4. 验证极限$\lim\limits_{x\to0}\frac{x^2\sin\frac{1}{x}}{\sin x}$存在，但不能用洛必达法则求出．

4.3　函数的单调性及其判别法

4.3.1　函数单调性的判别法

在第 1 章中已介绍过函数单调性的概念，而判断函数在某区间内单调增减的变化规律是研究函数图形时首先要考虑的问题．但是，如果用函数单调性的定义对其进行判断则显得较繁或较难，而借助导数工具来处理该问题就会容易得多，下面介绍用函数的导数来判断函数单调性的方法．

先从几何直观上进行分析．

如果在区间 I 内,曲线 $y=f(x)$ 上每一点处切线的斜率都大(或小)于零,即(图 4-4)

$$f'(x)=\tan\alpha>0(\text{或}<0)\quad(x\in I),$$

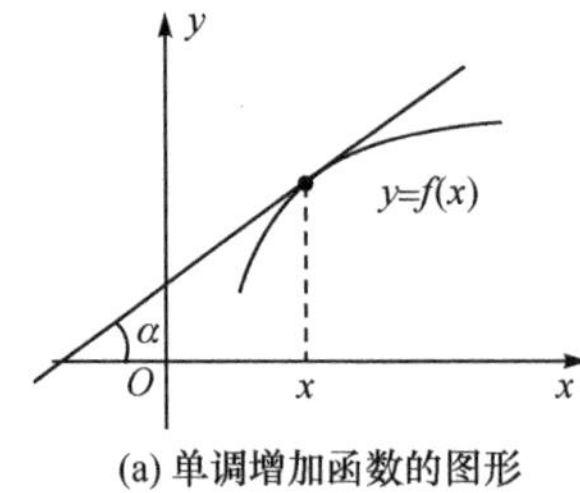

(a) 单调增加函数的图形

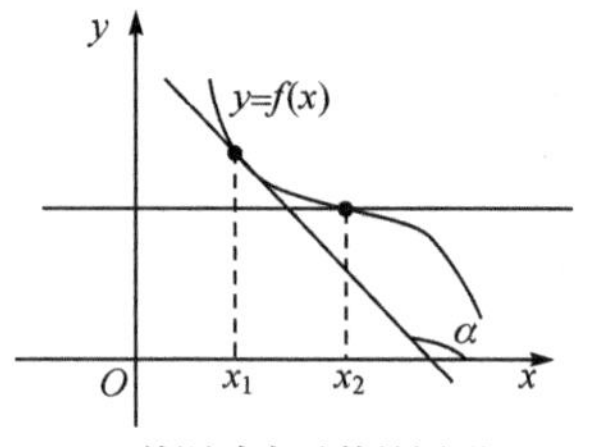

(b) 单调减少函数的图形

图 4-4

则曲线 $y=f(x)$ 在区间 I 内必是严格单调上升(或下降)的,即函数 $f(x)$ 在区间 I 内严格单调递增(或递减). 反之,如果函数 $f(x)$ 在区间 I 内可导且严格单调递增(或递减),则在区间 I 内至多除某些点外必有

$$f'(x)=\tan\alpha>0(\text{或}<0).$$

由上可见,函数的增减性与导数的符号有着密切的联系,因而可考虑利用导数的符号来判断函数的增减性,这就是下面的定理.

定理 4.6(函数单调性的判别定理) 若函数 $f(x)$ 在区间 I 上可导,则

x	I	
$f'(x)$	$+$	$-$
$f(x)$	↗	↘

证明 $\forall x_1,x_2\in I$ 且 $x_1<x_2$,由假设条件及拉格朗日中值定理知:$\exists\xi\in(x_1,x_2)\subset I$,使得

$$f(x_2)-f(x_1)=f'(\xi)(x_2-x_1),$$

于是

当 $f'(x)>0$ 于 I 并结合 $x_1<x_2$ 及上式有 $f(x_2)-f(x_1)>0$,即 $f(x_1)<f(x_2)$,亦即 $f(x)$ 在区间 I 上严格递增;

当 $f'(x)<0$ 于 I 并结合 $x_1<x_2$ 及上式有 $f(x_2)-f(x_1)<0$,即 $f(x_1)>f(x_2)$,亦即 $f(x)$ 在区间 I 上严格递减. **证毕**

注 (1) 若在区间 I 中的有限个点处 $f'(x)=0$,则定理 4.6 的结论仍成立;

(2) 定理 4.6 中的区间 I 可以是任意区间(包括无穷区间).

例 4.15 判断下列函数的单调性:

(1) $y=x^3(x\in\mathbf{R})$; (2) $y=\mathrm{e}^x-x(x\in\mathbf{R})$; (3) $y=\sqrt[3]{x^2}(x\in\mathbf{R})$.

解　(1) 因 $y'=3x^2\geqslant 0$ 于 $\mathbf{R}=(-\infty,+\infty)$，且仅当 $x=0$ 时 $y'=0$，故由定理 4.6 知，函数 $y=x^3$ 在区间 $\mathbf{R}=(-\infty,+\infty)$ 内严格单调递增.

(2) 因由 $y'=\mathrm{e}^x-1=0$ 可解出唯一驻点 $x=0\in\mathbf{R}$，故由定理 4.6 有

x	$(-\infty,0)$	0	$(0,+\infty)$
y'	$-$	0	$+$
y	↘	1	↗

由上表知，$(0,+\infty)$ 是函数 y 的递增区间，$(-\infty,0)$ 是函数 y 的递减区间.

(3) 因由 $y'=(x^{\frac{2}{3}})'=\dfrac{2}{3}x^{-\frac{1}{3}}=\dfrac{2}{3\sqrt[3]{x}}$ 易知，函数 y 在 $\mathbf{R}$ 内无驻点，且 $x=0$ 是函数 y 在 $\mathbf{R}$ 内唯一的不可导连续点，于是由定理 4.6 有

x	$(-\infty,0)$	0	$(0,+\infty)$
y'	$-$	不存在	$+$
y	↘	0	↗

由上表知，$(0,+\infty)$ 是函数 y 的递增区间，$(-\infty,0)$ 是函数 y 的递减区间.　**解毕**

4.3.2　确定函数 $y=f(x)$ 单调区间的步骤

由例 4.15 看出：函数 $y=f(x)$ 在其单调递增区间与单调递减区间的分界点处的导数等于零或者不存在（但函数在分界点处连续），因此，如果函数 $y=f(x)$ 在其定义区间 I 上不是单调的，则可用使得 $f'(x)=0$ 的点（即 $f(x)$ 的**驻点**）及使得 $f'(x)$ 不存在的连续点（即 $f(x)$ 的**不可导连续点**）将区间 I 分为若干个小区间，并在每个小区间上讨论导数 $f'(x)$ 的符号，然后便可根据定理 4.6 确定出函数 $y=f(x)$ 的单调区间.

综上述，可得到**确定函数 $y=f(x)$ 单调区间的步骤如下**：

(1) 求出函数 $f(x)$ 的定义域 D；

(2) 求出函数 $f(x)$ 在定义域 D 内的所有驻点和不可导的连续点；

(3) 用(2)中的点将定义域 D 分为若干小区间并列表讨论 $f'(x)$ 的符号，然后根据定理 4.6 及 $f'(x)$ 的符号确定函数 $f(x)$ 的单调增减区间.

例 4.16　求下列函数的单调区间：

(1) $y=2x^3-9x^2+12x-5$；　　(2) $y=\dfrac{x+1}{x^2}-2$.

解　(1) 1°　由 $y=2x^3-9x^2+12x-5$ 知定义域 $D=(-\infty,+\infty)$；

2°　由 $y'=6x^2-18x+12=6(x-1)(x-2)=0$ 可解出驻点 $x_1=1,x_2=2\in D$，且由 y' 易知函数 y 在 D 内无不可导的连续点；

3°　列表讨论如下：

x	$(-\infty,1)$	1	$(1,2)$	2	$(2,+\infty)$
y'	+	0	−	0	+
y	↗	0	↘	−1	↗

由上表知,$(-\infty,1)$和$(2,+\infty)$是函数 y 的递增区间,$(1,2)$是函数 y 的递减区间.

(2) 1° 由 $y=\dfrac{x+1}{x^2}-2$ 知定义域 $D=(-\infty,0)\cup(0,+\infty)$;

2° 由 $y'=-\dfrac{x+2}{x^3}=0$ 可解出唯一驻点 $x_0=-2\in D$,且由 $y'=-\dfrac{x+2}{x^3}$ 易知函数 y 在 D 内无不可导的连续点;

3° 列表讨论:

x	$(-\infty,-2)$	−2	$(-2,0)$	0	$(0,+\infty)$
y'	−	0	+	不存在	−
y	↘	$-\dfrac{9}{4}$	↗	不存在	↘

由上表知,$(-2,0)$是函数 y 的递增区间,$(-\infty,-2)$和$(0,+\infty)$是函数 y 的递减区间.　　**解毕**

例 4.17　证明:当 $x>0$ 时,$e^x>1+x$.

证明　令 $f(x)=e^x-1-x$,则 $f(x)$在$[0,+\infty)$上连续,且当 $x>0$ 时有

$$f'(x)=e^x-1>0,$$

故由定理 4.6 知,函数 $f(x)$在区间$[0,+\infty)$上严格单调递增,从而当 $x>0$ 时有

$$e^x-1-x=f(x)>f(0)=0,$$

由此有

$$e^x>1+x\quad(x>0).$$

证毕

习　题　4.3

1. 判断函数 $f(x)=x-\sin x$ 的单调性.

2. 求下列函数的单调区间:

(1) $y=x^3-3x+2$;　　(2) $y=e^x-x$;　　(3) $y=2x+\dfrac{8}{x}$;

(4) $y=\dfrac{x}{2}-\ln x$;　　(5) $y=(x-2)\sqrt[3]{x}$.

3. 证明下列不等式：

(1) $2\sqrt{x}>3-\dfrac{1}{x}(x>1)$；　(2) $2^x>x^2(x>4)$.

4.4　函数的极值、最值及其应用

4.4.1　函数的极值

1. 极值概念

从例 4.15 的(2)和(3)小题看到，在讨论函数的单调性时，当自变量 x 沿着 x 轴从左至右变化时，驻点或不可导的连续点 $x=0$ 是相应函数单调区间的分界点，且在点 $x=0$ 附近的函数值都大于在该点处的函数值 1 或 0，即函数值 1 或 0 是所论函数在原点附近的最小值，通常把这样的最小值称为函数的极小值．不难看出，具有这种性质的点不仅是函数的一个重要几何特征，而且在实际应用中也有着非常重要的意义，下面对此作进一步讨论．

定义 4.1　若函数 $f(x)$ 在点 x_0 的某邻域 $U(x_0)$ 内有定义，且 $\forall x\in\mathring{U}(x_0)$，不等式

$$f(x)<f(x_0)\quad(\text{或 } f(x)>f(x_0))$$

恒成立，则称 $f(x_0)$ 为函数 $f(x)$ 的一个**极大**(或**极小**)值(统称为**极值**)，而称 x_0 为函数 $f(x)$ 的**极大**(或**极小**)**值点**(统称为**极值点**).

注　(1) **极值概念是局部概念**，这是由于极值仅与其对应的极值点附近的点(即局部)处的函数值进行比较之故．因此，**极小值不一定比极大值小**(如图 4-5 中的极小值 $f(x_5)$ 就比极大值 $f(x_1)$ 大)；

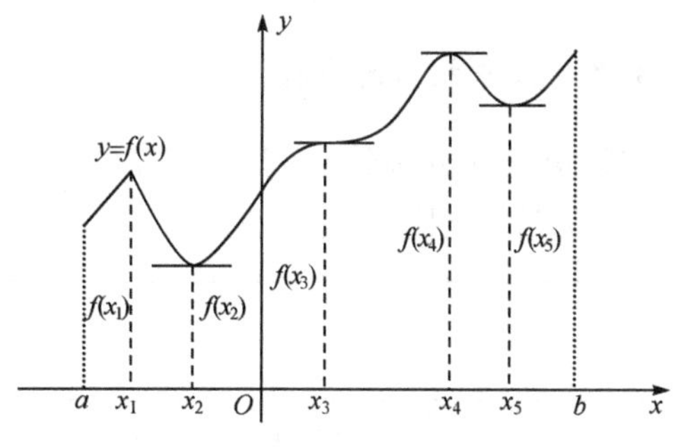

图 4-5　极值示意图

(2) **极值与极值点是不同的概念**，极值指的是函数值，而极值点则是指自变量的取值；

(3) 若函数有极值，则其**极值不一定唯一**(如图 4-5 中有 2 个极小值和 2 个极

大值)；

(4) 在函数的极值对应的点处，曲线可能有切线存在，也可能没有切线存在(如图 4-5 中极大值 $f(x_1)$对应的点处就无切线存在). 如果切线存在，则切线必是水平的(称这样的切线为**水平切线**). 但是，曲线有水平切线的地方却不一定取得极值(如图 4-5 中的 $f(x_3)$虽不是函数 $f(x)$的极值，但曲线 $y=f(x)$在相应点处的水平切线却是存在的)；

(5) 极值点也可能出现在使得函数不可导的连续点处，如图 4-5 中 $f(x_1)$为极大值，但点 x_1 却是函数 $f(x)$的不可导连续点.

2. 极值存在的必要条件

定理 4.7(极值存在的必要条件)　若 $f(x_0)$为函数 $f(x)$的极值且 $f'(x_0)$存在，则必有

$$f'(x_0)=0.$$

定理 4.7 表明：若 $f(x_0)$为函数 $f(x)$的极值且 $f'(x_0)$存在，则曲线 $y=f(x)$在点$(x_0,f(x_0))$处必具有水平切线(如图 4-5 中 x_2、x_4 和 x_5 对应的点处就具有水平切线).

注　(1) x_0 为 $f(x)$的可导极值点 $\begin{array}{c}\longrightarrow\\ \not\longleftarrow\end{array}$ x_0 为 $f(x)$的驻点. 如：$x_0=0$ 是函数 $f(x)=x^3$ 的驻点，但不是极值点.

(2) 当 x_0 为 $f(x)$的不可导连续点(此时必不是驻点)时，x_0 也有可能为函数 $f(x)$的极值点. 如 $x_0=0$ 既是函数 $f(x)=|x|$的不可导连续点，又是其极小值点，由此有

$$x_0 \text{ 为 } f(x) \text{的极值点} \begin{array}{c}\not\longrightarrow\\ \not\longleftarrow\end{array} x_0 \text{ 为 } f(x)\text{的驻点}.$$

3. 极值存在的充分条件及求极值的步骤

定理 4.8(极值存在的第一充分条件)　若函数 $f(x)$在点 x_0 的某去心邻域 $\mathring{U}(x_0,\delta)$内可导且在点 x_0 处连续，则

x	$(x_0-\delta,x_0)$	x_0	$(x_0,x_0+\delta)$
$f'(x)$	+(−)	0 或不存在	−(+)
$f(x)$	↗(↘)	$f(x_0)$为极大(小)值	↘(↗)

x	$(x_0-\delta,x_0)$	x_0	$(x_0,x_0+\delta)$
$f'(x)$	+(−)	0 或不存在	+(−)
$f(x)$	↗(↘)	$f(x_0)$不是极值	↗(↘)

根据极值存在的必要条件和第一充分条件，可得到**求函数 $y=f(x)$ 的极值的步骤如下(第一充分条件法)**：

(1) 求出函数 $f(x)$ 的定义域 D；

(2) 求出函数 $f(x)$ 在定义域 D 内的所有驻点和不可导的连续点；

(3) 用(2)中的点将定义域 D 分为若干小区间并列表讨论 $f'(x)$ 的符号，然后根据定理 4.8 及 $f'(x)$ 的符号确定出函数 $f(x)$ 的极值点，由此计算出相应的极值．

例 4.18　求下列函数的极值：

(1) $f(x)=(x-1)^2(x+1)^3$；　　(2) $f(x)=(x-5)\sqrt[3]{x^2}$.

解　(1) 1°　由 $f(x)=(x-1)^2(x+1)^3$ 知定义域 $D=(-\infty,+\infty)$；

2°　由 $f'(x)=(x-1)(x+1)^2(5x-1)=0$ 可解出驻点 $x_1=-1, x_2=\dfrac{1}{5}$，$x_3=1\in D$，且由 $f'(x)$ 易见函数 $f(x)$ 在定义域 D 内无不可导的连续点；

3°　列表讨论如下：

x	$(-\infty,-1)$	-1	$\left(-1,\frac{1}{5}\right)$	$\frac{1}{5}$	$\left(\frac{1}{5},1\right)$	1	$(1,+\infty)$
$f'(x)$	+	0	+	0	−	0	+
$f(x)$	↗	非极值 0	↗	极大值 $\frac{3456}{3125}$	↘	极小值 0	↗

由上表知，$f(-1)=0$ 不是函数 $f(x)$ 的极值，而 $f\left(\dfrac{1}{5}\right)=\dfrac{3456}{3125}$ 和 $f(1)=0$ 分别是函数 $f(x)$ 的极大值和极小值．

(2) 1°　由 $f(x)=(x-5)\cdot x^{\frac{2}{3}}=x^{\frac{5}{3}}-5x^{\frac{2}{3}}$ 知定义域 $D=(-\infty,+\infty)$；

2°　由 $f'(x)=\dfrac{5}{3}x^{\frac{2}{3}}-\dfrac{10}{3}x^{-\frac{1}{3}}=\dfrac{5(x-2)}{3\sqrt[3]{x}}=0$ 可解出驻点 $x_1=2\in D$，且由 $f'(x)$ 易见 $x_2=0$ 为函数 $f(x)$ 在定义域 D 内的不可导连续点；

3°　列表讨论如下：

x	$(-\infty,0)$	0	$(0,2)$	2	$(2,+\infty)$
$f'(x)$	+	不存在	−	0	+
$f(x)$	↗	极大值 0	↘	极小值 $-3\sqrt[3]{4}$	↗

由上表知，$f(0)=0$ 是函数 $f(x)$ 的极大值，$f(2)=-3\sqrt[3]{4}$ 是函数的极小值．　**解毕**

当函数在驻点处有不为零的二阶导数时，还可得到更为简便的求极值的方法和步骤．为此,先给出：

定理 4.9(极值存在的第二充分条件) 若函数 $f(x)$在点 x_0 的某邻域 $U(x_0)$内具有二阶导数且 $f'(x_0)=0$,则

(1) 当 $f''(x_0)>0$ 时,$f(x_0)$为函数 $f(x)$的极小值；

(2) 当 $f''(x_0)<0$ 时,$f(x_0)$为函数 $f(x)$的极大值；

(3) 当 $f''(x_0)=0$ 时,$f(x_0)$是否为函数 $f(x)$的极值不确定．

根据极值存在的必要条件和第二充分条件,可得到求**二阶可导函数** $y=f(x)$ **的极值的简便步骤如下(第二充分条件法)**：

(1) 求出函数 $f(x)$的定义域 D；

(2) 求出函数 $f(x)$在定义域 D 内的所有驻点 $x_k(k=1,2,\cdots,n)$；

(3) 计算出二阶导数值 $f''(x_k)$,然后根据 $f''(x_k)(k=1,2,\cdots,n)$的符号确定出极值点,进而计算出相应的极值 $f(x_k)$,但对使得 $f''(x_k)=0$ 的驻点只能采用第一充分条件的方法进行判断．

例 4.19 求函数 $f(x)=x^3-3x+2$ 的极值．

解 (1) 由 $f(x)=x^3-3x+2$ 知定义域 $D=(-\infty,+\infty)$；

(2) 由 $f'(x)=3(x^2-1)=0$ 可解出驻点 $x_1=-1,x_2=1\in D$,且由 $f'(x)$易见函数 $f(x)$在定义域 D 内无不可导的连续点；

(3) 因 $f''(x)=6x$,故 $f''(-1)=-6<0,f''(1)=6>0$,从而由定理 4.9 知,$f(-1)=4$ 为所求极大值,$f(1)=0$ 为所求极小值． **解毕**

例 4.20 不难验证(请读者自己验证)：

(1) $x=0$ 既是使得函数 $f(x)=x^4$ 的二阶导数为 0 的驻点,又是函数 $f(x)$的极小值点；

(2) $x=0$ 既是使得函数 $g(x)=-x^4$ 的二阶导数为 0 的驻点,又是函数 $g(x)$的极大值点；

(3) $x=0$ 是使得函数 $h(x)=x^3$ 的二阶导数为 0 的驻点,但不是函数 $h(x)$的极值点．

例 4.20 说明：使得二阶导数为零的驻点,可能是函数的极值点(极大值点和极小值点都有可能),也可能不是函数的极值点．

4.4.2 函数的最值

1. 最大值与最小值

在实际应用中,常会遇到求最值(即最大值或最小值)或最值点的问题,如在一定条件下,怎样才能使得“产量最高”,“成本最低”,“用料最省”,“利润最大”,等等．这类问题,反映在数学上可归结为求某个函数(称为**目标函数**)在某个范围内的最值或最值点的问题,下面针对此类问题进行讨论．

由闭区间上连续函数的性质知：当函数 $f(x)$ 在闭区间 $[a,b]$ 上连续时，函数 $f(x)$ 在闭区间 $[a,b]$ 上必可取到最大值 $\max\limits_{a\leqslant x\leqslant b}f(x)$ 和最小值 $\min\limits_{a\leqslant x\leqslant b}f(x)$.

由于极值是局部概念而最值是整体概念，因此，不难推知：当函数 $f(x)$ 在闭区间 $[a,b]$ 上连续时，函数 $f(x)$ 的最值只能在开区间 (a,b) 内的极值点或端点处取得，故据此得

若函数 $f(x)$ 在闭区间 $[a,b]$ 上连续，则求函数 $f(x)$ 在 $[a,b]$ 上的最值的步骤如下：

(1) 求出函数 $f(x)$ 在开区间 (a,b) 内的所有驻点和不可导的点（若存在的话）： $x_1,x_2,\cdots,x_n$；

(2) 计算出函数值： $f(a),f(b),f(x_1),f(x_2),\cdots,f(x_n)$；

(3) 比较(2)中各值的大小便得所求最值，即所求

$$\text{最大值}=\max\{f(a),f(b),f(x_1),f(x_2),\cdots,f(x_n)\},$$
$$\text{最小值}=\min\{f(a),f(b),f(x_1),f(x_2),\cdots,f(x_n)\}.$$

特别地

(1) 当函数 $f(x)$ 在 $[a,b]$ 上递增时，$\min\limits_{a\leqslant x\leqslant b}f(x)=f(a)$，$\max\limits_{a\leqslant x\leqslant b}f(x)=f(b)$；

当函数 $f(x)$ 在 $[a,b]$ 上递减时，$\min\limits_{a\leqslant x\leqslant b}f(x)=f(b)$，$\max\limits_{a\leqslant x\leqslant b}f(x)=f(a)$.

(2) 当函数 $f(x)$ 在 (a,b) 内仅有一个极大值时，该极大值就是函数 $f(x)$ 在闭区间 $[a,b]$ 上的最大值，而 $\min\limits_{a\leqslant x\leqslant b}f(x)=\min\{f(a),f(b)\}$.

(3) 当函数 $f(x)$ 在开区间 (a,b) 内仅有一个极小值时，该极小值就是函数 $f(x)$ 在闭区间 $[a,b]$ 上的最小值，而 $\max\limits_{a\leqslant x\leqslant b}f(x)=\max\{f(a),f(b)\}$.

例 4.21　求下列函数的最值：

(1) $f(x)=x^3-3x+2,x\in[-2,2]$；

(2) $f(x)=\sqrt[3]{x}-\dfrac{x}{3},x\in[-8,8]$；

(3) $f(x)=\mathrm{e}^{x^2}+x,x\in[0,2]$.

解　(1) 1°　由 $f'(x)=3(x^2-1)=0$ 可解出驻点 $x=\pm1\in(-2,2)$，且由 $f'(x)$ 易见函数 $f(x)$ 在开区间 $(-2,2)$ 内无不可导的连续点；

2°　$f(-2)=0,f(2)=4,f(-1)=4,f(1)=0$；

3°　比较 2°中各值便得所求：

$$\text{最大值}=\max\{f(-2),f(2),f(-1),f(1)\}=\max\{0,4\}=4,$$
$$\text{最小值}=\min\{f(-2),f(2),f(-1),f(1)\}=\min\{0,4\}=0.$$

(2) 1°　由 $f'(x)=\dfrac{1-\sqrt[3]{x^2}}{3\sqrt[3]{x^2}}$ 知 $x=\pm1$ 是函数 $f(x)$ 在 $(-8,8)$ 内的驻点，而 $x=0$ 是函数 $f(x)$ 在 $(-8,8)$ 内的不可导连续点；

2° $f(-8)=\frac{2}{3}, f(8)=-\frac{2}{3}, f(-1)=-\frac{2}{3}, f(0)=0, f(1)=\frac{2}{3}$;

3° 比较 2°中各值知： $f(-8)=f(1)=\frac{2}{3}$为所求最大值;$f(8)=f(-1)=-\frac{2}{3}$为所求最小值.

(3) 因 $f'(x)=2xe^{x^2}+1>0(0\leqslant x\leqslant 2)$,故函数 $f(x)$在闭区间$[0,2]$上单调递增,从而所求

$$最大值=f(2)=e^4+2,\quad 最小值=f(0)=1.$$ **解毕**

2. 最值应用问题举例

在实际应用中,有许多量的计算问题可归结为求某个**目标函数**在某个区间 I 内的最值点或最值问题,而**解决这类问题的步骤是**:

(1) 先将实际问题归结为求某个目标函数 $f(x)$在某个区间 I 内的最值点或最值问题;

(2) 求出函数 $f(x)$在区间 I 内的全部驻点和不可导的连续点(如果存在的话);

(3) 若函数 $f(x)$在区间 I 内只有唯一驻点 x_0,而根据实际情况知所讨论的问题存在最值点或最值,则 x_0 就是所求最值点或 $f(x_0)$是所求最值,从而可直接下结论.

例 4.22(运费最省问题) 如图 4-6 所示,铁路线上 AB 段距离为 100km,工厂 C 距点 B 处 20km,现需要在铁路线上选定一点 D 向工厂 C 修一条公路.已知铁路上每公里运费与公路上每公里运费之比为 3∶5,为了使货物从供应站 A 运到工厂 C 处的运费最省,问 D 点应选在什么位置比较合适?

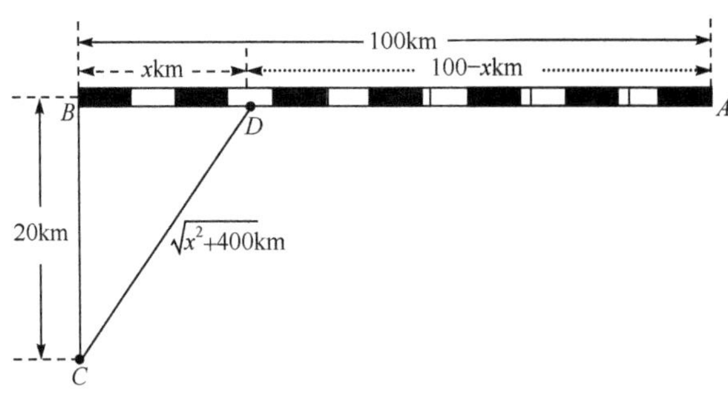

图 4-6 工厂示意图

解 (1) 将所求问题转化为求目标函数在其定义域内的最小值点问题.

如图 4-6 所示,设 $DB=x$(km),则

$$AD=100-x(\text{km}),\quad CD=\sqrt{x^2+20^2}=\sqrt{x^2+400}(\text{km}).$$

又设铁路每公里运费为 $3k$ 元，则由已知条件知公路每公里运费为 $5k$ 元（$k>0$ 为常数，且因它与本题的解无关，故不必定出），因此，从供应站 A 到工厂 C 处的总运费 W 可表为

$$W=W(x)=3kAD+5kCD=3k(100-x)+5k\sqrt{x^2+400}\quad(0\leqslant x\leqslant 100),$$

从而可将所求问题转化为**求目标函数 $W(x)$ 在闭区间 $[0,100]$ 上的最小值点问题**.

(2) 由 $W'(x)=k\cdot\dfrac{-3\sqrt{x^2+400}+5x}{\sqrt{x^2+400}}=0$ 可解出唯一驻点 $x=15\in[0,100]$.

(3) 因由实际问题知存在最低总运费且驻点唯一，故当 $DB=x=15\text{km}$，即 D 点选在离 B 点 15km 的位置时比较合适，即该位置能使总运费最省. **解毕**

例 4.23(成本最低问题)　欲造一个容积为 300m^3 的无盖圆柱形蓄水池，已知池底的单位造价为周围单位造价的两倍，问蓄水池的尺寸怎样设计，才能使总造价最低？

解　(1) 将所求问题转化为求目标函数在其定义域内的最小值点问题.

设蓄水池周围的单位造价为 k 元，总造价为 W 元，底圆半径为 $r(\text{m})$，高为 $h(\text{m})$，则由假设知：池底的单位造价为 $2k$ 元且高 $h=\dfrac{300}{\pi r^2}(\text{m})$，由此有

$$W=W(r)=2k\cdot\pi r^2+k\cdot 2\pi rh=2k\left(\pi r^2+\frac{300}{r}\right)\quad(r>0,\text{且常数 }k>0),$$

从而可将所求问题转化为求目标函数 $W(r)$ 在区间 $(0,+\infty)$ 内的最小值点问题.

(2) 由 $W'(r)=2k\cdot\dfrac{2\pi r^3-300}{r^2}=0$ 可解出唯一驻点 $r=\sqrt[3]{\dfrac{150}{\pi}}\in(0,+\infty)$，且此时有

$$h=\frac{300}{\pi r^2}=\frac{300r}{\pi r^3}=\frac{300r}{\pi\cdot\dfrac{150}{\pi}}=2r.$$

(3) 因由实际问题知存在最低总造价且驻点唯一，故当蓄水池的底圆半径为 $\sqrt[3]{\dfrac{150}{\pi}}(\text{m})$，高等于底圆直径时，可使总造价最低. **解毕**

例 4.24(利润最大问题)　某工厂每批生产某种商品 q 单位的费用为 $C(q)=5q+200$，得到的收益是 $R(q)=10q-0.01q^2$，问每批生产多少单位时才能使利润最大化？

解　(1) 将所求问题转化为求目标函数在其定义域内的最大值点问题.

因 $C(q)=5q+200, R(q)=10q-0.01q^2$，故利润函数为

$$L(q)=R(q)-C(q)=5q-0.01q^2-200 \quad (q>0),$$

从而可将所求问题转化为求目标函数 $L(q)$ 在区间 $(0,+\infty)$ 内的最大值点问题.

(2) 由 $L'(q)=5-0.02q=0$ 可解出唯一驻点 $q=250\in(0,+\infty)$.

(3) 因由实际问题知存在最大利润且驻点唯一，故每批生产 250 单位时能使利润最大. **解毕**

例 4.25(**收益最大问题**) 某商品的价格 p 与需求量 q 之间的关系为 $p=10-\frac{q}{5}$，问 q 为多少时总收益最大?

解 (1) 将所求问题转化为求目标函数在其定义域内的最大值点问题.

因 $p=10-\frac{q}{5}$，故总收益为

$$R(q)=pq=\left(10-\frac{q}{5}\right)q=10q-\frac{q^2}{5} \quad (q>0),$$

从而可将所求问题转化为求目标函数 $R(q)$ 在区间 $(0,+\infty)$ 内的最大值点问题.

(2) 由 $R'(q)=10-\frac{2q}{5}=0$ 可解出唯一驻点 $q=25\in(0,+\infty)$.

(3) 因由实际问题知存在最大总收益且驻点唯一，故当需求量为 25 单位时总收益最大. **解毕**

习 题 4.4

1. 求下列函数的极值(用一阶导数判断)：

(1) $y=\frac{x}{1+x^2}$； (2) $y=x^2\mathrm{e}^{-x}$； (3) $y=(x+1)(x-1)^3$；

(4) $y=\ln(x-1)-x$； (5) $y=(x-2)\sqrt[3]{x^2}$.

2. 求下列函数的极值(用二阶导数判断)：

(1) $y=x^3+3x^2-9x+8$； (2) $y=\mathrm{e}^x+\mathrm{e}^{-x}$； (3) $y=x\mathrm{e}^{-x^2}$.

3. 求下列函数的最大值和最小值：

(1) $y=x^4-2x^2+5, x\in[-2,3]$； (2) $y=x\mathrm{e}^{-x}, x\in[0,3]$；

(3) $y=x-\sqrt{x-1}, x\in[1,5]$.

4. 在半径为 R 的半圆内作一内接矩形，问怎样设计能使内接矩形的面积最大?

5. 某煤气公司欲做一个容积为 $192\pi(\mathrm{m}^3)$ 的有盖圆柱形储气罐，已知罐底单位造价为周围及罐顶单位造价的两倍，问储气罐的尺寸应怎样设计才能使总造价最低?

6. 某水泥厂每月生产某种型号水泥的固定成本为 100 万元，每生产一吨时成本增加 200 元，收益为 $R(q)=850q-0.1q^2$（单位：元），问每月生产多少吨能使利润最大？最大利润是多少？

7. 某商品的需求量 q 与价格 p 的函数关系为 $q=50-\dfrac{p}{5}$，求：

(1) 当 $q=20$ 时的总收益 R、平均收益 $\overline{R}$ 及边际收益 R'；

(2) 当 q 多少时总收益最大？最大总收益是多少？

8. 某工厂生产某种产品，固定成本为 80000 元，每生产一单位产品成本增加 200 元．市场上每年可销售此种商品 800 单位，其总收益 R 是年产量 q 的函数：

$$R=R(q)=\begin{cases}800q-\dfrac{1}{2}q^2, & 0\leqslant q\leqslant 800,\\ 300000, & q>800,\end{cases}$$

问每年生产多少单位产品时可获得最大总利润？最大总利润是多少？

4.5* 曲线的凹凸性、拐点与渐近线

4.5.1 曲线的凹凸性、拐点及判别法

在前面，我们借助导数很容易讨论出函数的单调性和极值，它们反映在图形上就是曲线的上升或下降以及曲线的峰顶或谷底．但是，仅仅知道这些还不能完全反映出曲线的变化规律，也不能比较准确地描述出函数的性态．例如，曲线的弯曲方向（即曲线的凹凸性）就是还需考虑的问题之一，如图 4-7 中的两条曲线弧 $\overset{\frown}{ACB}$ 和 $\overset{\frown}{ADB}$，虽然都是单调上升的，但它们的图形却有着明显的不同，$\overset{\frown}{ACB}$ 是向上凸（即向下凹）的曲线弧，$\overset{\frown}{ADB}$ 是向上凹（即向下凸）的曲线弧，即它们的凹凸性不同．下面就来研究曲线的凹凸性、拐点及其判别方法．

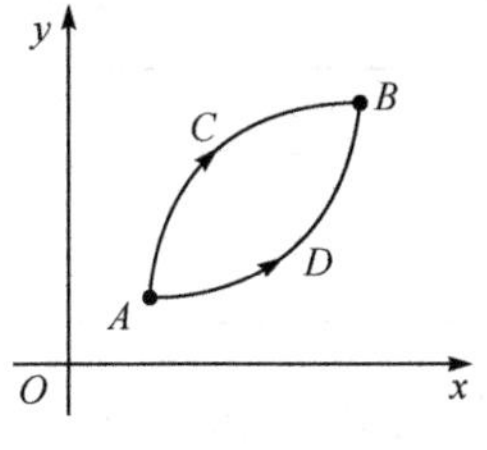

图 4-7　凹凸示意图

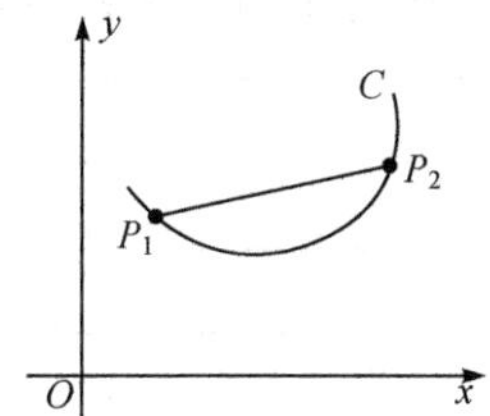

图4-8　上凹（即下凸）示意图

关于曲线弧凹凸性的概念，我们先从几何直观上来分析．在图 4-8 中，曲线弧 C 上的任意两点 P_1 和 P_2 的联线段 $\overline{P_1P_2}$（称为曲线弧 C 的**弦**）总位于相应曲线弧 $\overset{\frown}{P_1P_2}$ 的上方，而在图 4-9 中，联线段 $\overline{P_1P_2}$ 却总位于相应曲线弧 $\overset{\frown}{P_1P_2}$ 的下方，曲线

的这种性质就是曲线凹凸性的反映之一．因此，曲线的凹凸性可以用连接曲线弧上任意两点的弦与相应曲线弧的位置关系来描述．另外，在图 4-10 中，曲线弧$\widehat{AD}$向上凹而曲线弧$\widehat{DB}$却向上凸，即点 D 是使得曲线弧 $C=\widehat{AD}+\widehat{DB}$(显然，点 D 是曲线弧 C 的连续点)的凹凸性发生改变的点，通常称这样的点为曲线的拐点．

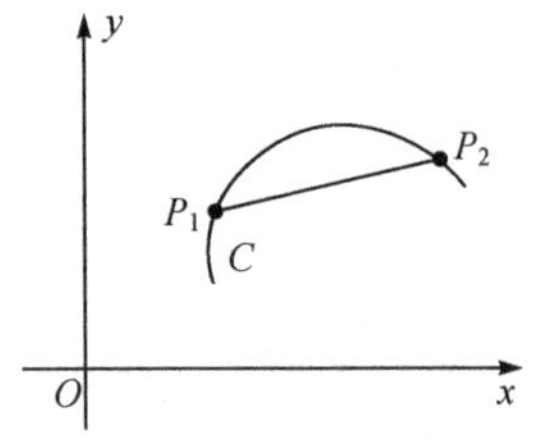

图 4-9　上凸(即下凹)示意图

图 4-10　拐点示意图

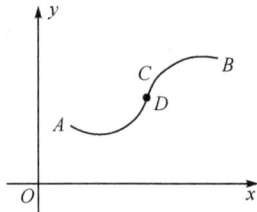

定义 4.2　若函数 $f(x)$定义于区间 I 上，则

(1) 当曲线 $y=f(x)$上任意两点 P_1 和 P_2 的联线段$\overline{P_1P_2}$总位于相应曲线弧$\widehat{P_1P_2}$的上方时，称曲线 $y=f(x)$在区间 I 上是**向上凹**(或**向下凸**)的，并称函数 $f(x)$是区间 I 上的**凸函数**；

(2) 当曲线 $y=f(x)$上任意两点 P_1 和 P_2 的联线段$\overline{P_1P_2}$总位于相应曲线弧$\widehat{P_1P_2}$的下方时，称曲线 $y=f(x)$在区间 I 上是**向上凸**(或**向下凹**)的，并称函数 $f(x)$是区间 I 上的**凹函数**．

定义 4.3　凡是使得连续曲线弧 $y=f(x)$上的凹凸性发生改变的点(即凹凸性的分界点)均称为曲线 $y=f(x)$的**拐点**．

由函数单调性的判别法知，函数的单调性取决于一阶导函数的符号，同样，也可用二阶导函数的符号来确定曲线的凹凸性，即有下面曲线**凹凸性判定定理**(证略)：

定理 4.10(曲线凹凸性判定定理)　若函数 $f(x)$在区间 I 上具有二阶导数，则

x	I	
$f''(x)$	$+$	$-$
$f(x)$	$\cup$	$\cap$

其中符号$\cup$(或$\cap$)表示曲线 $y=f(x)$在区间 I 上是向上凹(或凸)的．

注　若在区间 I 上的有限个点处 $f''(x)=0$，则定理 4.10 的结论仍成立．

例 4.26　判断曲线 $y=x^4$ 的凹凸性．

解　显然，函数 y 的定义域为 $D=(-\infty,+\infty)$，且有

$$y'=4x^3,\quad y''=12x^2\geqslant 0\quad(-\infty<x<+\infty),$$

故由定理 4.10 知，曲线 $y=x^4$ 在其定义域 D 内是向上凹的，即函数 y 是区间

$(-\infty,+\infty)$内的凸函数．　**解毕**

例 4.27　判断曲线 $y=x^3$ 的凹凸性，并求其拐点．

解　显然，函数 y 的定义域为 $D=(-\infty,+\infty)$，且 $\forall x\in D$ 有 $y'=3x^2$，$y''=6x$，故由定理 4.10 知：

当 $x<0$ 时，$y''<0$，此时曲线 $y=x^3$ 向上凸；

当 $x>0$ 时，$y''>0$，此时曲线 $y=x^3$ 向下凸，

由以上讨论知，曲线 $y=x^3$ 的拐点为$(0,f(0))=(0,0)$.　**解毕**

例 4.28　判断曲线 $y=\sqrt[3]{x}$的凹凸性，并求其拐点．

解　显然，函数 y 的定义域为 $D=(-\infty,+\infty)$，且有

$$y'=\frac{1}{3}x^{-\frac{2}{3}},\quad y''=-\frac{2}{9}x^{-\frac{5}{3}}=-\frac{2}{9\sqrt[3]{x^5}},$$

故由定理 4.10 知

x	$(-\infty,0)$	0	$(0,+\infty)$
y''	+	不存在	−
y	$\cup$	0	$\cap$

由上表知，曲线 $y=\sqrt[3]{x}$在区间$(-\infty,0)$内向上凹，在区间$(0,+\infty)$内向上凸，且曲线 $y=\sqrt[3]{x}$的拐点为$(0,0)$.　**解毕**

4.5.2　确定曲线 $y=f(x)$的凹凸区间和拐点的步骤

由例 4.26、例 4.27 和例 4.28 看出：　二阶导函数 $f''(x)$的符号是判断曲线 $y=f(x)$凹凸性的主要依据，并且 $f''(x)$在个别点处为零时并不影响判断曲线的凹凸性．另外，当 $f''(x)$在点 x_0 的左、右两侧邻近处异号时，点$(x_0,f(x_0))$就是曲线 $y=f(x)$上的一个拐点．因此，要寻找曲线 $y=f(x)$的拐点，只要找出使得符号 $f''(x)$发生变化的分界点即可，且当 $f(x)$在区间(a,b)内具有二阶连续导数时，在这样的分界点处还有 $f''(x)=0$. 此外，使得 $f''(x)$不存在的连续点也有可能是使得 $f''(x)$的符号发生变化的分界点．

综上述，可得到**确定曲线 $y=f(x)$的凹凸区间和拐点的步骤如下**：

(1) 求出函数 $f(x)$的定义域 D；

(2) 求出 D 内使得 $f''(x)=0$ 及 $f''(x)$不存在的连续点(全部)；

(3) 用(2)中求出的点将 D 分为若干个小区间并列表讨论 $f''(x)$的符号，然后根据定理 4.10 及 $f''(x)$的符号确定曲线 $y=f(x)$的凹凸区间和拐点．

例 4.29　求下列曲线的凹凸区间和拐点：

(1) $y=x^3-x^2$；　(2) $y=\ln(1+x^2)$；　(3) $y=\sqrt[3]{x-1}$.

解 (1) 1° 由 $y=x^3-x^2$ 知定义域 $D=(-\infty,+\infty)$；

2° 由 $y'=3x^2-2x, y''=2(3x-1)$ 知 $x=\dfrac{1}{3}$ 是 D 内使得 $y''=0$ 的点，且在 D 内无使得 y'' 不存在的连续点；

3° 列表讨论：

x	$\left(-\infty,\dfrac{1}{3}\right)$	$\dfrac{1}{3}$	$\left(\dfrac{1}{3},+\infty\right)$
y''	$-$	0	$+$
y	$\cap$	$-\dfrac{2}{27}$	$\cup$
拐点		$\left(\dfrac{1}{3},-\dfrac{2}{27}\right)$	

由上表知，曲线在 $\left(-\infty,\dfrac{1}{3}\right)$ 内向上凸，在 $\left(\dfrac{1}{3},+\infty\right)$ 内向下凸，而 $\left(\dfrac{1}{3},-\dfrac{2}{27}\right)$ 是曲线的拐点．

(2) 1° 由 $y=\ln(1+x^2)$ 知定义域 $D=(-\infty,+\infty)$；

2° 由 $y'=\dfrac{2x}{1+x^2}, y''=\dfrac{2(1-x^2)}{(1+x^2)^2}$ 知 $x_1=-1$ 和 $x_2=1$ 是 D 内使得 $y''=0$ 的点，且在 D 内无使得 y'' 不存在的连续点；

3° 列表讨论：

x	$(-\infty,-1)$	-1	$(-1,1)$	1	$(1,+\infty)$
y''	$-$	0	$+$	0	$-$
y	$\cap$	$\ln2$	$\cup$	$\ln2$	$\cap$
拐点		$(-1,\ln2)$		$(1,\ln2)$	

由上表知，在 $(-\infty,-1)$ 和 $(1,+\infty)$ 内曲线向上凸，在 $(-1,1)$ 内曲线向下凸，且 $(-1,\ln2)$ 和 $(1,\ln2)$ 均为曲线的拐点．

(3) 1° 由 $y=\sqrt[3]{x-1}=(x-1)^{\frac{1}{3}}$ 知定义域 $D=(-\infty,+\infty)$；

2° 由 $y'=\dfrac{1}{3}(x-1)^{-\frac{2}{3}}, y''=-\dfrac{2}{9\sqrt[3]{(x-1)^5}}$ 知 $x=1$ 是 D 内使得 y'' 不存在的连续点，且在 D 内无使得 $y''=0$ 的点；

3° 列表讨论：

x	$(-\infty,1)$	1	$(1,+\infty)$
y''	$+$	不存在	$-$
y	$\cup$	0	$\cap$
拐点		$(1,0)$	

由上表知，在$(-\infty,1)$内曲线向下凸，在$(1,+\infty)$内曲线向上凸，且$(1,0)$是曲线的拐点．　**解毕**

4.5.3　曲线 $y=f(x)$的渐近线

有些函数的定义域和值域都是有限区间，其图形仅限于一定的范围之内（如下半圆 $y=-\sqrt{4-x^2}$和上半椭圆 $y=3\sqrt{1-\dfrac{x^2}{16}}$等）．但是，有些函数的定义域或值域却是无限区间，其图形向无穷远处延伸（如双曲线和抛物线等），在这样的曲线中，有些会呈现出越来越接近于某一直线的形态，为了把握曲线的这种变化趋势，下面先介绍曲线渐近线的概念．

定义 4.4　若曲线 $y=f(x)$上的动点 P 沿着该曲线趋于无穷远时，点 P 与某条定直线 L 的距离趋于零，则称该定直线 L 为曲线 $y=f(x)$的**渐近线**（图 4-11）．

根据渐近线的位置，可将渐近线分为如下三种情形．

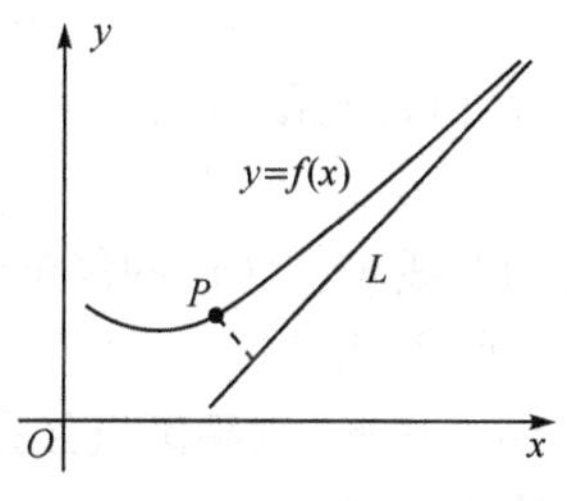

图 4-11　渐近线示意图

1．垂直渐近线

若 x_0 为函数 $f(x)$的间断点，且

$$\lim_{x\to x_0^+} f(x)=\infty \quad 或 \quad \lim_{x\to x_0^-} f(x)=\infty,$$

则直线 $x=x_0$ 必为曲线 $y=f(x)$**的垂直渐近线**．

例 4.30　求曲线 $y=\dfrac{1}{x-1}$的垂直渐近线．

解　因 $x_0=1$ 为函数 $y=\dfrac{1}{x-1}$的唯一间断点，且

$$\lim_{x\to x_0} y=\lim_{x\to 1}\frac{1}{x-1}=\infty,$$

故直线 $x=1$ 为曲线 $y=\dfrac{1}{x-1}$的唯一垂直渐近线（图 4-12）．　**解毕**

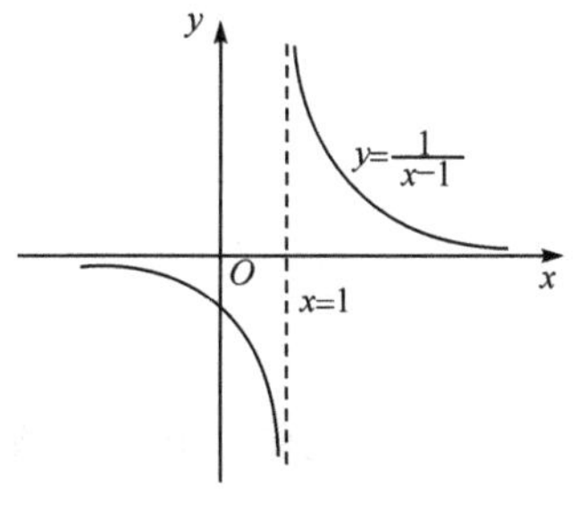

图 4-12　例 4-30 中双曲线图形

2．水平渐近线

若函数 $f(x)$的定义域是无穷区间，且极限

$$\lim_{x\to +\infty} f(x)=b_1 \quad 或 \quad \lim_{x\to -\infty} f(x)=b_2$$

存在（**有限**），则直线 $y=b_1$ 或 $y=b_2$ 必为曲线 $y=f(x)$的**水平渐近线**，且至多有两条水平渐近线．

例 4.31　求曲线 $y=\arctan x$ 的水平渐近线．

解　因函数 $y=\arctan x$ 的定义域为$(-\infty,+\infty)$,且

$$\lim_{x\to+\infty}\arctan x=\frac{\pi}{2},\quad \lim_{x\to-\infty}\arctan x=-\frac{\pi}{2},$$

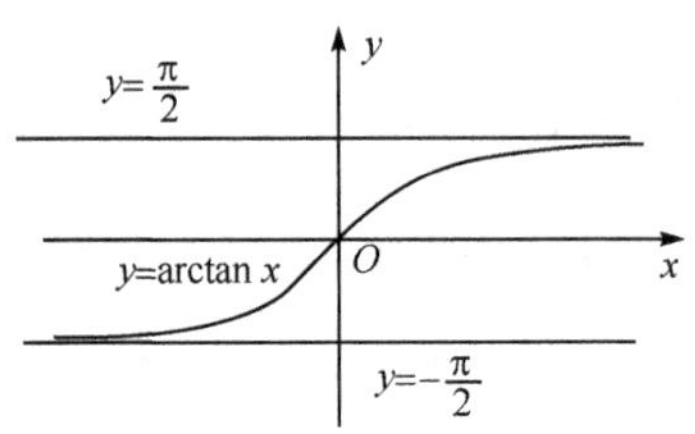

图 4-13　例 4-31 中反正切曲线的图形

故直线 $y=\frac{\pi}{2}$ 和 $y=-\frac{\pi}{2}$ 均为曲线 $y=\arctan x$ 的水平渐近线(图 4-13).　　**解毕**

3. 斜渐近线

若函数 $f(x)$的定义域是无穷区间,且极限

$$\lim_{x\to+\infty}\frac{f(x)}{x}\overset{\text{记为}}{=\!=}a_1 \quad 或 \quad \lim_{x\to-\infty}\frac{f(x)}{x}\overset{\text{记为}}{=\!=}a_2$$

存在(即**有限**),进而极限

$$\lim_{x\to+\infty}[f(x)-a_1x]\overset{\text{记为}}{=\!=}b_1 \quad 或 \quad \lim_{x\to-\infty}[f(x)-a_2x]\overset{\text{记为}}{=\!=}b_2$$

也存在(即**有限**),则直线

$$y=a_1x+b_1 \quad 或 \quad y=a_2x+b_2$$

必为曲线 $y=f(x)$的**斜渐近线**,且至多有两条斜渐近线.

特别地,当 $a_1=0$ 或 $a_2=0$ 时,便得到曲线 $y=f(x)$的水平渐近线 $y=b_1$ 或 $y=b_2$. 因此,**水平渐近线是斜渐近线的特殊情形**,所以,可将水平渐近线归到斜渐近线中去讨论.

例 4.32　求曲线 $y=\frac{x^2}{1+x}$的渐近线.

解　(1) 因存在唯一间断点 $x_0=-1$,使得$\lim\limits_{x\to x_0}y=\lim\limits_{x\to-1}\frac{x^2}{1+x}=\infty$,故直线 $x=-1$ 为曲线 $y=\frac{x^2}{1+x}$的唯一垂直渐近线.

(2) 因函数 $y=\frac{x^2}{1+x}$的定义域为$(-\infty,-1)\cup(-1,+\infty)$,且极限

$$\lim_{x\to\infty}\frac{y}{x}=\lim_{x\to\infty}\frac{\frac{x^2}{1+x}}{x}=\lim_{x\to\infty}\frac{x}{1+x}=1\overset{\text{记为}}{=\!=}a$$

存在(即有限),进而极限

$$\lim_{x\to\infty}(y-ax)=\lim_{x\to\infty}\left(\frac{x^2}{1+x}-1\cdot x\right)=\lim_{x\to\infty}\frac{-x}{1+x}=-1\overset{\text{记为}}{=\!=}b$$

也存在(即有限),故直线 $y=ax+b$ 即 $y=x-1$ 为曲线 $y=\frac{x^2}{1+x}$的唯一斜渐近线.

解毕

习　题　4.5*

1. 求下列曲线的凹凸区间和拐点：

(1) $y=\mathrm{e}^{-x}$；　(2) $y=3x^4-4x^3$；　(3) $y=x\mathrm{e}^x$；

(4) $y=\dfrac{x}{1+x^2}$；　(5) $y=x^2+\ln x$；　(6) $y=3x^{\frac{5}{3}}+\dfrac{5}{3}x^2$.

2. 问 a 及 b 为何值时，点(1,3)为曲线 $y=ax^3+3x^2+b$ 的拐点？

3. 求下列曲线的渐近线：

(1) $y=\mathrm{e}^x$；　(2) $y=\ln x$；　(3) $y=\dfrac{\mathrm{e}^x}{x-1}$；　(4) $y=x+\mathrm{e}^x$；　(5) $y=\dfrac{x^3}{(x+1)^2}$.

4.6*　函数图形的描绘

由于函数的图形能使我们从直观上了解函数的各种性态，并能清楚地看出因变量与自变量之间的相互依赖关系．所以，为了更准确地把握函数 $y=f(x)$的性质，可借助函数 $y=f(x)$的图形来帮助理解．同时，根据前几节对函数各种基本性态的讨论，已能比较准确地作出一些简单函数的图形，并可根据函数的基本性态得到**描绘函数 $y=f(x)$图形的步骤如下**：

(1) 求出函数 $f(x)$的定义域 D；

(2) 求出在 D 内使得 $f'(x)=0$，$f''(x)=0$ 的点和使得 $f'(x)$与 $f''(x)$不存在的连续点(如果存在的话)；

(3) 求出曲线 $y=f(x)$的全部渐近线(如果存在的话)；

(4) 用(2)中求出的点将 D 分为若干个小区间，然后列表讨论 $y=f(x)$的各种性态；

(5) 根据(4)中所讨论的结果描绘曲线 $y=f(x)$的图形(草图).

例 4.33　描绘函数 $y=x^3-3x+1$ 的图形．

解　(1) 由 $y=x^3-3x+1$ 知定义域 $D=(-\infty,+\infty)$.

(2) 由 $y'=3(x^2-1)=0$ 可解出驻点 $x_1=-1$，$x_2=1\in D$；由 $y''=6x=0$ 可解出 $x_3=0\in D$.

显然，由 y'、y''易见函数 y 在 D 内无使得 y'和 y''不存在的连续点．

(3) 因函数 y 无间断点，故曲线 $y=x^3-3x+1$ 无垂直渐近线．又因极限

$$\lim_{x\to\infty}\frac{y}{x}=\lim_{x\to\infty}\frac{x^3-3x+1}{x}=\infty$$

不存在，因而曲线 $y=x^3-3x+1$ 也无斜(含水平)渐近线．

综上述知，曲线 $y=x^3-3x+1$ 无渐近线．

(4) 列表讨论：

x	$(-\infty,-1)$	-1	$(-1,0)$	0	$(0,1)$	1	$(1,+\infty)$
y'	$+$	0	$-$	$-$	$-$	0	$+$
y''	$-$	$-$	$-$	0	$+$	$+$	$+$
y	↗,∩	极大值 3	↘,∩	1	↘,∪	极小值 -1	↗,∪
拐点				$(0,1)$			
渐近线	无						

(5) 描绘函数的图形(图 4-14)：

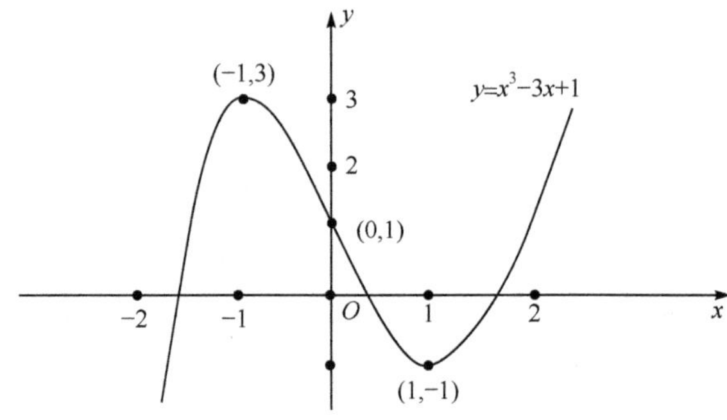

图 4-14 例 4-33 中曲线的图形

解毕

例 4.34 描绘函数 $y=\mathrm{e}^{-\frac{x^2}{2}}$ 的图形．

解 (1) 由 $y=\mathrm{e}^{-\frac{x^2}{2}}$ 知定义域 $D=(-\infty,+\infty)$.

(2) 由 $y'=-x\mathrm{e}^{-\frac{x^2}{2}}=0$ 可解出驻点 $x_1=0\in D$；由 $y''=(x^2-1)\mathrm{e}^{-\frac{x^2}{2}}=0$ 可解出 $x_2=-1,x_3=1\in D$.

显然，由 y'、y'' 易见函数 y 在 D 内无使得 y' 和 y'' 不存在的连续点．

(3) 因函数 y 无间断点，故曲线 $y=\mathrm{e}^{-\frac{x^2}{2}}$ 无垂直渐近线．又因极限

$$\lim_{x\to\infty}\frac{y}{x}=\lim_{x\to\infty}\frac{\mathrm{e}^{-\frac{x^2}{2}}}{x}=\lim_{x\to\infty}\frac{1}{x\mathrm{e}^{\frac{x^2}{2}}}=0\xlongequal{\text{记为}}a$$

存在(即有限)，进而极限

$$\lim_{x\to\infty}(y-ax)=\lim_{x\to\infty}(\mathrm{e}^{-\frac{x^2}{2}}-0\cdot x)=\lim_{x\to\infty}\frac{1}{\mathrm{e}^{\frac{x^2}{2}}}=0\xlongequal{\text{记为}}b$$

也存在(即有限),故直线 $y=ax+b$ 即 $y=0$ 为曲线 $y=\mathrm{e}^{-\frac{x^2}{2}}$ 的唯一斜(也是水平)渐近线.

(4) 列表讨论:

x	$(-\infty,-1)$	-1	$(-1,0)$	0	$(0,1)$	1	$(1,+\infty)$
y'	+	+	+	0	−	−	−
y''	+	0	−	−	−	0	+
y	↗,∪	$\frac{1}{\sqrt{\mathrm{e}}}$	↗,∩	极大值 1	↘,∩	$\frac{1}{\sqrt{\mathrm{e}}}$	↘,∪
拐点		$\left(-1,\frac{1}{\sqrt{\mathrm{e}}}\right)$				$\left(1,\frac{1}{\sqrt{\mathrm{e}}}\right)$	
渐近线	$y=0$						

(5) 描绘函数的图形(图 4-15):

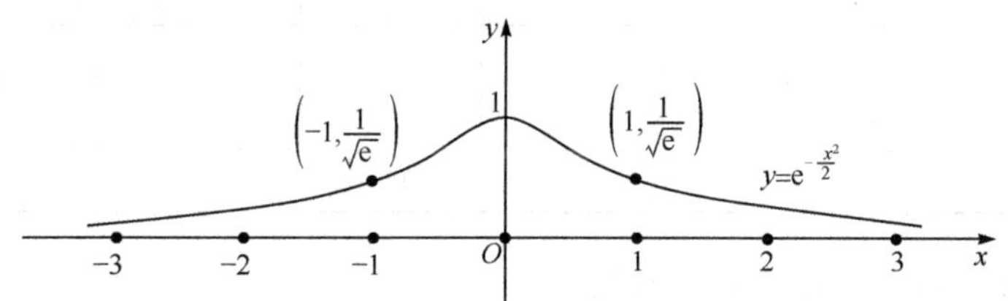

图 4-15　例 4-34 中曲线的图形

解毕

例 4.35　描绘函数 $y=\dfrac{x-1}{x^2}$ 的图形.

解　(1) 由 $y=\dfrac{x-1}{x^2}$ 知定义域 $D=(-\infty,0)\cup(0,+\infty)$.

(2) 由 $y'=\dfrac{2-x}{x^3}=0$ 可解出驻点 $x_1=2\in D$;由 $y''=\dfrac{2(x-3)}{x^4}=0$ 可解出 $x_2=3\in D$.

显然,由 y'、y'' 易见函数 y 在 D 内无使得 y' 和 y'' 不存在的连续点.

(3) 因存在唯一间断点 $x_0=0\in\mathbf{R}$,使得 $\lim\limits_{x\to x_0}y=\lim\limits_{x\to 0}\dfrac{x-1}{x^2}=\infty$,故 $x=0$ 为曲线 $y=\dfrac{x-1}{x^2}$ 的唯一垂直渐近线. 又因极限

$$\lim_{x\to\infty}\frac{y}{x}=\lim_{x\to\infty}\frac{x-1}{x^3}=0\xlongequal{\text{记为}}a$$

存在(即有限),进而极限

$$\lim_{x\to\infty}(y-ax)=\lim_{x\to\infty}\left(\frac{x-1}{x^2}-0\cdot x\right)=\lim_{x\to\infty}\frac{x-1}{x^2}=0\xlongequal{\text{记为}}b$$

也存在(即有限),故直线 $y=ax+b$ 即 $y=0$ 为曲线 $y=\frac{x-1}{x^2}$ 的唯一斜(也是水平)渐近线.

(4) 列表讨论:

x	$(-\infty,0)$	0	$(0,2)$	2	$(2,3)$	3	$(3,+\infty)$
y'	$-$	不存在	$+$	0	$-$	$-$	$-$
y''	$-$	不存在	$-$	$-$	$-$	0	$+$
y	$\searrow,\cap$	不存在	$\nearrow,\cap$	极大值 $\frac{1}{4}$	$\searrow,\cap$	$\frac{2}{9}$	$\searrow,\cup$
拐点						$\left(3,\frac{2}{9}\right)$	
渐近线	$x=0$, $y=0$						

(5) 描绘函数的图形(图 4-16):

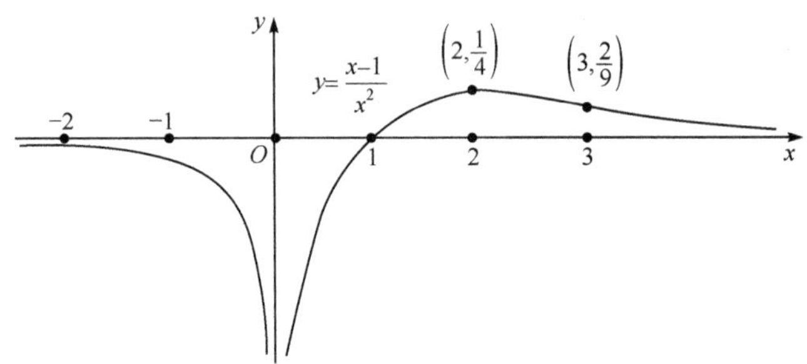

图 4-16　例 4-35 中曲线的图形

解毕

习　题　4.6*

描绘下列函数的图形:

1. $y=x^3-x^2+1$;　2. $y=x-\ln x$;　3. $y=\frac{x^2}{x-1}$;　4. $y=\frac{x^2}{2}-\frac{1}{x}$.

习　题　四

一、单项选择题

1. 下列函数在给定区间上满足罗尔中值定理条件的是：　【　】

A. $y=x^2-x-2,[-1,2]$；　B. $y=\frac{1}{\sqrt{(x-2)^2}},[0,3]$；

C. $y=xe^x,[0,2]$；　D. $y=|x|,[-1,1]$.

2. 若函数 $f(x)$在闭区间$[a,b]$上连续，在开区间(a,b)内可导，则拉格朗日公式 $f(b)-f(a)=f'(\xi)\cdot(b-a)$中的 ξ 是：　【　】

A. (a,b)内的任一点；　B. (a,b)内唯一的一点；

C. 在(a,b)内至少存在的一点；D. 闭区间$[a,b]$的中点 .

3. 已知函数 $f(x)=x^3$ 在闭区间$[0,1]$上满足拉格朗日中值定理的条件，则在开区间$(0,1)$内拉格朗日中值定理中的值 $\xi=$　【　】

A. $-\frac{\sqrt{3}}{3}$；　B. $\frac{\sqrt{3}}{3}$；　C. $\pm\frac{\sqrt{3}}{3}$；　D. $\frac{1}{3}$.

4. 在下列极限中，能使用洛必达法则的是：　【　】

A. $\lim\limits_{x\to\infty}\frac{\sin x}{x}$；　B. $\lim\limits_{x\to 0}\frac{\sin x}{x}$；

C. $\lim\limits_{x\to\frac{\pi}{2}}\frac{\tan x}{\sin 3x}$；　D. $\lim\limits_{x\to 0}\frac{x^2\sin\frac{1}{x}}{\sin x}$.

5. 若函数 $f(x)=ax^2+b$ 在区间$(0,+\infty)$内单调递减，则 a、b 应满足的条件是：　【　】

A. $a<0,b=0$；　B. $a>0$，b 为任意实数；

C. $a<0,b\neq 0$；　D. $a<0$，b 为任意实数 .

6. “$x=x_0$ 是 $f(x)$的可导极值点”是“$x=x_0$ 是 $f(x)$的驻点”的：　【　】

A. 充要条件；　B. 必要条件；

C. 充分条件；　D. 无关条件.

7. 若函数 $f(x)$在点 $x=x_0$ 处取得极小值，则必有：　【　】

A. $f'(x_0)=0$；　B. $f''(x_0)>0$；

C. $f'(x_0)=0$ 且 $f''(x_0)>0$；　D. $f'(x_0)=0$ 或 $f'(x_0)$不存在 .

8*. 若函数 $f(x)$在开区间(a,b)内恒有 $f'(x)>0$ 和 $f''(x)>0$，则曲线 $y=f(x)$在(a,b)内：　【　】

A. 单调递增向上凸；　B. 单调递增向下凸；

C. 单调递减向上凸；　D. 单调递减向下凸．

9*．“$f''(x_0)=0$”是“曲线 $y=f(x)$在点 $x=x_0$ 处有拐点”的：【　】

A. 充要条件；　B. 必要条件；

C. 充分条件；　D. 无关条件．

10*．曲线 $y=x^3+x^5$ 有(　)个拐点．【　】

A. 1；　B. 2；　C. 3；　D. 4.

11*．曲线 $y=f(x)$有垂直渐近线的充分条件是：【　】

A. $\lim\limits_{x\to\infty}f(x)=0$；　B. $\lim\limits_{x\to\infty}f(x)=\infty$；

C. $\lim\limits_{x\to x_0}f(x)=0$；　D. $\lim\limits_{x\to x_0}f(x)=\infty$.

12*．曲线 $y=\dfrac{x^2}{x^2-1}$有(　)条渐近线．【　】

A. 1；　B. 2；　C. 3；　D. 4.

二、填空题

1. 函数 $f(x)=x\sqrt{3-x}$在闭区间$[0,3]$上满足罗尔中值定理的条件，则由罗尔中值定理确定的值 $\xi=$____．

2. 若在区间 I 上 $f'(x)\equiv 0$，则在区间 I 上 $f(x)\equiv$____．

3. $\lim\limits_{x\to 0}\dfrac{\sin\alpha x}{\tan\beta x}=$____(其中 $\alpha\neq 0,\beta\neq 0$).

4. 函数 $f(x)=\dfrac{x^4}{4}+x$ 在区间____上单调增加．

5. 方程 $x^5+x-1=0$ 有____个正根．

6. 若函数 $y=f(x)$由方程 $xy+e^y=e$ 确定，则 $f'(0)=$____．

7. 若 $x=2$ 是函数 $f(x)=x^2+ax$ 的极值点，则 $a=$____．

8. 函数 $f(x)=x^4-4x^3+8$ 在闭区间$[-1,1]$上的最小值是____．

9*．若(1,4)是曲线 $y=ax^3+bx^2+2$ 的拐点，则 $a=$____，$b=$____．

10*．曲线 $y=x-\arctan x$ 的拐点是____．

三、解答题

1. 证明：若函数 $f(x)$在闭区间$[a,b]$上连续，在开区间(a,b)内可导，且 $f(a)=a,f(b)=b$，则$\exists\xi\in(a,b)$，使得 $f'(\xi)=1$.

2. 证明：若函数 $f(x)$在闭区间$[a,b]$上连续，在开区间(a,b)内可导，则$\exists\xi\in(a,b)$，使得 $\dfrac{bf(b)-af(a)}{b-a}=f(\xi)+\xi f'(\xi)$.

3. 用洛必达法则计算下列$\frac{0}{0}$型未定式的极限：

(1) $\lim\limits_{x\to 0}\frac{x-\sin x}{x^2(e^x-1)}$；　(2) $\lim\limits_{x\to \frac{\pi}{2}}\frac{\ln(\sin x)}{(\pi-2x)^2}$；　(3) $\lim\limits_{x\to 0}\frac{e^{x^3}-1}{x(1-\cos x)}$；

(4) $\lim\limits_{x\to +\infty}\frac{\ln(x\ln x)}{x^2}$；　(5) $\lim\limits_{x\to 0^+}\frac{\ln x}{\cot x}$；　(6) $\lim\limits_{x\to 1}(1-x)\tan\frac{\pi x}{2}$；

(7) $\lim\limits_{x\to 0}\left(\cot x-\frac{1}{x}\right)$；　(8) $\lim\limits_{x\to 0}\left(\frac{3^x+4^x}{2}\right)^{\frac{1}{x}}$；　(9) $\lim\limits_{x\to 0}(1+\sin x)^{\frac{1}{x}}$；

(10) $\lim\limits_{x\to 0^+}\left(\ln\frac{1}{x}\right)^x$.

4*. 计算极限$\lim\limits_{x\to 0}\left[\frac{(1+x)^{\frac{1}{x}}}{e}\right]^{\frac{1}{x}}$.

5. 求下列函数的单调区间：

(1) $y=\frac{x^2}{2}-\ln x$；　(2) $y=x|x|$.

6. 证明下列不等式：

(1) $\sqrt[n]{1+x}<1+\frac{1}{n}x(x>0,\quad n>1)$；　(2) $\frac{\ln(1+x)}{\ln x}>\frac{x}{1+x}(x>1)$；

(3) $x+\frac{x^3}{3}<\tan x\left(0<x<\frac{\pi}{2}\right)$.

7. 证明：若 $0\leqslant x\leqslant 1$ 且 $p>1$，则$\frac{1}{2^{p-1}}\leqslant x^p+(1-x)^p\leqslant 1$.

8. 已知函数 $f(x)=ax^3-6ax^2+b(a>0)$在闭区间$[-1,2]$上的最大值是 3，最小值是-29，求 a、b 的值.

9. 欲用围墙围成一个面积为 384m^2 的一块矩形土地，并在正中用一堵墙将其隔成两块，问如何设计这块土地的长和宽，才能使所用建筑材料最省？

10. 已知某企业生产 q 件产品的总成本为 $C(q)=30000+250q+\frac{q^2}{50}$，而每件产品以 600 元出售，问应生产多少件产品时能使所获得的利润最大？

11. 已知某企业生产的某种商品的市场需求量 q(单位：件)为其价格 p(单位：元)的函数关系为 $q=12000-80p$，在产销平衡的情况下，总成本为 $C=25000+50q$，又每件商品的纳税额为 2 元. 问：当价格 p 为多少时企业所获利润最大，最大利润是多少？

12. 已知某商家销售某种商品的价格 p(单位：万元)为其市场需求量 q(单位：t)的函数关系为 $p=7-0.2q$，而商品的总成本函数为 $C(q)=3q+1$.

(1) 若每销售 1t,政府要征税 t 万元,求该商家获得最大利润时的销售量;

(2) t 为何值时,政府税收总额最大?

13. 已知某厂生产某产品的固定成本是 10 万元,每生产 100 件成本增加 3 万元,市场每年可销售此种商品 1200 件. 如果设产量为 q(百件)时的总收入为:

$$R(q)=\begin{cases}8q-\dfrac{q^2}{4}, & 0\leqslant q\leqslant 12,\\ 80, & q>12\end{cases}\quad(\text{单位:万元}),$$

问产量 q 为多少时能使总利润最大? 最大总利润是多少?

14*. 若(1,1)既是曲线 $y=ax^3+bx^2+cx$ 的极值点又是拐点,求 a、b、c 的值.

第 5 章　不 定 积 分

在微分学中，我们已讨论了求已知函数的导数(或微分)的问题，本章将讨论相反的问题：已知函数 $F(x)$(**未知函数**)的导函数为 $f(x)$(**已知函数**)，即已知等式 $F'(x)=f(x)$ 或等式 $\mathrm{d}F(x)=f(x)\mathrm{d}x$ 成立，而要据此求出函数 $F(x)$，这就是积分学的基本问题之一——求函数的不定积分(即求**原函数**).

5.1　原函数和不定积分概念

5.1.1　基本概念

1. 原函数概念

从微分学知道：

若已知某物体的路程函数(即运动规律)为 $S=S(t)$，则可通过求导数的方法得到该物体在时刻 t 时的**瞬时速度** $v(t)=S'(t)=\dfrac{\mathrm{d}S}{\mathrm{d}t}$.

若已知某产品的成本 C 是产量 q 的函数 $C=C(q)$，则可通过求导数的方法得到该产品成本的变化率(即**边际成本**)$C'(q)=\dfrac{\mathrm{d}C}{\mathrm{d}q}$.

现在要解决其相反的问题：

(1) 已知某物体运动的速度是时间 t 的函数 $v=v(t)=S'(t)$，用何方法求出该物体的路程函数 $S=S(t)$，即面临求导运算的逆运算问题.

(2) 已知某产品成本的变化率(边际成本)是产量 q 的函数 $C'(q)$，用何方法求出该产品的成本函数 $C(q)$，这也是一个求导运算的逆运算问题.

以上两个问题的实质是：已知某个函数的导函数，想办法求出该函数，即面临求导运算的逆运算问题. 为此，我们引进下述概念：

定义 5.1　若 $f(x)$ 是定义于区间 I 上的已知函数，且存在函数 $F(x)$，使得 $\forall x\in I$，等式

$$F'(x)=f(x)\quad 或\quad \mathrm{d}F(x)=f(x)\mathrm{d}x$$

恒成立，则称函数 $F(x)$ 为函数 $f(x)$ 在区间 I 上的一个**原函数**.

注　求原函数过程与求导函数过程是互逆的.

例 5.1　对函数 $f(x)=\cos x$，因在区间 $I=(-\infty,+\infty)$ 内，等式

$$(\sin x)'=\cos x,\quad (\sin x-1)'=\cos x,\quad (\sin x+C)'=\cos x$$

恒成立,故函数 $\sin x$,$\sin x-1$ 与 $\sin x+C$ 均为函数 $f(x)=\cos x$ 在区间 I 内的原函数.

一般地,若函数 $F(x)$ 为函数 $f(x)$ 在区间 I 上的一个原函数,即

$$F'(x)=f(x) \quad (x\in I),$$

则对任意常数 C 也有

$$[F(x)+C]'=f(x) \quad (x\in I),$$

即 $F(x)+C$ 也是函数 $f(x)$ 在区间 I 上的原函数.因此,**若函数 $f(x)$ 有原函数存在,则其原函数不唯一,且有无穷多个**.

另一方面,若函数 $G(x)$ 也为函数 $f(x)$ 在区间 I 上的一个原函数,即

$$G'(x)=f(x)=F'(x) \quad (x\in I),$$

则由拉格朗日中值定理的推论知,必存在某常数 C_0,使得 $\forall x\in I$,等式

$$G(x)=F(x)+C_0$$

恒成立,从而函数 $f(x)$ 的任何原函数均可表为 $F(x)+C$ 的形式,即函数 $f(x)$ 的任何两个原函数之间只相差一个常数.

综上述知,若函数 $F(x)$ 为函数 $f(x)$ 在区间 I 上的一个原函数,则函数 $f(x)$ 在区间 I 上的全体原函数可表为如下集合

$$\{F(x)+C\,|\,F'(x)=f(x)\,(x\in I),C\text{为任意常数}\}$$

的形式,即只要找到函数 $f(x)$ 在区间 I 上的一个原函数 $F(x)$,便可用上面集合的形式表示函数 $f(x)$ 在区间 I 上的全体原函数.

2. 不定积分概念

定义 5.2 若 $F'(x)=f(x)\,(x\in I)$,则称函数 $f(x)$ 在 I 上的全体原函数构成的集合

$$\{F(x)+C\,|\,F'(x)=f(x)\,(x\in I),C\text{为任意常数}\}$$

为函数 $f(x)$ 在区间 I 上的**不定积分**,记为 $\int f(x)\mathrm{d}x$,即

$$\int f(x)\mathrm{d}x=\{F(x)+C\,|\,F'(x)=f(x)\,(x\in I),C\text{为任意常数}\},$$

此时也称函数 $f(x)$ **在区间 I 上可积**,或称 $f(x)$ 为区间 I 上的**可积函数**,同时称 $\int$ 为**不定积分号**,$f(x)$ 为**被积函数**,$f(x)\mathrm{d}x$ 为**被积表达式**,x 为**积分变量**,C 为**积分常数**.

由于表达式

$$\int f(x)\mathrm{d}x=\{F(x)+C\,|\,F'(x)=f(x)\,(x\in I),C\text{为任意常数}\}$$

显得较繁,因此,若约定 C 为任意常数,区间 I 指的是使等式 $F'(x)=f(x)$ 成立的

最大范围，则可将上式右边简记为 $F(x)+C$，即

$$\int f(x)\mathrm{d}x = F(x)+C,$$

这就是**不定积分的简便记号**．如由例 5.1 有$\int \cos x\mathrm{d}x = \sin x + C$.

例 5.2　计算下列函数的不定积分：

(1) x^2；　(2) $\sin x$；　(3) $\dfrac{1}{x}$；　(4) $-\dfrac{1}{x^2}$.

解　(1) 因$\left(\dfrac{x^3}{3}\right)' = x^2$，故$\int x^2\mathrm{d}x = \dfrac{x^3}{3}+C$.

(2) 因$(-\cos x)' = \sin x$，故$\int \sin x\mathrm{d}x = -\cos x + C$.

(3) 因当 $x \neq 0$ 时有$(\ln|x|)' = (\ln\sqrt{x^2})' = \dfrac{1}{\sqrt{x^2}}\cdot\dfrac{1}{2\sqrt{x^2}}\cdot 2x = \dfrac{1}{x}$，故有

$$\int \frac{1}{x}\mathrm{d}x = \ln|x|+C \quad (x\neq 0).$$

(4) 因$\left(\dfrac{1}{x}\right)' = -\dfrac{1}{x^2}$，故$\int\left(-\dfrac{1}{x^2}\right)\mathrm{d}x = \dfrac{1}{x}+C$.　**解毕**

现在还存在的一个问题是：一个函数应具备什么条件，才能保证其原函数（从而其不定积分）存在？对这个问题，下面的定理 5.1 可给予保证，但此定理的证明需在 6.3 节中才能完成．

定理 5.1（原函数存在定理）　若函数 $f(x)$在区间 I 上连续，则函数 $f(x)$在区间 I 上的原函数必存在，因而函数 $f(x)$在区间 I 上必可积．

由于初等函数在其定义区间内都是连续的，故**初等函数在其定义区间内都存在原函数，因而都可积**．所以，今后在讨论函数 $f(x)$的原函数或可积性时，都针对函数 $f(x)$的连续区间而言，不再赘述．

5.1.2　积分曲线（族）与不定积分的几何意义

定义 5.3　若$\int f(x)\mathrm{d}x = F(x)+C(x\in I)$，即$F'(x)=f(x)\,(x\in I)$，则对任意常数 C，称曲线

$$y = F(x)+C \quad (x\in I)$$

为函数 $f(x)\,(x\in I)$的一条**积分曲线**，并称曲线族

$$\{y = F(x)+C \mid F'(x) = f(x)\,(x\in I),\quad C\text{为任意常数}\} \tag{5.1}$$

为函数 $f(x)\,(x\in I)$的**积分曲线族**（图 5-1）.

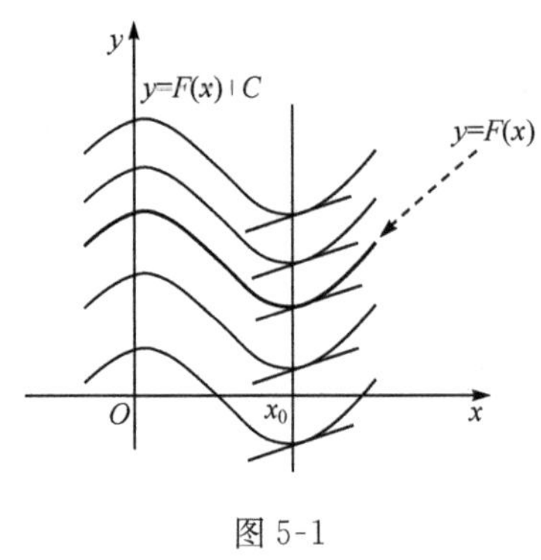

图 5-1

由积分曲线的定义易知，任意两条积分曲线在不同横坐标对应的两对点处的纵坐标之差均为同一常数，因而积分曲线簇(5.1)中的每一条积分曲线

$$y = F(x) + C \quad (x \in I)$$

均可由积分曲线 $y = F(x)(x \in I)$ 沿着 y 轴方向向上或向下平行移动而得到，且对任意常数 C 及 $\forall x_0 \in I$，都有

$$[F(x)+C]'\big|_{x=x_0} = f(x_0),$$

即 $f(x_0)$ 恰好是各积分曲线 $y = F(x) + C(x \in I)$ 在相应点 $(x_0, F(x_0)+C)$ 处的切线的斜率，故对横坐标为 $x_0 \in I$ 的所有积分曲线上相应点处的切线都相互平行(图 5-1).

另外，对平面区域 $D = \{(x,y)\,|\,x \in I, y \in \mathbf{R}\}$ 上任意一点 (x_0, y_0)，将其坐标代入方程 $y = F(x)+C$ 后均可确定出唯一常数 $C_0 = y_0 - F(x_0)$，进而可确定出函数 $f(x)(x \in I)$ 的唯一一条经过点 (x_0, y_0) 处的积分曲线：

$$y = F(x) + y_0 - F(x_0),$$

且该积分曲线在点 (x_0, y_0) 处的切线斜率为 $f(x_0)$.

综上述知，不定积分 $\int f(x)\mathrm{d}x$ 的图形就是积分曲线族

$$\{y = F(x)+C\,|\,F'(x) = f(x)(x \in I), C\text{ 为任意常数}\}$$

的全部图形，且该**曲线族的特点是**：在横坐标相等的各点处的切线相互平行，且可由其中的一条积分曲线 $y = F(x)(x \in I)$ 沿着 y 轴方向平行移动而得到函数 $f(x)(x \in I)$ 的所有积分曲线，以及在平面区域 $D = \{(x,y)\,|\,x \in I,\ \ y \in \mathbf{R}\}$ 上任意一点处必有函数 $f(x)(x \in I)$ 的唯一一条积分曲线通过，这就是**不定积分 $\int f(x)\mathrm{d}x$ 的几何意义**.

例 5.3　已知某平面曲线通过点(1,3)，且其上任一点处的切线斜率等于该点横坐标的两倍，求此曲线的方程.

解　设所求曲线方程为 $y = F(x)$，则由假设有 $F'(x) = 2x$，由此有

$$y = F(x) = \int 2x\mathrm{d}x = x^2 + C,$$

再将初始条件"曲线通过点(1,3)"，即"$x = 1$ 时 $y = 3$"代入上式解得 $C = 2$，从而所求曲线方程为

$$y = F(x) = x^2 + 2.$$

解毕

习 题 5.1

1. 已知 $f'(x)=x^2$ 且 $f(0)=1$,求 $f(x)$.

2. 一曲线通过点$(e^3,4)$,且在任一点(x,y)处的切线的斜率为$\frac{1}{x}$,求该曲线的方程.

3. 已知动点在时刻 t 的速度为 $v=2t$,且 $t=0$ 时 $S=4$,求此动点的运动方程.

4. 求下列函数的不定积分:

(1) x^3; (2) e^x; (3) $3x^2$; (4) $\frac{1}{x^3}$; (5) $\frac{1}{2\sqrt{x}}$.

5.2 不定积分的性质与基本积分公式

5.2.1 不定积分的性质

直接由不定积分的定义,易证下列基本性质(所涉及函数均为可积函数,不再重复):

性质 5.1(互逆运算性质)

(1) $\left[\int f(x)\mathrm{d}x\right]'=f(x)$或$\mathrm{d}\left[\int f(x)\mathrm{d}x\right]=f(x)\mathrm{d}x$;

(2) $\int F'(x)\mathrm{d}x=\int \mathrm{d}F(x)=F(x)+C$.

性质 5.2(线性运算性质)

(3) $\int kf(x)\mathrm{d}x=k\int f(x)\mathrm{d}x$($k$ 为非零常数);

(4) $\int [f(x)\pm g(x)]\mathrm{d}x=\int f(x)\mathrm{d}x\pm\int g(x)\mathrm{d}x$;

(5) $\int [\alpha f(x)+\beta g(x)]\mathrm{d}x=\alpha\int f(x)\mathrm{d}x+\beta\int g(x)\mathrm{d}x$($\alpha$、$\beta$ 为不全为零的常数).

注 式(4)、(5)可推广到有限多个函数的情形.

5.2.2 基本积分公式

因求不定积分运算是求导运算的逆运算,故有一个导数公式,便可由此推出一个不定积分的公式,如由导数公式$\left(\frac{x^{\mu+1}}{\mu+1}\right)'=x^{\mu}$ 可推出不定积分公式$\int x^{\mu}\mathrm{d}x=\frac{x^{\mu+1}}{\mu+1}+C(\mu\neq-1)$. 因此,借助基本导数公式便可得到一些基本积分公式,现叙述如下:

(1) $\int k\mathrm{d}x = kx + C$($k$ 为常数)，**特别有**$\int 1 \cdot \mathrm{d}x = \int \mathrm{d}x = x + C$；

(2) $\int x^{\mu}\mathrm{d}x = \dfrac{x^{\mu+1}}{\mu+1} + C(\mu \neq -1)$；

(3) $\int \dfrac{1}{x}\mathrm{d}x = \ln|x| + C$；

(4) $\int \dfrac{1}{2\sqrt{x}}\mathrm{d}x = \sqrt{x} + C$；

(5) $\int \left(-\dfrac{1}{x^2}\right)\mathrm{d}x = \dfrac{1}{x} + C$；

(6) $\int a^x\mathrm{d}x = \dfrac{a^x}{\ln a} + C(a > 0,\quad a \neq 1)$，**特别有**$\int \mathrm{e}^x\mathrm{d}x = \mathrm{e}^x + C$；

(7) $\int \sin x\mathrm{d}x = -\cos x + C$；

(8) $\int \cos x\mathrm{d}x = \sin x + C$；

(9) $\int \sec^2 x\mathrm{d}x = \tan x + C$；

(10) $\int \csc^2 x\mathrm{d}x = -\cot x + C$；

(11) $\int \dfrac{1}{\sqrt{1-x^2}}\mathrm{d}x = \arcsin x + C = -\arccos x + C$；

(12) $\int \dfrac{1}{1+x^2}\mathrm{d}x = \arctan x + C = -\operatorname{arccot} x + C$.

根据上面所叙不定积分的性质和基本积分公式，便可直接计算一些较简单函数的不定积分，并把这种积分法称为**直接积分法**.

例 5.4 计算下列不定积分：

(1) $\int \dfrac{x^2+1}{\sqrt{x}}\mathrm{d}x$；　(2) $\int \left(x^2 - 3\mathrm{e}^x + \dfrac{2}{x}\right)\mathrm{d}x$；　(3) $\int \dfrac{2^{x+1}}{3^x}\mathrm{d}x$；

(4) $\int \dfrac{x^4}{1+x^2}\mathrm{d}x$；　(5) $\int \dfrac{1}{\sin^2 x\cos^2 x}\mathrm{d}x$；　(6) $\int \cos^2\dfrac{x}{2}\mathrm{d}x$；

(7) $\int \dfrac{\cos^2 x}{1-\sin x}\mathrm{d}x$；　(8) $\int \sqrt{x\sqrt{x\sqrt{x}}}\mathrm{d}x$.

解 (1) 原式 $= \int \left[x^{\frac{3}{2}} + 2\dfrac{1}{2\sqrt{x}}\right]\mathrm{d}x = \int x^{\frac{3}{2}}\mathrm{d}x + 2\int \dfrac{1}{2\sqrt{x}}\mathrm{d}x = \dfrac{2}{5}x^{\frac{5}{2}} + 2\sqrt{x} + C.$

(2) 原式 $= \int x^2\mathrm{d}x - 3\int \mathrm{e}^x\mathrm{d}x + 2\int \dfrac{1}{x}\mathrm{d}x = \dfrac{x^3}{3} - 3\mathrm{e}^x + 2\ln|x| + C.$

(3) 原式 $= 2\int\left(\frac{2}{3}\right)^x \mathrm{d}x = 2 \cdot \frac{1}{\ln\frac{2}{3}} \cdot \left(\frac{2}{3}\right)^x + C = \frac{2^{x+1}}{(\ln 2 - \ln 3)3^x} + C.$

(4) 原式 $= \int \frac{(x^4-1)+1}{1+x^2}\mathrm{d}x = \int\left(x^2 - 1 + \frac{1}{1+x^2}\right)\mathrm{d}x = \frac{x^3}{3} - x + \arctan x + C.$

(5) 原式 $= \int \frac{\sin^2 x + \cos^2 x}{\sin^2 x\cos^2 x}\mathrm{d}x = \int(\sec^2 x + \csc^2 x)\mathrm{d}x = \tan x - \cot x + C.$

(6) 原式 $= \frac{1}{2}\int(1+\cos x)\mathrm{d}x = \frac{1}{2}(x + \sin x) + C.$

(7) 原式 $= \int \frac{1-\sin^2 x}{1-\sin x}\mathrm{d}x = \int(1+\sin x)\mathrm{d}x = x - \cos x + C.$

(8) 原式 $= \int\left[x \cdot (x \cdot x^{\frac{1}{2}})^{\frac{1}{2}}\right]^{\frac{1}{2}}\mathrm{d}x = \int x^{\frac{7}{8}}\mathrm{d}x = \frac{8}{15}x^{\frac{15}{8}} + C.$ **解毕**

注 (1) 要检验积分结果是否正确,只需对其结果求导验证即可.如果所求积分的导数恰好等于被积函数,则结果正确,否则结果错误.如就本例(2)的结果来看,由于

$$\left(\frac{x^3}{3} - 3\mathrm{e}^x + 2\ln|x| + C\right)' = \frac{3 \cdot x^2}{3} - 3 \cdot \mathrm{e}^x + 2 \cdot \frac{1}{x} = x^2 - 3\mathrm{e}^x + \frac{2}{x},$$

故所求结果正确.

(2) 由本例看出,在求不定积分时,可先将被积函数利用代数或三角恒等变形公式,将其转化成若干可直接利用基本积分公式的形式来进行求解.

例 5.5 某厂生产某种产品,总成本 C 是产量 q 的函数 $C(q)$,固定成本为 20,总成本的变化率(边际成本)为 $C'(q) = 3q + 10$,求总成本函数 $C(q)$.

解 因总成本 $C(q)$ 是其边际成本 $C'(q)$ 的原函数,故有

$$C(q) = \int C'(q)\mathrm{d}q = \int(3q+10)\mathrm{d}q = \frac{3}{2}q^2 + 10q + C.$$

因已知 $C(0) = 20$,故将其代入上式解得 $C = 20$,从而所求总成本函数为

$$C(q) = \frac{3}{2}q^2 + 10q + 20.$$ **解毕**

习 题 5.2

求下列不定积分:

1. $\int 4x^2\mathrm{d}x$;
2. $\int x^2\sqrt{x}\mathrm{d}x$;
3. $\int x^3\sqrt[3]{x}\mathrm{d}x$;
4. $\int \frac{\mathrm{d}x}{x^2\sqrt[3]{x}}$;

5. $\int \sqrt[n]{x^m}\mathrm{d}x$;

6. $\int (x^2+2x+3)\mathrm{d}x$;

7. $\int \frac{(t-1)^2}{t^2}\mathrm{d}t$;

8. $\int \frac{1-x}{\sqrt{x}}\mathrm{d}x$;

9. $\int \left(\frac{2}{1+x^2}+\frac{3}{\sqrt{1-x^2}}\right)\mathrm{d}x$;

10. $\int 2^x \mathrm{e}^x \mathrm{d}x$;

11. $\int \frac{3\cdot 2^x+5\cdot 3^x}{2^x}\mathrm{d}x$;

12. $\int \sec x(\tan x-3\sec x)\mathrm{d}x$;

13. $\int \frac{x^2}{1+x^2}\mathrm{d}x$;

14. $\int \frac{2x^4+2x^2+1}{x^2+1}\mathrm{d}x$;

15. $\int \frac{1}{1-\cos 2x}\mathrm{d}x$;

16. $\int \sin^2 \frac{x}{2}\mathrm{d}x$;

17. $\int (10^x+\cot^2 x)\mathrm{d}x$.

5.3 不定积分的换元积分法

因能用直接法(即直接用不定积分的性质和基本积分公式)进行计算的不定积分十分有限,因此有必要进一步研究不定积分的其他计算方法,而将被积表达式进行适当变量代换后再来利用直接积分法进行计算的方法是常采用的方法之一,并把这种方法称为**换元积分法**. 换元积分法的基本思想是用新变量来替换原变量,由此便可把某些复杂的不定积分转化为在新变量下可利用直接积分法来进行计算的形式,从而使原积分的计算化难为易,或化繁为简,或化积不出为可积出.

换元积分法可分为两大类:第一换元法和第二换元法,下面进行介绍.

5.3.1 第一换元积分法(凑微法)

定理 5.2(第一换元积分法) 若 $f(t)$ 及 $\varphi'(x)$ 均为连续函数且 $F'(t)=f(t)$,则

$$\int f[\varphi(x)]\varphi'(x)\mathrm{d}x = F[\varphi(x)]+C. \tag{5.2}$$

证明 因由假设条件知:$f[\varphi(x)]\varphi'(x)$ 为连续函数因而可积,故有

$$\int f[\varphi(x)]\varphi'(x)\mathrm{d}x = \int f[\varphi(x)]\mathrm{d}\varphi(x) \text{—— 凑微分}$$

$$\xlongequal{令 t=\varphi(x)} \int f(t)\mathrm{d}t \text{—— 换元(即作变量代换)}$$

$$= F(t)+C \text{—— 直接积分法}$$

$$= F[\varphi(x)]+C \text{—— 还原(即回代)}.$$

证毕

一般地,若能将被积表达式 $g(x)\mathrm{d}x$ 凑成形如 $f[\varphi(x)]\mathrm{d}\varphi(x)$ 的形式,即

$$g(x)\mathrm{d}x = f[\varphi(x)]\mathrm{d}\varphi(x) \quad (\text{其中 } F'(t)=f(t)),$$

则 $F[\varphi(x)]$ 就是原被积函数 $g(x)=f[\varphi(x)]\varphi'(x)$ 的一个原函数,故有

$$\int g(x)\mathrm{d}x = \int f[\varphi(x)]\mathrm{d}\varphi(x) = F[\varphi(x)]+C,$$

即在 $g(x)\mathrm{d}x$ 能凑成 $f[\varphi(x)]\mathrm{d}\varphi(x)$ 的情形下可利用第一换元积分法计算不定积分,因而也把第一换元积分法称为**凑微分法**或简称为**凑微法**,其特点是:**先凑微分,再作变量代换,然后用直接积分法积分,最后将变量还原**(即回代).

从定理5.2的证明过程中可看出:凑微法的关键在于将原被积表达式 $g(x)\mathrm{d}x$ 凑成形如 $f[\varphi(x)]\mathrm{d}\varphi(x)$ 的形式,然后通过变换 $t=\varphi(x)$ 把不易积分(或积不出来)的原积分 $\int g(x)\mathrm{d}x$ 转化为新变量 t 下易用直接积分法积分的新积分 $\int f(t)\mathrm{d}t$ 来进行计算,由此体现出凑微法的优越性. 但是,在计算出不定积分 $\int f(t)\mathrm{d}u = F(t)+C$ 后,一定要将新变量 $t=\varphi(x)$ 回代到 $F(t)$ 中去,使积分结果回到原积分变量 x 的形式 $F[\varphi(x)]+C$,这才是我们所需要的结果.

下面通过一些例子来熟悉如何采用凑微法来计算函数的不定积分.

例 5.6 计算下列不定积分:

(1) $\int x\mathrm{e}^{x^2}\mathrm{d}x$; (2) $\int \frac{\mathrm{e}^x}{1+\mathrm{e}^x}\mathrm{d}x$; (3) $\int (\arctan x+2)^2\frac{\mathrm{d}x}{1+x^2}$;

(4) $\int \frac{10^{\arccos x}}{\sqrt{1-x^2}}\mathrm{d}x$; (5) $\int \frac{\cos\sqrt{x}}{\sqrt{x}}\mathrm{d}x$; (6) $\int \frac{x\mathrm{d}x}{\sqrt{1+3x^2}}$;

(7) $\int \frac{1}{\sqrt{a^2-x^2}}\mathrm{d}x\ (a>0)$.

解 (1) 原式 $=\frac{1}{2}\int \mathrm{e}^{x^2}\mathrm{d}x^2$ ——**凑微分**

$\xlongequal{\text{令}t=x^2} \frac{1}{2}\int \mathrm{e}^t\mathrm{d}t$ ——**换元(即作变量代换)**

$=\frac{1}{2}\mathrm{e}^t+C$ ——**直接积分法**

$=\frac{1}{2}\mathrm{e}^{x^2}+C.$ ——**还原(即回代)**

(2) 原式 $=\int \frac{1}{1+\mathrm{e}^x}\mathrm{d}(1+\mathrm{e}^x)$ ——**凑微分**

$\xlongequal{\text{令}t=1+\mathrm{e}^x} \int \frac{1}{t}\mathrm{d}t$ ——**换元(即作变量代换)**

$$= \ln|t| + C \qquad \text{—— 直接积分法}$$
$$= \ln(1+e^x) + C. \qquad \text{—— 还原(即回代)}$$

注 在运算熟练之后,为使运算过程简捷,可略去文字注释,后面均如此,不再重复.

(3) 原式 $= \int (\arctan x + 2)^2 \mathrm{d}(\arctan x + 2) \xlongequal{令t=\arctan x+2} \int t^2 \mathrm{d}t$
$$= \frac{1}{3}t^3 + C = \frac{1}{3}(\arctan x + 2)^3 + C.$$

(4) 原式 $= \int 10^{\arccos x} \frac{\mathrm{d}x}{\sqrt{1-x^2}} = -\int 10^{\arccos x} \mathrm{d}(\arccos x)$
$$\xlongequal{t=\arccos x} -\int 10^t \mathrm{d}t = -\frac{10^t}{\ln 10} + C = -\frac{10^{\arccos x}}{\ln 10} + C.$$

(5) 原式 $= 2\int \cos\sqrt{x} \cdot \frac{1}{2\sqrt{x}} \mathrm{d}x = 2\int \cos\sqrt{x}\, \mathrm{d}\sqrt{x} \xlongequal{t=\sqrt{x}} 2\int \cos t \mathrm{d}t$
$$= 2\sin t + C = 2\sin\sqrt{x} + C.$$

(6) 原式 $= \frac{1}{6}\int \frac{1}{\sqrt{1+3x^2}} \mathrm{d}(1+3x^2) \xlongequal{令t=1+3x^2} \frac{1}{3}\int \frac{1}{2\sqrt{t}} \mathrm{d}t$
$$= \frac{1}{3} \cdot \sqrt{t} + C = \frac{1}{3}\sqrt{1+3x^2} + C.$$

(7) 原式 $= \int \frac{1}{\sqrt{1-\left(\frac{x}{a}\right)^2}} \mathrm{d}\left(\frac{x}{a}\right) \xlongequal{令t=\frac{x}{a}} \int \frac{1}{\sqrt{1-t^2}} \mathrm{d}t = \arcsin t + C = \arcsin\frac{x}{a} + C.$

解毕

例 5.7 计算下列三角函数的不定积分:

(1) $\int \sin kx \mathrm{d}x (k \neq 0)$; (2) $\int \cos kx \mathrm{d}x (k \neq 0)$; (3) $\int \tan x \mathrm{d}x$;

(4) $\int \cot x \mathrm{d}x$; (5) $\int \csc x \mathrm{d}x$; (6) $\int \sec x \mathrm{d}x$;

(7) $\int \sin^3 x \cos x \mathrm{d}x$; (8) $\int \cos^3 x \mathrm{d}x$.

解 (1) 原式 $= \frac{1}{k}\int \sin kx \mathrm{d}(kx) \xlongequal{令t=kx} \frac{1}{k}\int \sin t \mathrm{d}t$
$$= \frac{1}{k} \cdot (-\cos t) + C = -\frac{1}{k}\cos kx + C.$$

(2) 原式 $= \frac{1}{k}\int \cos kx \mathrm{d}(kx) \xlongequal{令t=kx} \frac{1}{k}\int \cos t \mathrm{d}t = \frac{1}{k}\sin t + C = \frac{1}{k}\sin kx + C.$

(3) 原式 $=\int \frac{\sin x}{\cos x}dx = -\int \frac{1}{\cos x}d\cos x = -\ln|\cos x| + C.$

(4) 原式 $=\int \frac{\cos x}{\sin x}dx = \int \frac{1}{\sin x}d\sin x = \ln|\sin x| + C.$

(5) 原式 $=\int \frac{\csc x(\csc x - \cot x)}{\csc x - \cot x}dx = \int \frac{\csc^2 x - \csc x \cdot \cot x}{\csc x - \cot x}dx$

$$= \int \frac{1}{\csc x - \cot x}d(\csc x - \cot x) = \ln|\csc x - \cot x| + C.$$

(6) 原式 $=\int \csc\left(x+\frac{\pi}{2}\right)d\left(x+\frac{\pi}{2}\right) = \ln\left|\csc\left(x+\frac{\pi}{2}\right) - \cot\left(x+\frac{\pi}{2}\right)\right| + C$

$$= \ln|\sec x + \tan x| + C.$$

(7) 原式 $=\int \sin^3 x d\sin x = \frac{1}{4}\sin^4 x + C.$

(8) 原式 $=\int \cos^2 x\cos x dx = \int (1-\sin^2 x)d\sin x = \sin x - \frac{1}{3}\sin^3 x + C.$

解毕

注　(1) 当运算熟练之后,可略去设中间变量的步骤以使运算过程更简化,如上例中(3) 至(8),后面亦如此,不再赘述.

(2) 当被积函数为 $\sin^{2m}x$, $\cos^{2m}x$, $\sin^{2m+1}x$, $\cos^{2m+1}x$, $\tan^{2m}x$, $\cot^{2m}x$, $\tan^{2m+1}x$, $\cot^{2m+1}x$, $\sec^{2m}x$, $\csc^{2m}x$ 等形式时,也可仿照上例中(7)、(8) 中的方法来计算它们的不定积分.

5.3.2　有理整式函数与有理分式函数的不定积分

1. 有理整式函数的不定积分

定义 5.4　由一元 n 次多项式

$$P_n(x) = a_0x^n + a_1x^{n-1} + \cdots + a_{n-1}x + a_n$$

确定的函数 $P_n(x)$ 称为**有理整式函数**,其中 $n \in \mathbf{N}$, $a_0, a_1, a_2, \cdots, a_n$ 均为实数且 $a_0 \neq 0$.

例 5.8　计算下列有理整式函数的不定积分:

(1) $\int (a_0x^n + a_1x^{n-1} + \cdots + a_{n-1}x + a_n)dx\ (a_0 \neq 0)$;　(2) $\int (3-2x)^{10}dx$.

解　(1) 直接应用线性运算性质和幂函数的基本积分公式得

$$原式 = a_0\int x^n dx + a_1\int x^{n-1}dx + \cdots + a_{n-1}\int x dx + a_n\int dx$$

$$= \frac{a_0}{n+1}x^{n+1} + \frac{a_1}{n}x^n + \cdots + \frac{a_{n-1}}{2}x^2 + a_nx + C.$$

(2) 原式 $=-\dfrac{1}{2}\int(3-2x)^{10}\mathrm{d}(3-2x)=-\dfrac{1}{22}(3-2x)^{11}+C.$ **解毕**

2. 有理分式函数

定义 5.5 形如($a_0\neq 0, b_0\neq 0$)

$$R(x)=\frac{P_n(x)}{Q_m(x)}=\frac{a_0x^n+a_1x^{n-1}+\cdots+a_{n-1}x+a_n}{b_0x^m+b_1x^{m-1}+\cdots+b_{m-1}x+b_m}\quad(m,n\in\mathbf{N})$$

的函数称为**有理分式函数**(简称**有理函数**),且当 $n\geqslant m$ 时称为**有理假分式函数**;当 $n<m$ 时称为**有理真分式函数**,以及将形如

$$\frac{A}{(x-a)^n},\frac{Ax+B}{(x^2+px+q)^n}\quad(p^2-4q<0;n=1,2,\cdots)$$

的有理真分式函数称为**最简有理真分式函数**.

显然,有理整式函数必为有理分式函数,反之不一定.

3. 有理分式函数的不定积分

(1) 若 $R(x)$ 为有理真分式函数,则可用待定系数法将 $R(x)$ 分解成最简有理真分式函数之和,然后再进行积分.

(2) 若 $R(x)$ 是有理假分式函数,则想办法将 $R(x)$ 分解成整式函数与真分式函数之和(如用多项式的除法),然后再进行积分.

下面通过例子来说明如何计算有理分式函数的不定积分.

例 5.9 计算下列有理真分式函数的不定积分:

(1) $\displaystyle\int\frac{1}{x\pm a}\mathrm{d}x$; (2) $\displaystyle\int\frac{1}{a^2+x^2}\mathrm{d}x\,(a\neq 0)$; (3) $\displaystyle\int\frac{1}{x^2-a^2}\mathrm{d}x\,(a\neq 0)$.

解 (1) 原式 $=\displaystyle\int\frac{1}{x\pm a}\mathrm{d}(x\pm a)=\ln|x\pm a|+C.$

(2) 原式 $=\dfrac{1}{a}\displaystyle\int\frac{1}{1+\left(\frac{x}{a}\right)^2}\mathrm{d}\left(\frac{x}{a}\right)=\frac{1}{a}\arctan\frac{x}{a}+C.$

(3) 原式 $=\dfrac{1}{2a}\displaystyle\int\frac{(x+a)-(x-a)}{(x-a)(x+a)}\mathrm{d}x=\frac{1}{2a}\int\left(\frac{1}{x-a}-\frac{1}{x+a}\right)\mathrm{d}x$

$$\overset{(1)}{=\!=}\frac{1}{2a}(\ln|x-a|-\ln|x+a|)+C$$

$$=\frac{1}{2a}\ln\left|\frac{x-a}{x+a}\right|+C.$$

解毕

例 5.10 计算下列有理真分式函数的不定积分：

(1) $\int \frac{3x+1}{x^2+3x-10}\mathrm{d}x$； (2) $\int \frac{1}{x(x-1)^2}\mathrm{d}x$； (3) $\int \frac{x-1}{x(1+x^2)}\mathrm{d}x$.

解 (1) 因被积函数可分解为最简真分式之和

$$\frac{3x+1}{x^2+3x-10}=\frac{3x+1}{(x+5)(x-2)}=\frac{A}{x+5}+\frac{B}{x-2}\quad (A,B\text{ 为待定系数}),$$

并在上式两端同乘以 $(x+5)(x-2)$ 后将分母去掉，得 $3x+1\equiv A(x-2)+B(x+5)$，即

$$(A+B)x+(-2A+5B)\equiv 3x+1.$$

比较上恒等式两端同次项的系数，得 $\begin{cases}A+B=3,\\-2A+5B=1,\end{cases}$ 由此解得 $\begin{cases}A=2,\\B=1,\end{cases}$ 从而有

$$\begin{aligned}\text{原式}&=\int\left(\frac{2}{x+5}+\frac{1}{x-2}\right)\mathrm{d}x=2\int\frac{1}{x+5}\mathrm{d}x+\int\frac{1}{x-2}\mathrm{d}x\\&=2\ln|x+5|+\ln|x-2|+C=\ln|(x+5)^2(x-2)|+C.\end{aligned}$$

(2) 因被积函数可分解为最简真分式之和

$$\frac{1}{x(x-1)^2}=\frac{A}{x}+\frac{B}{x-1}+\frac{C}{(x-1)^2}\quad (A,B,C\text{ 为待定系数}),$$

并将上式两端同乘以 $x(x-1)^2$ 后将分母去掉，得

$$A(x-1)^2+Bx(x-1)+Cx\equiv 1.$$

在上恒等式中分别令 $x=0$ 和 $x=1$ 便可分别解得 $A=1$ 和 $C=1$，接着把 A、C 的值代入上式并令 $x=2$，得 $1+2B+2=1$，由此解得 $B=-1$，从而有

$$\begin{aligned}\text{原式}&=\int\left[\frac{1}{x}-\frac{1}{x-1}+\frac{1}{(x-1)^2}\right]\mathrm{d}x=\int\frac{1}{x}\mathrm{d}x-\int\frac{1}{x-1}\mathrm{d}x+\int\frac{1}{(x-1)^2}\mathrm{d}x\\&=\ln|x|-\ln|x-1|-\frac{1}{x-1}+C=\ln\left|\frac{x}{x-1}\right|-\frac{1}{x-1}+C.\end{aligned}$$

(3) 因被积函数可分解为最简真分式之和

$$\frac{x-1}{x(1+x^2)}=\frac{A}{x}+\frac{Bx+C}{1+x^2}\quad (A,B,C\text{ 为待定系数}),$$

并将上式两端同乘以 $x(1+x^2)$ 后将分母去掉，得 $x-1\equiv A(1+x^2)+x(Bx+C)$，即

$$(A+B)x^2+Cx+A\equiv x-1.$$

比较上恒等式两端同次项的系数，得 $\begin{cases}A+B=0,\\C=1,\\A=-1,\end{cases}$ 由此解得 $\begin{cases}A=-1,\\B=1,\\C=1,\end{cases}$ 从而有

$$\text{原式}=\int\left(-\frac{1}{x}+\frac{x+1}{1+x^2}\right)\mathrm{d}x=\int\left(-\frac{1}{x}+\frac{x}{1+x^2}+\frac{1}{1+x^2}\right)\mathrm{d}x$$
$$=-\int\frac{1}{x}\mathrm{d}x+\frac{1}{2}\int\frac{1}{1+x^2}\mathrm{d}(1+x^2)+\int\frac{1}{1+x^2}\mathrm{d}x$$
$$=-\ln|x|+\frac{1}{2}\ln(1+x^2)+\arctan x+C.$$

解毕

注 在将有理真分式函数分解为最简有理真分式函数时需注意以下两点:

(1) 当有理真分式函数的分母中含有因式$(x-a)^k$时,分解式中必含有下列k个部分分式之和(如例 5.10 中(2)):

$$\frac{A_1}{x-a}+\frac{A_2}{(x-a)^2}+\cdots+\frac{A_k}{(x-a)^k},$$

其中$A_1,A_2,\cdots,A_k$为待定系数,且它们的取值均唯一.

(2) 当有理真分式函数的分母中含有因式$(x^2+px+q)^k(p^2-4q<0)$时,分解式中必含有下列k个部分分式之和(如例 5.10 中(3)):

$$\frac{M_1x+N_1}{x^2+px+q}+\frac{M_2x+N_2}{(x^2+px+q)^2}+\cdots+\frac{M_kx+N_k}{(x^2+px+q)^k},$$

其中$M_1,M_2,\cdots,M_k;N_1,N_2,\cdots,N_k$为待定系数,且它们的取值均唯一.

例 5.11 计算下列有理假分式函数的不定积分:

(1) $\displaystyle\int\frac{x^2}{x+1}\mathrm{d}x$; (2) $\displaystyle\int\frac{x^3-1}{x-1}\mathrm{d}x$.

解 (1) 原式$\displaystyle=\int\frac{(x^2-1)+1}{x+1}\mathrm{d}x=\int\left(x-1+\frac{1}{x+1}\right)\mathrm{d}x$

$$=\frac{1}{2}x^2-x+\ln|x+1|+C.$$

(2) 原式$\displaystyle=\int\frac{(x-1)(x^2+x+1)}{x-1}\mathrm{d}x=\int(x^2+x+1)\mathrm{d}x$

$$=\frac{x^3}{3}+\frac{x^2}{2}+x+C.$$

解毕

5.3.3 第二换元积分法(直接换元法)

若积分$\int f(x)\mathrm{d}x$不易计算,也不易将被积表达式$f(x)\mathrm{d}x$凑成微分$g[\varphi(x)]\mathrm{d}\varphi(x)$的形式,则可考虑直接令$x=\varphi(t)$,但要求导函数$\varphi'(t)$连续且$\varphi'(t)\neq 0$,即保证$x=\varphi(t)$的反函数$t=\varphi^{-1}(x)$存在且可导.另外,还要求函数$f[\varphi(t)]\varphi'(t)$的原函数$F(t)$(即$F'(t)=f[\varphi(t)]\varphi'(t)$)容易求出,则有

$$\int f(x)\mathrm{d}x\xlongequal[t=\varphi^{-1}(x)]{\text{令}x=\varphi(t)}\int f[\varphi(t)]\mathrm{d}\varphi(t)=\int f[\varphi(t)]\varphi'(t)\mathrm{d}t$$

$$= F(t)+C = F[\varphi^{-1}(x)]+C.$$

1. 含有一次根式$\sqrt[n]{ax+b}$简单无理函数的不定积分

含有一次根式$\sqrt[n]{ax+b}$的简单无理函数指的是由一次根式函数和常数经过有限次四则运算构成的函数，而计算这类无理函数的不定积分时，麻烦出在根式上，故要消除麻烦，只要直接作根式变换$t=\sqrt[n]{ax+b}$即可解决问题，下面举例说明．

例 5.12 计算下列简单无理函数(含一次根式)的不定积分：

(1) $\int \frac{1}{1+\sqrt[3]{x}}\mathrm{d}x$； (2) $\int \frac{\sqrt{x-1}}{x}\mathrm{d}x$； (3) $\int \frac{1}{\sqrt[3]{x}+\sqrt{x}}\mathrm{d}x$.

解 (1) 原式$\xlongequal[\mathrm{d}x=3t^2\mathrm{d}t]{\text{令}t=\sqrt[3]{x},x=t^3}\int \frac{1}{1+t}\cdot 3t^2\mathrm{d}t = 3\int\left(t-1+\frac{1}{t+1}\right)\mathrm{d}t$

$$= 3\left(\frac{1}{2}t^2-t+\ln|t+1|\right)+C$$

$$= \frac{3}{2}\sqrt[3]{x^2}-3\sqrt[3]{x}+3\ln\left|\sqrt[3]{x}+1\right|+C.$$

(2) 原式$\xlongequal[\mathrm{d}x=2t\mathrm{d}t]{\text{令}t=\sqrt{x-1},x=t^2+1}\int \frac{t}{t^2+1}\cdot 2t\mathrm{d}t = 2\int\left(1-\frac{1}{1+t^2}\right)\mathrm{d}t$

$$= 2(t-\arctan t)+C$$

$$= 2(\sqrt{x-1}-\arctan\sqrt{x-1})+C.$$

(3) 因被积函数中含有两个根式$\sqrt[3]{x}$和$\sqrt{x}$，为能使这两个根式的麻烦都能消除，故所作根式变换的开方数必须取为这两个根式开方数的公倍数(最好取为最小公倍数，这样能使计算简便)，才能同时消除它们的麻烦，对被积函数中含有三个或三个以上根式的情形也可类似处理．

原式$\xlongequal[\mathrm{d}x=6t^5\mathrm{d}t]{\text{令}t=\sqrt[6]{x},x=t^6}\int \frac{1}{t^2+t^3}\cdot 6t^5\mathrm{d}t = 6\int\left(t^2-t+1-\frac{1}{t+1}\right)\mathrm{d}t$

$$= 2t^3-3t^2+6t-6\ln|1+t|+C$$

$$= 2\sqrt{x}-3\sqrt[3]{x}+6\sqrt[6]{x}-6\ln\left|1+\sqrt[6]{x}\right|+C.$$

解毕

2. 含有二次根式简单无理函数的不定积分

含有二次根式简单无理函数指的是由二次根式函数和常数经过有限次四则运算构成的函数，计算这类无理函数的不定积分时，麻烦仍出在根式上，故要消除麻烦，只要作三角变换便可解决问题，即

含有二次根式$\sqrt{a^2-x^2}\,(a>0)$时，令$x=a\sin t$或$x=a\cos t$；

含有二次根式$\sqrt{x^2+a^2}\,(a>0)$时，令$x=a\tan t$或$x=a\cot t$；

含有二次根式$\sqrt{x^2-a^2}\,(a>0)$时，令$x=a\sec t$或$x=a\csc t$；

含有二次根式$\sqrt{ax^2+bx+c}\,(a\neq 0)$时，必可将其配方为下列三种形式

$$\sqrt{a_1^2-u^2},\sqrt{u^2+a_1^2},\sqrt{u^2-a_1^2}$$

之一，然后作相应三角变换即可解决问题.

例 5.13 计算下列简单无理函数(含二次根式)的不定积分$(a>0)$：

(1) $\int\sqrt{a^2-x^2}\,\mathrm{d}x$；　(2) $\int\frac{1}{\sqrt{x^2+a^2}}\mathrm{d}x$；　(3) $\int\frac{1}{\sqrt{x^2-a^2}}\mathrm{d}x$.

解 (1) 原式$\xlongequal[\mathrm{d}x=a\cos t\mathrm{d}t]{令x=a\sin t}\int\sqrt{a^2-a^2\sin^2 t}\cdot a\cos t\mathrm{d}t\left(-\frac{\pi}{2}\leqslant t\leqslant\frac{\pi}{2}\right)$

$$=a^2\int\cos^2 t\mathrm{d}t=\frac{a^2}{2}\int(1+\cos 2t)\mathrm{d}t$$

$$=\frac{a^2}{2}\left(t+\frac{1}{2}\sin 2t\right)+C.$$

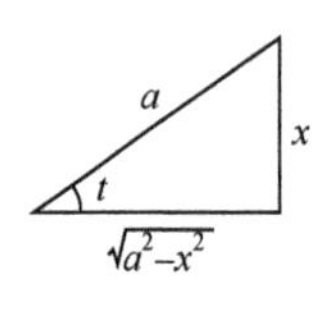

图 5-2

为能将新变量t还原为原变量x，可根据所作三角变换$x=a\sin t$，即$\sin t=\frac{x}{a}$构造如图 5-2 所示的直角三角形，于是有

$$\cos t=\frac{\sqrt{a^2-x^2}}{a},\quad \sin 2t=2\sin t\cos t=2\cdot\frac{x}{a}\cdot\frac{\sqrt{a^2-x^2}}{a},\quad t=\arcsin\frac{x}{a},$$

所以

$$\int\sqrt{a^2-x^2}\,\mathrm{d}x=\frac{a^2}{2}\arcsin\frac{x}{a}+\frac{x}{2}\sqrt{a^2-x^2}+C.$$

(2) 原式$\xlongequal[\mathrm{d}x=a\sec^2 t\mathrm{d}t]{令x=a\tan t}\int\frac{1}{\sqrt{a^2\tan^2 t+a^2}}\cdot a\sec^2 t\mathrm{d}t\quad\left(-\frac{\pi}{2}<t<\frac{\pi}{2}\right)$

$$=\int\sec t\mathrm{d}t=\ln|\sec t+\tan t|+C_1$$

$$=\ln\left|\frac{\sqrt{x^2+a^2}}{a}+\frac{x}{a}\right|+C_1\quad(图 5\text{-}3)$$

$$=\ln\left|x+\sqrt{x^2+a^2}\right|+C\quad(C=-\ln a+C_1).$$

(3) 原式$\xlongequal[\mathrm{d}x=a\sec t\tan t\mathrm{d}t]{令x=a\sec t}\int\frac{1}{\sqrt{a^2\sec^2 t-a^2}}\cdot a\sec t\tan t\mathrm{d}t=\int\sec t\mathrm{d}t$

$$=\ln|\sec t+\tan t|+C_1$$

$$=\ln\left|\frac{x}{a}+\frac{\sqrt{x^2-a^2}}{a}\right|+C_1(图 5\text{-}4)$$

$$=\ln\left|x+\sqrt{x^2-a^2}\right|+C\quad(C=-\ln a+C_1).$$

解毕

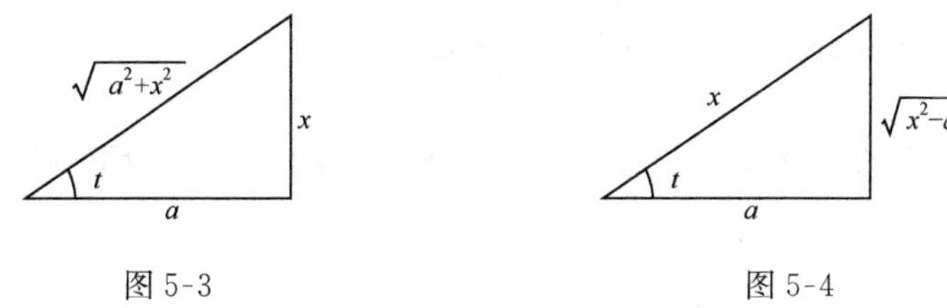

图 5-3　　　　图 5-4

3. 可作指数变换或对数变换的函数的不定积分

例 5.14　计算下列不定积分：

(1) $\int \frac{x+1}{x^2+x\ln x}\mathrm{d}x$；　(2) $\int \frac{1}{x(1+3\ln x)}\mathrm{d}x$；　(3) $\int \frac{1}{\sqrt{\mathrm{e}^{2x}-1}}\mathrm{d}x$.

解　(1) 原式 $\overset{令 x=\mathrm{e}^t,\ t=\ln x}{\underset{\mathrm{d}x=\mathrm{e}^t\mathrm{d}t}{=\!=\!=\!=}} \int \frac{\mathrm{e}^t+1}{(\mathrm{e}^t)^2+\mathrm{e}^t\cdot t}\cdot \mathrm{e}^t\mathrm{d}t = \int \frac{\mathrm{e}^t+1}{\mathrm{e}^t+t}\mathrm{d}t = \int \frac{1}{\mathrm{e}^t+t}\mathrm{d}(\mathrm{e}^t+t)$

$= \ln|\mathrm{e}^t+t|+C = \ln|x+\ln x|+C.$

(2) 原式 $= \frac{1}{3}\int \frac{1}{1+3\ln x}\cdot \frac{3}{x}\mathrm{d}x = \frac{1}{3}\int \frac{1}{1+3\ln x}\mathrm{d}(1+3\ln x) \overset{t=1+3\ln x}{=\!=\!=\!=} \frac{1}{3}\int \frac{1}{t}\mathrm{d}t$

$= \frac{1}{3}\ln|t|+C = \frac{1}{3}\ln|1+3\ln x|+C.$

(3) 原式 $\overset{令 t=\sqrt{\mathrm{e}^{2x}-1}}{\underset{x=\frac{1}{2}\ln(1+t^2)}{=\!=\!=\!=}} \int \frac{1}{t}\mathrm{d}\left[\frac{1}{2}\ln(1+t^2)\right] = \int \frac{1}{t}\cdot\frac{1}{2}\cdot\frac{1}{1+t^2}\cdot 2t\mathrm{d}t$

$= \int \frac{1}{1+t^2}\mathrm{d}t = \arctan t + C = \arctan\sqrt{\mathrm{e}^{2x}-1}+C.$　　**解毕**

4. 可作倒代换函数的不定积分

当分母的最高次数大于分子的最高次数时，还可采用**倒代换**，即令 $x=\frac{1}{t}$，且这也是变量代换中常采用的方法之一.

例 5.15　计算不定积分 $\int \frac{x+1}{x^2\sqrt{x^2-1}}\mathrm{d}x$.

解　原式 $\overset{令 x=\frac{1}{t},\ t=\frac{1}{x}}{\underset{\mathrm{d}x=-\frac{1}{t^2}\mathrm{d}t}{=\!=\!=\!=}} \int \frac{\frac{1}{t}+1}{\frac{1}{t^2}\sqrt{\frac{1}{t^2}-1}}\cdot\left(-\frac{1}{t^2}\mathrm{d}t\right) = -\int \frac{1+t}{\sqrt{1-t^2}}\mathrm{d}t$

$= -\int \frac{1}{\sqrt{1-t^2}}\mathrm{d}t + \int \frac{1}{2\sqrt{1-t^2}}\mathrm{d}(1-t^2) = -\arcsin t + \sqrt{1-t^2}+C$

$$=-\arcsin\frac{1}{x}+\frac{\sqrt{x^2-1}}{x}+C.$$ **解毕**

注 上例中的积分也可采用三角代换消除根号的方法,但用倒代换 $x=\frac{1}{t}$ 要简便一些.

5. 含有三角函数有理式的不定积分

因由三角函数的恒等变形公式知,$\sin x$ 与 $\cos x$ 均可用含有 $\tan\frac{x}{2}$ 的有理式来表示,即

$$\sin x=2\sin\frac{x}{2}\cos\frac{x}{2}=\frac{2\tan\frac{x}{2}}{\sec^2\frac{x}{2}}=\frac{2\tan\frac{x}{2}}{1+\tan^2\frac{x}{2}},$$

$$\cos x=\cos^2\frac{x}{2}-\sin^2\frac{x}{2}=\frac{1-\tan^2\frac{x}{2}}{\sec^2\frac{x}{2}}=\frac{1-\tan^2\frac{x}{2}}{1+\tan^2\frac{x}{2}},$$

故对凡含有三角函数有理式的不定积分,只要作变换(称为**万能变换**)$t=\tan\frac{x}{2}$ 就可将其转化为新变量 t 下的有理函数的不定积分,因而所求积分问题便可得到解决,下面举例说明.

例 5.16 计算含三角函数有理式的不定积分 $\int\frac{\sin x}{1+\sin x+\cos x}\mathrm{d}x$.

解 因所求积分的被积函数为 $\sin x$、$\cos x$ 的有理式,故令 $t=\tan\frac{x}{2}\ (-\pi<x<\pi)$,则

$$x=2\arctan t,\quad \mathrm{d}x=\frac{2}{1+t^2}\mathrm{d}t,\quad \sin x=\frac{2t}{1+t^2},\quad \cos x=\frac{1-t^2}{1+t^2},$$

于是

$$\text{原式}=\int\frac{\frac{2t}{1+t^2}}{1+\frac{2t}{1+t^2}+\frac{1-t^2}{1+t^2}}\cdot\frac{2}{1+t^2}\mathrm{d}t=\int\frac{2t}{(1+t)(1+t^2)}\mathrm{d}t$$

$$=\int\frac{(1+t)^2-(1+t^2)}{(1+t)(1+t^2)}\mathrm{d}t=\int\frac{1}{1+t^2}\mathrm{d}t+\int\frac{t}{1+t^2}\mathrm{d}t-\int\frac{1}{1+t}\mathrm{d}t$$

$$=\arctan t+\frac{1}{2}\ln(1+t^2)-\ln|1+t|+C$$

$$=\frac{x}{2}+\ln\left|\sec\frac{x}{2}\right|-\ln\left|1+\tan\frac{x}{2}\right|+C.$$

解毕

习 题 5.3

1. 计算下列不定积分：

(1) $\int(2-3x)^3\mathrm{d}x$；　(2) $\int\frac{\mathrm{d}x}{1+2x}$；

(3) $\int\frac{1}{1+\sqrt{3-x}}\mathrm{d}x$；　(4) $\int\frac{\mathrm{d}x}{\sqrt[3]{2+3x}}$；

(5) $\int\frac{\sin\sqrt{t}}{\sqrt{t}}\mathrm{d}t$；　(6) $\int x\cos x^2\mathrm{d}x$；

(7) $\int x\mathrm{e}^{-x^2}\mathrm{d}x$；　(8) $\int\frac{x\mathrm{d}x}{\sqrt{3-2x^2}}$；

(9) $\int\frac{x^2}{\sqrt[3]{(x^3-5)^2}}\mathrm{d}x$；　(10) $\int\frac{2x^3\mathrm{d}x}{1+x^4}$；

(11) $\int\frac{1}{x^2-2x+5}\mathrm{d}x$；　(12) $\int\tan^6x\sec^2x\mathrm{d}x$；

(13) $\int\frac{\mathrm{d}x}{\sin x\cos x}$；　(14) $\int\cos^2(\omega t+\varphi)\sin(\omega t+\varphi)\mathrm{d}t$；

(15) $\int\frac{\cos x\mathrm{d}x}{\sin^5x}$；　(16) $\int\sin^3x\mathrm{d}x$；

(17) $\int\cos^2(\omega t+\varphi)\mathrm{d}t$；　(18) $\int\tan^3t\sec t\mathrm{d}t$；

(19) $\int\frac{1+x}{\sqrt{9-4x^2}}\mathrm{d}x$；　(20) $\int\frac{2x^3}{1+x^2}\mathrm{d}x$；

(21) $\int\frac{\mathrm{d}x}{x^2-x-6}$；　(22) $\int\frac{(\arctan x)^2}{1+x^2}\mathrm{d}x$；

(23) $\int\frac{\mathrm{e}^x\mathrm{d}x}{\arcsin\mathrm{e}^x\cdot\sqrt{1-\mathrm{e}^{2x}}}$；　(24) $\int\tan\sqrt{1+x^2}\,\frac{x}{\sqrt{1+x^2}}\mathrm{d}x$.

2. 计算下列不定积分：

(1) $\int\frac{x^2\mathrm{d}x}{\sqrt{9-x^2}}$；　(2) $\int\frac{\mathrm{d}x}{\sqrt{(1-x^2)^3}}$；　(3) $\int\frac{\mathrm{d}x}{(1+x^2)^2}$；

(4) $\int\frac{\mathrm{d}x}{(a^2+x^2)^{\frac{3}{2}}}$；　(5) $\int\frac{\sqrt{x^2-a^2}}{x}\mathrm{d}x$；　(6) $\int\frac{1}{x(x^7+2)}\mathrm{d}x$.

3. 计算下列无理函数的不定积分：

(1) $\int \frac{dx}{1+\sqrt{2x}}$；　(2) $\int \frac{x+1}{\sqrt[3]{3x+1}}dx$；　(3) $\int \frac{1+\sqrt[3]{1+x}}{\sqrt{1+x}}dx$；

(4) $\int \frac{dx}{\sqrt{x}+\sqrt[4]{x}}$；　(5) $\int \frac{dx}{x+\sqrt{1-x^2}}$.

4. 计算下列有理函数的不定积分：

(1) $\int \frac{x^3}{x-2}dx$；　(2) $\int \frac{dx}{(x-1)(x-2)(x-3)}$；

(3) $\int \frac{1-x}{(x+1)(x^2+1)}dx$.

5.4　不定积分的分部积分法与基本积分表

5.4.1　分部积分法

在前两节中，虽然应用不定积分的直接积分法和换元积分法可以解决许多函数的不定积分的计算问题，但还有大量函数的不定积分的计算问题并不能应用前面的方法得到解决，如$\int xe^x dx$、$\int x\sin x dx$、$\int x\ln x dx$、$\int x\arcsin x dx$等．因此，在本节将利用两个函数乘积的求导法则来推出计算不定积分的另一个基本方法——**分部积分法**．

定理 5.3(分部积分法)　若 $u(x)$、$v(x)$均具有连续导函数，则有**分部积分公式**：

$$\int u(x)v'(x)dx = u(x)v(x) - \int u'(x)v(x)dx, \tag{5.3}$$

即$\int u(x)dv(x) = u(x)v(x) - \int v(x)du(x)$，或简记为

$$\int udv = uv - \int vdu. \tag{5.4}$$

证明　因 $u(x)$、$v(x)$ 均具有连续导函数，故有

$$[u(x)v(x)]' = u'(x)v(x) + u(x)v'(x),$$

且上式中所涉及函数的不定积分均存在，从而将上式两端同时积分后得

$$\int [u(x)v(x)]'dx = \int u'(x)v(x)dx + \int u(x)v'(x)dx,$$

即

$$\int u(x)v'(x)dx = u(x)v(x) - \int u'(x)v(x)dx.$$ **证毕**

应用分部积分公式求不定积分的方法，称为不定积分的**分部积分法**，且由分部

积分公式可以看出,在**应用此公式计算不定积分**$\int f(x)\mathrm{d}x$ **时应注意以下两点:**

(1) **分部积分公式发挥的主要作用:**计算积分$\int u(x)v'(x)\mathrm{d}x$ 困难而计算积分$\int u'(x)v(x)\mathrm{d}x$ 容易时,采用分部积分公式(5.3)便可**化难为易**.

(2) **应用分部积分公式的关键:**恰当选择函数 $u(x)$ 和 $v(x)$,即恰当地把被积表达式 $f(x)\mathrm{d}x$ 转化(或凑)为 $u(x)\mathrm{d}v(x)$ 的形式,这是分部积分公式应用得成功与否的关键,因 $u(x)$、$v(x)$ 选择的恰当,便可使所求问题化难为易,起到事半功倍的效果,否则反使问题复杂化. 另外,**选择函数 $u(x)$ 和 $v(x)$ 的原则是:**先选择 $u(x)$,再选择 $v(x)$,且在选择 $u(x)$ 时,既要考虑使得 $v(x)$ 或 $\mathrm{d}v(x)$ 易于选出,又要考虑使得积分$\int v(x)\mathrm{d}u(x)$ 比积分$\int u(x)\mathrm{d}v(x)$ 易于计算.

下面根据被积函数的特点,给出函数 $u(x)$ 和 $v(x)$ 的三种选择形式如下:

形式1 被积表达式为 $x^n\mathrm{e}^x\mathrm{d}x$,$x^n\sin x\mathrm{d}x$ 或 $x^n\cos x\mathrm{d}x$ 等形式时,选择 $u(x)=x^n$,而把其余部分选为 $\mathrm{d}v(x)$.

例 5.17 计算下列不定积分:

(1) $\int x\mathrm{e}^x\mathrm{d}x$; (2) $\int x^2\cos x\mathrm{d}x$.

解 (1) 原式$=\int x\cdot(\mathrm{e}^x)'\mathrm{d}x=\int x\mathrm{d}\mathrm{e}^x$ (选 $u=x, v=\mathrm{e}^x$)

$$=x\mathrm{e}^x-\int \mathrm{e}^x\mathrm{d}x=x\mathrm{e}^x-\mathrm{e}^x+C=(x-1)\mathrm{e}^x+C.$$

(2) 原式$=\int x^2\mathrm{d}\sin x=x^2\sin x-\int \sin x\mathrm{d}x^2$ (选 $u=x^2, v=\sin x$)

$$=x^2\sin x-2\int x\sin x\mathrm{d}x=x^2\sin x+2\int x\mathrm{d}\cos x \quad (\text{选 } u=x, v=\cos x)$$

$$=x^2\sin x+2\left(x\cos x-\int\cos x\mathrm{d}x\right)$$

$$=x^2\sin x+2x\cos x-2\sin x+C.$$

解毕

有些函数的不定积分用一次分部积分公式计算不出结果,而需要连续使用若干次分部积分公式才能计算出结果,如上例中(2). 另外,当解题熟练后,u、v 可省略不写而直接应用式(5.4)进行计算.

形式2 被积表达式为 $x^\alpha\ln x\mathrm{d}x$,$x^n\arcsin x\mathrm{d}x$ 或 $x^n\arctan x\mathrm{d}x$ 等形式时,选择 $u(x)=\ln x$ 或 $\arcsin x$ 或 $\arctan x$,而把其余部分选为 $\mathrm{d}v(x)$,即 $\mathrm{d}v(x)=x^\alpha\mathrm{d}x$ 或 $x^n\mathrm{d}x$.

例 5.18 计算下列不定积分:

(1) $\int\ln x\mathrm{d}x$; (2) $\int x^3\ln x\mathrm{d}x$; (3) $\int\arctan x\mathrm{d}x$; (4) $\int x\arcsin x\mathrm{d}x$.

解 (1) 原式 $= x\ln x - \int x \mathrm{d}\ln x = x\ln x - \int x \cdot \frac{1}{x}\mathrm{d}x$

$$= x\ln x - x + C = x(\ln x - 1) + C.$$

(2) 原式 $= \int \ln x \mathrm{d}\frac{x^4}{4} = \frac{x^4}{4}\ln x - \int \frac{x^4}{4}\mathrm{d}\ln x = \frac{1}{4}x^4\ln x - \frac{1}{4}\int x^3\mathrm{d}x$

$$= \frac{1}{4}x^4\ln x - \frac{1}{4}\cdot\frac{1}{4}x^4 + C = \frac{1}{4}x^4(\ln x - \frac{1}{4}) + C.$$

(3) 原式 $= x\arctan x - \int x\mathrm{d}\arctan x = x\arctan x - \int x\cdot\frac{1}{1+x^2}\mathrm{d}x$

$$= x\arctan x - \frac{1}{2}\int\frac{1}{1+x^2}\mathrm{d}(1+x^2) = x\arctan x - \frac{1}{2}\ln(1+x^2) + C.$$

(4) 原式 $= \int \arcsin x \mathrm{d}\frac{x^2}{2} = \frac{x^2}{2}\arcsin x - \int\frac{x^2}{2}\mathrm{d}\arcsin x$

$$= \frac{1}{2}x^2\arcsin x - \frac{1}{2}\int\frac{x^2}{\sqrt{1-x^2}}\mathrm{d}x$$

$$= \frac{1}{2}x^2\arcsin x + \frac{1}{2}\int\left(\sqrt{1-x^2} - \frac{1}{\sqrt{1-x^2}}\right)\mathrm{d}x$$

$$= \frac{1}{2}x^2\arcsin x + \frac{1}{2}\left(\frac{1}{2}\arcsin x + \frac{x}{2}\sqrt{1-x^2} - \arcsin x\right) + C$$

$$= \frac{1}{2}x^2\arcsin x + \frac{1}{4}(x\sqrt{1-x^2} - \arcsin x) + C.$$

解毕

注 仿照本例(3)的推导方法，还可计算出其余反三角函数的不定积分，有兴趣的读者可自己进行推导，我们将把它们的结果列在后面的基本积分表中 .

形式 3 被积表达式为 $\mathrm{e}^{\alpha x}\sin\beta x\mathrm{d}x$ 或 $\mathrm{e}^{\alpha x}\cos\beta x\mathrm{d}x$ 等形式时，既可选择 $u(x) = \mathrm{e}^{\alpha x}$ 也可选择 $u(x) = \sin\beta x$ 或 $\cos\beta x$，而把其余部分选为 $\mathrm{d}v(x)$.

例 5.19 计算不定积分 $\int \mathrm{e}^x\sin x\mathrm{d}x$.

解 因 $\int \mathrm{e}^x\sin x\mathrm{d}x = \int \mathrm{e}^x\mathrm{d}(-\cos x) = \mathrm{e}^x\cdot(-\cos x) - \int(-\cos x)\mathrm{d}\mathrm{e}^x$

$$= -\mathrm{e}^x\cos x + \int \mathrm{e}^x\cos x\mathrm{d}x = -\mathrm{e}^x\cos x + \int \mathrm{e}^x\mathrm{d}\sin x$$

$$= -\mathrm{e}^x\cos x + \mathrm{e}^x\sin x - \int \mathrm{e}^x\sin x\mathrm{d}x,$$

故有 $2\int \mathrm{e}^x\sin x\mathrm{d}x = (\sin x - \cos x)\mathrm{e}^x + 2C$，从而有

$$\int \mathrm{e}^x\sin x\mathrm{d}x = \frac{1}{2}(\sin x - \cos x)\mathrm{e}^x + C.$$

解毕

利用分部积分法计算不定积分时,常会出现连续两次应用分部积分公式(注意前后选择的 v 必须一致,否则还原成原积分)后出现含有原积分的式子,由此得到一个以所求不定积分为未知函数的一元方程,解此方程便可得到所要求的不定积分. 但要注意,在解此方程后有一边已无不定积分,因此无不定积分这一边必须要有任意常数出现才正确(如上例).

另外,有些函数的不定积分需要把换元积分法和分部积分法综合进行应用,至于先用哪一种方法,需根据具体情况确定,下面举例说明.

例 5.20 计算不定积分 $\int e^{\sqrt{x}}dx$.

解 原式 $\xlongequal[x=t^2]{t=\sqrt{x}} \int e^t \cdot 2t dt$ （**换元积分法**）

$= 2\int t de^t = 2\left(te^t - \int e^t dt\right)$ （**分部积分法**）

$= 2(te^t - e^t) + C = 2e^{\sqrt{x}}(\sqrt{x} - 1) + C.$ **解毕**

例 5.21 计算不定积分 $\int \frac{\arctan e^x}{e^{2x}}dx$.

解法一(先用换元积分法再用分部积分法)

令 $t = e^x$,则 $x = \ln t, dx = \frac{1}{t}dt$,故

$$\begin{aligned}
\text{原式} &= \int \frac{\arctan t}{t^2} \cdot \frac{1}{t}dt = \int \arctan t d\left(-\frac{1}{2t^2}\right) \\
&= \arctan t \cdot \left(-\frac{1}{2t^2}\right) + \frac{1}{2}\int \frac{1}{t^2} \cdot \frac{1}{1+t^2}dt \\
&= -\frac{1}{2t^2}\arctan t + \frac{1}{2}\int \left(\frac{1}{t^2} - \frac{1}{1+t^2}\right)dt \\
&= -\frac{1}{2t^2}\arctan t - \frac{1}{2t} - \frac{1}{2}\arctan t + C \\
&= -\frac{1}{2}\left(\frac{1}{e^{2x}}\arctan e^x + \frac{1}{e^x} + \arctan e^x\right) + C.
\end{aligned}$$

解法二(先用分部积分法再用换元积分法)

$$\begin{aligned}
\text{原式} &= -\frac{1}{2}\int \arctan e^x de^{-2x} = -\frac{1}{2}\left[e^{-2x} \cdot \arctan e^x - \int e^{-2x} \cdot \frac{1}{1+(e^x)^2}de^x\right] \\
&= -\frac{1}{2}\left\{e^{-2x}\arctan e^x + \int \left[\frac{-1}{(e^x)^2} + \frac{1}{1+(e^x)^2}\right]de^x\right\} \\
&= -\frac{1}{2}\left(\frac{1}{e^{2x}}\arctan e^x + \frac{1}{e^x} + \arctan e^x\right) + C.
\end{aligned}$$

解毕

5.4.2 基本积分表

根据前几节讨论的内容,并结合基本导数公式,可把所得到的积分公式汇集成下表,并称该表为**基本积分表**:

(1) $\int k\mathrm{d}x = kx + C$($k$ 为常数),**特别有**$\int 1 \cdot \mathrm{d}x = \int \mathrm{d}x = x + C$;

(2) $\int x^{\mu}\mathrm{d}x = \frac{x^{\mu+1}}{\mu+1} + C(\mu \neq -1)$;

(3) $\int \frac{1}{x}\mathrm{d}x = \ln|x| + C$;

(4) $\int \frac{1}{2\sqrt{x}}\mathrm{d}x = \sqrt{x} + C$;

(5) $\int \left(-\frac{1}{x^2}\right)\mathrm{d}x = \frac{1}{x} + C$;

(6) $\int \frac{x}{\sqrt{x^2 \pm a^2}}\mathrm{d}x = \sqrt{x^2 \pm a^2} + C$;

(7) $\int \frac{-x}{\sqrt{a^2 - x^2}}\mathrm{d}x = \sqrt{a^2 - x^2} + C$;

(8) $\int a^x\mathrm{d}x = \frac{a^x}{\ln a} + C(a > 0, a \neq 1)$,**特别有**$\int \mathrm{e}^x\mathrm{d}x = \mathrm{e}^x + C$;

(9) $\int \log_a x\mathrm{d}x = \frac{x(\ln x - 1)}{\ln a} + C(a > 0, a \neq 1)$,**特别有**$\int \ln x\mathrm{d}x = x(\ln x - 1) + C$;

(10) $\int \sin kx\mathrm{d}x = -\frac{1}{k}\cos kx + C(k \neq 0)$,**特别有**$\int \sin x\mathrm{d}x = -\cos x + C$;

(11) $\int \cos kx\mathrm{d}x = \frac{1}{k}\sin kx + C(k \neq 0)$,**特别有**$\int \cos x\mathrm{d}x = \sin x + C$;

(12) $\int \tan x\mathrm{d}x = -\ln|\cos x| + C$;

(13) $\int \cot x\mathrm{d}x = \ln|\sin x| + C$;

(14) $\int \sec x\mathrm{d}x = \ln|\sec x + \tan x| + C$;

(15) $\int \csc x\mathrm{d}x = \ln|\csc x - \cot x| + C$;

(16) $\int \arcsin x\mathrm{d}x = x \cdot \arcsin x + \sqrt{1 - x^2} + C$;

(17) $\int \arccos x\mathrm{d}x = x \cdot \arccos x - \sqrt{1 - x^2} + C$;

(18) $\int \arctan x \mathrm{d}x = x \cdot \arctan x - \frac{1}{2}\ln(1+x^2) + C$;

(19) $\int \operatorname{arccot} x \mathrm{d}x = x \cdot \operatorname{arccot} x + \frac{1}{2}\ln(1+x^2) + C$;

(20) $\int \sec^2 x \mathrm{d}x = \tan x + C$;

(21) $\int \csc^2 x \mathrm{d}x = -\cot x + C$;

(22) $\int \sec x \tan x \mathrm{d}x = \sec x + C$;

(23) $\int \csc x \cot x \mathrm{d}x = -\csc x + C$;

(24) $\int \frac{1}{\sqrt{a^2 - x^2}} \mathrm{d}x = \arcsin \frac{x}{a} + C$,特别有$\int \frac{1}{\sqrt{1-x^2}} \mathrm{d}x = \arcsin x + C$;

(25) $\int \frac{1}{\sqrt{x^2 \pm a^2}} \mathrm{d}x = \ln\left|x + \sqrt{x^2 \pm a^2}\right| + C$;

(26) $\int \sqrt{a^2 - x^2} \mathrm{d}x = \frac{a^2}{2} \cdot \arcsin \frac{x}{a} + \frac{x}{2} \cdot \sqrt{a^2 - x^2} + C$;

(27) $\int \frac{1}{a^2 + x^2} \mathrm{d}x = \frac{1}{a} \cdot \arctan \frac{x}{a} + C$,特别有$\int \frac{1}{1+x^2} \mathrm{d}x = \arctan x + C$;

(28) $\int \frac{1}{x^2 - a^2} \mathrm{d}x = \frac{1}{2a} \cdot \ln\left|\frac{x-a}{x+a}\right| + C$.

习 题 5.4

计算下列不定积分:

1. $\int x\mathrm{e}^{-x} \mathrm{d}x$;　　2. $\int x \sin x \mathrm{d}x$;　　3. $\int \ln(x^2+1) \mathrm{d}x$;

4. $\int x \tan^2 x \mathrm{d}x$;　　5. $\int x \sin^2 \frac{x}{2} \mathrm{d}x$;　　6. $\int x \arctan x \mathrm{d}x$;

7. $\int \frac{\ln x}{x^2} \mathrm{d}x$;　　8. $\int x \ln(x+1) \mathrm{d}x$;　　9. $\int \mathrm{e}^x \cos x \mathrm{d}x$.

5.5 不定积分在经济中的应用

5.5.1 由边际函数求原函数

由第3章知,若已知经济函数为 $F(x)$(如需求函数、总成本函数、总收入函数和利润函数等),则 $F(x)$ 的边际函数就是它的导函数 $F'(x)$.

因求导函数(或微分)运算与求不定积分运算之间的关系是互为逆运算的关系,故当经济函数 $F(x)$ 的边际函数 $F'(x)$ 已知时,则可通过求边际函数 $F'(x)$ 的不定积分而得到原经济函数 $F(x)$,即

$$F(x)=\int F'(x)\mathrm{d}x+C,$$

其中积分常数 C 可由经济函数的具体条件来确定.

5.5.2 由边际需求函数求需求函数

设需求量 q 是价格 p 的函数 $q=D(p)$,且边际需求为 $D'(p)$,则总需求函数 $D(p)$ 为

$$D(p)=\int D'(p)\mathrm{d}p+C, \tag{5.5}$$

其中积分常数 C 可由初始条件 $D(0)=q_0$ 来确定(一般地,当价格 $p=0$ 时的需求量最大,并将 q_0 记为最大需求量),且此处 $\int D'(p)\mathrm{d}p$ 仅表示 $D'(p)$ 的一个原函数(以下类似,不再赘述).

例 5.22 某商品的需求量 q 是价格 p 的函数,且边际需求为 $D'(p)=-2p$,以及该商品的最大需求量为 73(即 $p=0$ 时 $q=73$) 单位,求需求量与价格的函数关系.

解 因 $D'(p)=-2p$,故由公式(5.5) 得需求函数:

$$D(p)=\int D'(p)\mathrm{d}p+C=\int(-2p)\mathrm{d}p+C=-p^2+C,$$

将初始条件 $D(0)=73$ 代入上式解得 $C=73$,故所求需求量与价格的函数关系为

$$D(p)=-p^2+73.$$

解毕

5.5.3 由边际成本函数求总成本函数

设产量为 q 单位时的边际成本为 $C'(q)$,固定成本为 C_0,则产量为 q 单位时的总成本函数为

$$C(q)=\int C'(q)\mathrm{d}q+C, \tag{5.6}$$

其中积分常数 C 可由初始条件 $C(0)=C_0$ 来确定.

例 5.23 若生产某产品 q 单位时的总成本 C 是产量 q 的函数 $C(q)$,固定成本为 95(即 $C(0)=95$) 单位,边际成本函数为 $C'(q)=8\mathrm{e}^{0.4q}$,求总成本函数 $C(q)$.

解 因 $C'(q)=8\mathrm{e}^{0.4q}$,故由式(5.6) 得总成本函数

$$C(q)=\int C'(q)\mathrm{d}q+C=\int 8\mathrm{e}^{0.4q}\mathrm{d}q+C=20\mathrm{e}^{0.4q}+C,$$

将初始条件 $C(0)=95$ 代入上式解得 $C=75$,由此得所求总成本函数

$$C(q)=20\mathrm{e}^{0.4q}+75.$$

解毕

5.5.4　由边际收入函数求总收入函数

设销售量为 q 单位时的边际收入为 $R'(q)$，则销售量为 q 单位时的总收入函数为

$$R(q)=\int R'(q)\mathrm{d}q+C=\int R'(q)\mathrm{d}q, \tag{5.7}$$

其中积分常数 $C=0$ 是由初始条件 $R(0)=0$(因销售量为 0 时的总收入为 0) 确定的.

例 5.24　若生产某产品 q 单位时的边际收入为 $R'(q)=20-\dfrac{2}{5}q$(元 / 单位)，求总收入函数 $R(q)$.

解　因 $R'(q)=20-\dfrac{2}{5}q$，故由公式(5.7) 得所求总收入函数：

$$R(q)=\int R'(q)\mathrm{d}q=\int\left(20-\frac{2}{5}q\right)\mathrm{d}q=20q-\frac{1}{5}q^2.$$

解毕

5.5.5　由边际利润函数求总利润函数

设生产某商品 q 单位时的边际收入为 $R'(q)$，边际成本为 $C'(q)$，固定成本为 C_0，则生产 q 单位时的边际利润函数为

$$L'(q)=R'(q)-C'(q),$$

故总利润函数为

$$L(q)=\int L'(q)\mathrm{d}q+C=\int[R'(q)-C'(q)]\mathrm{d}q+C \tag{5.8}$$

其中积分常数 C 可由初始条件 $L(0)=-C_0$(因产量为 0 时的总利润为 $-C_0$) 来确定.

例 5.25　已知某产品产量为 q 单位时的边际收益和边际成本分别为 $R'(q)=72-4q$ 和 $C'(q)=2q+2$，固定成本为 $C_0=10$，求当 $q=5$ 单位时的边际利润和总利润.

解　因 $R'(q)=72-4q$，$C'(q)=2q+2$，故边际利润为

$$L'(q)=R'(q)-C'(q)=(72-4q)-(2q+2)=70-6q,$$

从而由式(5.8) 得总利润函数

$$L(q)=\int L'(q)\mathrm{d}q+C=\int(70-6q)\mathrm{d}q+C=70q-3q^2+C,$$

再将初始条件 $L(0)=-10$(因 $C_0=10$) 代入上式解得 $C=-10$，由此得所求商品的总利润函数为

$$L(q)=70q-3q^2-10,$$

因而当 $q=5$ 单位时的边际利润和总利润分别为

$$L'(5)=70-6\times5=40,\quad L(5)=70\times5-3\times5^2-10=265.$$

解毕

5.5.6 由边际函数求最优问题举例

例 5.26 设某工厂生产某产品 q 件时,边际收益 $R'(q)=\dfrac{100}{q+50}$(万元),边际成本 $C'(q)=0.02q$(万元),固定成本为 $C_0=200$(万元),试求:

(1) 当产量为多少件时利润最大?

(2) 总利润函数.

解 (1) 因 $R'(q)=\dfrac{100}{q+50}$,$C'(q)=0.02q$,故边际利润为

$$L'(q)=R'(q)-C'(q)=\frac{100}{q+50}-0.02q,$$

由此由 $L'(q)=\dfrac{100}{q+50}-0.02q=0$ 解出唯一驻点 $q=50\in(0,+\infty)$,而由实际问题知存在最大利润,故当产量为 50 件时利润最大.

(2) 因 $L'(q)=\dfrac{100}{q+50}-0.02q$,故由式(5.8)得总利润函数

$$\begin{aligned}L(q)&=\int L'(q)\mathrm{d}q+C=\int\left(\frac{100}{q+50}-0.02q\right)\mathrm{d}q+C\\&=100\ln(q+50)-0.01q^2+C,\end{aligned}$$

再将初始条件 $L(0)=-200$(因 $C_0=200$)代入上式解得 $C=-100\ln 50-200$,由此得所求总利润函数

$$\begin{aligned}L(q)&=100\ln(q+50)-0.01q^2-100\ln 50-200\\&=100\ln\frac{q+50}{50}-0.01q^2-200(\text{万元}).\end{aligned}$$

解毕

习 题 5.5

1. 某产品的需求量 q 是价格 p 的函数,最大需求量为 950(单位),且已知边际需求为 $D'(p)=\dfrac{10}{p+1}$,试求需求量与价格的函数关系 $q=D(p)$.

2. 若生产某产品的总成本是产量 q 的函数 $C(q)$,边际成本为 $C'(q)=19+24q-6q^2$,固定成本为 51,求总成本函数 $C(q)$.

3. 已知生产 q 单位的某产品时,其总收入 R 的变化率为 $R'(q)=100-\dfrac{q}{50}$,试求生产 50 单位时的总收入.

4. 已知某商品每周生产 q 单位时,其总成本的变化率为 $C'(q)=0.2q-10$(元/

单位)，固定成本为 600(元)，求总成本函数 $C(q)$. 如果这种商品的销售单价是 30 元，求总利润函数 $L(q)$，并问每周生产多少单位时才能获得最大总利润？

习　题　五

一、单项选择题

1. 若函数 $f(x)=\sin x$，则不定积分 $\int f'(x)\mathrm{d}x=$　【　】

A. $\sin x+C$;　B. $\cos x+C$;

C. $-\sin x+C$;　D. $-\cos x+C$.

2. 函数 $\mathrm{e}^{2x}-\mathrm{e}^{-2x}$ 的一个原函数是：　【　】

A. $\mathrm{e}^{2x}+\mathrm{e}^{-2x}$;　B. $\frac{1}{2}(\mathrm{e}^{x}+\mathrm{e}^{-x})^2$;

C. $2(\mathrm{e}^{2x}+\mathrm{e}^{-2x})$;　D. $\frac{1}{2}(\mathrm{e}^{2x}-\mathrm{e}^{-2x})$.

3. 若 $\int f(x)\mathrm{d}x=F(x)+C$，则 $\int xf(1-x^2)\mathrm{d}x=$　【　】

A. $2F(1-x^2)+C$;　B. $-2F(1-x^2)+C$;

C. $-\frac{1}{2}F(1-x^2)+C$;　D. $\frac{1}{2}F(1-x^2)+C$.

4. 若 $f(x)=\ln x$，则 $\int \mathrm{e}^{-x}\cdot f'(\mathrm{e}^{-x})\mathrm{d}x=$　【　】

A. $x+C$;　B. $-x+C$;

C. $\ln x+C$;　D. $-\ln x+C$.

5. 若 $\int f(x)\cdot\sin\frac{1}{x}\mathrm{d}x=\cos\frac{1}{x}+C$，则 $f(x)=$　【　】

A. $\frac{1}{x}$;　B. $\frac{1}{x^2}$;

C. $-\frac{1}{x}$;　D. $-\frac{1}{x^2}$.

6. 若 $\int f(x)\mathrm{d}x=x^2\mathrm{e}^{2x}+C$，则 $f(x)=$　【　】

A. $2x\mathrm{e}^{2x}$;　B. $4x\mathrm{e}^{2x}$;

C. $2x^2\mathrm{e}^{2x}$;　D. $2x\mathrm{e}^{2x}(1+x)$.

7. $\int \mathrm{d}\sin(1-2x)=$　【　】

A. $\sin(1-2x)$;　B. $-2\cos(1-2x)$;

C. $-2\cos(1-2x)+C$； D. $\sin(1-2x)+C$.

8. 若 $f(x)$ 的导数为 $\sin x$，则下列函数中是 $f(x)$ 的原函数的是： 【 】

A. $1+\sin x$； B. $1-\sin x$；

C. $1+\cos x$； D. $1-\cos x$.

9. 若 $f'(\ln x)=1+x$，则 $f(x)=$ 【 】

A. $x+e^x+C$； B. $e^x+\frac{1}{2}x^2+C$；

C. $\ln x+\frac{1}{2}(\ln x)^2+C$； D. $e^x+\frac{1}{2}e^{2x}+C$.

10. 若 $f(x)=e^{-x}$，则 $\int\frac{f'(\ln x)}{x}dx=$ 【 】

A. $-\frac{1}{x}+C$； B. $-\ln x+C$；

C. $\frac{1}{x}+C$； D. $\ln x+C$.

二、填空题

1. 若函数 $f(x)$ 的一个原函数为 x^2，则 $\int f'(x)dx=$ __________；

2. 若函数 $e^x+\sin x$ 是 $f(x)$ 的一个原函数，则 $f'(x)=$ __________；

3. 若函数 10^{3x} 是 $f(x)$ 的一个原函数，则 $f(x)=$ __________；

4. 若 $\int f(x)dx=\operatorname{arccot}x+C$，则 $f(x)=$ __________；

5. 若 $f(x)$ 的一个原函数为 $\ln(2x)$，则 $\int x^2f'(x)dx=$ __________；

6. 若 $\int f(x)dx=\ln(1+x^2)+C$，则 $\int xf(x)dx=$ __________.

三、解答题

1. 计算下列不定积分：

(1) $\int\frac{dx}{2x^2-1}$； (2) $\int\frac{dx}{x(1+\ln^2x)}$；

(3) $\int\frac{dx}{\sqrt{9x^2-4}}$； (4) $\int\sec^3x\,dx$；

(5) $\int\frac{x^2+1}{(x+1)^2(x-1)}dx$； (6) $\int(x^2+1)\sin2x\,dx$；

(7) $\int\frac{x^2}{1+x^2}\arctan x\,dx$； (8) $\int\frac{\tan x}{1+\cos x}dx$.

2*. 计算下列不定积分：

(1) $\int \frac{\sqrt{1+x}-1}{\sqrt{1+x}+1}\mathrm{d}x$； (2) $\int \frac{\mathrm{d}x}{\sqrt[3]{(x+1)^2(x-1)^4}}$；

(3) $\int \mathrm{e}^x\cos^2 x\mathrm{d}x$； (4) $\int \frac{x\mathrm{e}^x}{\sqrt{\mathrm{e}^x-1}}\mathrm{d}x$.

3. 设某商品的需求量 q 是价格 p 的函数，且该商品的最大需求量为 1000(即 $p=0$ 时，$q=1000$)，已知需求量的变化率(边际需求)为 $D'(p)=-1000\ln 3\cdot\left(\frac{1}{3}\right)^p$，求需求量 q 与价格 p 的函数关系 $q=D(p)$.

4. 设生产某产品的总成本 C 是产量 q 的函数 $C(q)$，已知固定成本为 $C(0)=10000$，边际成本函数为 $C'(q)=3q^2-12q+97$，求总成本函数 $C(q)$.

5. 已知销售某商品 q 单位时的边际利润函数和边际成本函数分别为 $L'(q)=190-\frac{q}{25}$ 和 $C'(q)=\frac{q}{50}+10$，求总收入函数 $R(q)$.

6. 生产某产品的固定成本为 50 万元，边际收益为 $R'(q)=100-2q$(单位：万元)，边际成本为 $C'(q)=q^2-12q+89$(单位：万元)，试求：

(1) 总利润函数；

(2) 当产量为多少时所获利润最大?

习题参考答案或提示

第 1 章

习题 1.1

1. $(B\cup C)\cap A=\{0,3\}$.

2. $M\cup N=\{x\mid -1\leqslant x\leqslant 4\}$, $M\cap N=\{x\mid 2\leqslant x\leqslant 3\}$.

3. (1) $(0,+\infty)$; (2) $(-\infty,0)\cup(1,+\infty)$;

   (3) $[-\sqrt{2},-1)\cup(-1,\sqrt{2}]$; (4) $[-4,-1)\cup(-1,1)$;

   (5) $(-1,2)$; (6) $[-4,-2]\cup[2,4]$.

4. 2.

5. $f(x+1)=x^2+4x+2$.

6. (1) $D_f=(-\infty,+\infty)$;

   (2) 分界点为 $x=0$;

   (3) $f(-1)=-2, f(0)=0, f(1)=2$;

   (4) 图形见右.

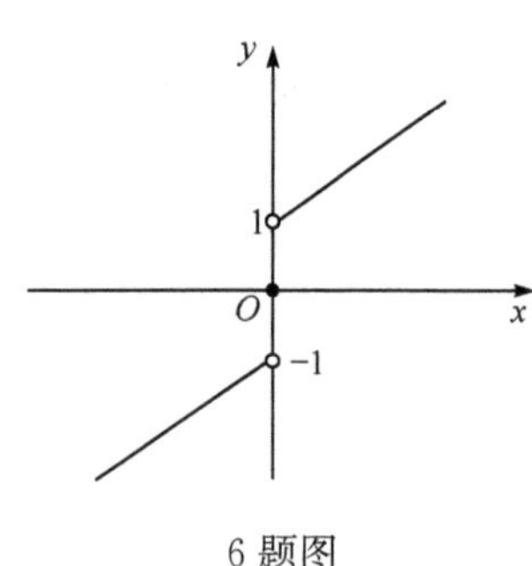

6 题图

习题 1.2

1、2、3. 提示:直接用定义证.

4. (1) 奇函数; (2) 偶函数; (3) 非奇非偶函数; (4) 奇函数;

5*. $T=\pi$.

习题 1.3

1. (1) $y=\frac{1}{3}\left(x-\frac{1}{2}\right)(x\in\mathbf{R})$; (2) $y=\frac{1}{2}(1-x)^2+\frac{3}{2}(x\in\mathbf{R}, x\leqslant 0)$;

   (3) $y=\frac{x-2}{2x-1}\left(x\in\mathbf{R}, x\neq\frac{1}{2}\right)$; (4) $y=1-\sqrt{x-2}(x\in\mathbf{R}, x\geqslant 2)$.

2. $f[g(x)]=4^x$, $g[f(x)]=2^{x^2}$.

3. $(1,10)$.

4. (1) $y=\sqrt{u}, u=3x-1$; (2) $y=\mathrm{e}^u, u=\mathrm{e}^v, v=-x^2$;

   (3) $y=u^5, u=1+v, v=\lg x$; (4) $y=u^2, u=\lg v, v=\arccos t, t=x^3$.

习题 1.4

1. 常量函数、幂函数、指数函数、对数函数、三角函数和反三角函数统称为基本初等函数. 形如 $y=\log_a x\,(a>0,\quad a\neq 1)$ 的函数称为对数函数,其性质为:函数无界且其图像经过点(1,0)并在 y 轴的右半平面,当 $a>1$ 时函数单调递增,当 $0<a<1$ 时函数单调递减.
2. 见定义 1.9.
3. 是初等函数,这是由于该函数可表为 $y=1+\sqrt{x^2}$ 之故.

习题 1.5

1. $m=\begin{cases} kS, & 0\leqslant S\leqslant a, \\ \dfrac{k}{5}(4S+a), & S>a. \end{cases}$

2. $C(q)=130+6q\,(0<q\leqslant 100)$;$\overline{C}(q)=6+\dfrac{130}{q}\,(0<q\leqslant 100)$.

习 题 一

一、单项选择题

1. A; 2. D; 3. B; 4. C;
5. B; 6. D; 7. A; 8. C.

二、填空题

1. $-3,2$; 2. $\dfrac{1}{x(x+2)}$;

3. $y=1+\lg(x+2)$; 4. x^2+2x+3.

三、解答题

1. (1) $-5\leqslant x\leqslant 5$; (2) $x<-3$ 或 $x>3$;

(3) $-1<x<0$ 或 $2<x<3$; (4) $-\dfrac{1}{2}<x<-\dfrac{1}{4}$ 或 $\dfrac{1}{4}<x<\dfrac{1}{2}$.

2. (1) $\left[-\dfrac{8}{5},+\infty\right)$; (2) $(-\infty,1)\cup(1,2)\cup(2,+\infty)$;

(3) $[-1,2]$; (4) $(-\infty,0)\cup(2,+\infty)$;

(5) $[1,4]$; (6) $[-3,-2)\cup(3,4]$.

3. $[3,4]$.

4. (1)、(2)不相同,因定义域不同;(3)相同;(4)不相同,因定义域不同.

5. (1) 偶函数；　(2) 奇函数；　(3) 奇函数；　(4) 奇函数．

6. **提示**：利用等式 $\varphi(x)=\varphi[(x-1)+1]$ 便可得 $\varphi(x)=\begin{cases}(x-1)^2, & 1\leqslant x\leqslant 2,\\ 2(x-1), & 2<x\leqslant 3.\end{cases}$

7. 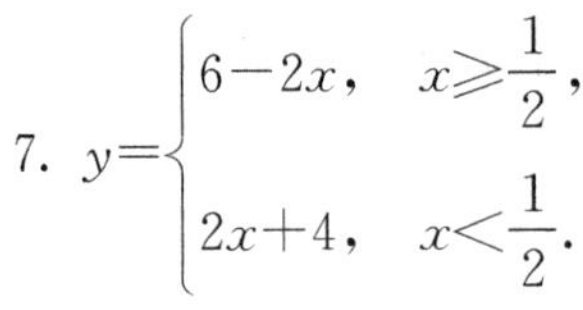
$y=\begin{cases}6-2x, & x\geqslant\dfrac{1}{2},\\ 2x+4, & x<\dfrac{1}{2}.\end{cases}$

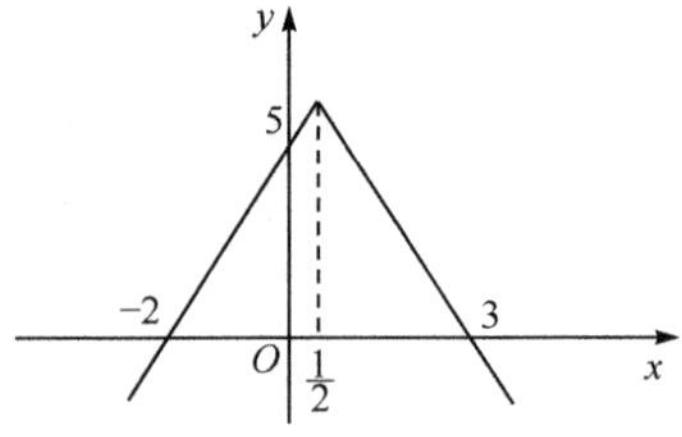

7 题图

8. (1) 单调递减；
   (2) 单调递增；
   (3) 在 $(-\infty,0)$ 内单调递增，在 $(0,+\infty)$ 内单调递减．

9. $\dfrac{\pi}{3}$.

10. (1) $y=\sqrt[3]{x-2}, x\in(-\infty,+\infty)$；
   (2) $y=\begin{cases}x+1, & x<-1,\\ \sqrt{x}, & x\geqslant 0;\end{cases}$
   (3) $y=\dfrac{2(x+1)}{x-1}, x\in(-\infty,1)\cup(1,+\infty)$.

11. (1) $y=\sqrt{5(\mathrm{arccot}x)^3}$；　(2) $y=\ln^2\sqrt{1+x^2}$；
   (3) $y=\sin^3(\sqrt[4]{\mathrm{arccot}x})$.

12. (1) $y=\cos u, u=\sqrt{v}, v=3x-1$；
   (2) $y=\mathrm{e}^u, u=v^{20}, v=1+3x$；
   (3) $y=\log_a u, u=\sqrt{v}, v=1+2x$；
   (4) $y=u^2, u=\mathrm{arccot}v, v=\sqrt[3]{t}, t=1-x^2$；
   (5) $y=a^u, u=\sqrt{v}, v=\sin t, t=x^2$；
   (6) $y=\tan u, u=\dfrac{1}{\sqrt{v}}, v=\mathrm{arccot}t, t=\dfrac{1}{x}$.

第 2 章

习题 2.1

1. (1) 存在且极限为 $\dfrac{1}{2}$；

(2) 不存在；

(3) **提示**：由 $a_n=\cos n\pi=(-1)^n$ 易知极限不存在；

(4) 存在且极限为 0；

(5) **提示**：由 $a_n=1-\frac{1}{10^n}$ 易知极限存在且为 1；

(6) **提示**：由 $a_{2n-1}=1+\frac{1}{n}, a_{2n}=\frac{1}{n+1}$ 易知极限不存在；

(7) **提示**：由 $a_{2n-1}=-\frac{2n-1}{2n}, a_{2n}=\frac{2n}{2n+1}$ 易知极限不存在；

(8) 存在且极限为 $\frac{1}{2}$.

2. (1) **提示**：$|a_n-a|=\left|\frac{n+1}{2n}-\frac{1}{2}\right|=\frac{1}{2n}$；

(2) **提示**：$|a_n-a|=\left|\frac{1}{n^2}-0\right|=\frac{1}{n^2}$；

(3) **提示**：$|a_n-a|=\frac{|\cos x|}{n}\leqslant\frac{1}{n}$；

(4) **提示**：$|a_n-a|=\left|\frac{1}{2^n}-0\right|=\frac{1}{2^n}$.

习题 2.2

1. (1) **提示**：$|f(x)-A|=|(2x+1)-1|=2|x-0|$；

(2) **提示**：$|f(x)-A|=\left|\frac{x^2-4}{x-2}-4\right|=|x-2|$；

(3) **提示**：$|f(x)-A|=\left|\frac{2}{x-3}-0\right|=\frac{2}{|x-3|}\leqslant\frac{2}{|x|-3}$(当 $|x|>3$ 时).

2. **提示**：由 $|y-2|=3|x-1|<0.001$ 即 $|x-1|<\frac{0.001}{3}$ 可得到 $\delta=\frac{0.001}{3}=\frac{1}{3000}$.

3. **提示**：由 $|y-2|=\frac{1}{|x|}<0.001$ 即 $|x|>\frac{1}{0.001}$ 可得到 $X=\frac{1}{0.001}=1000$.

4. $f(3-0)=\lim\limits_{x\to3^-}f(x)=\lim\limits_{\substack{x\to3\\(x<3)}}x=3, f(3+0)=\lim\limits_{x\to3^+}f(x)=\lim\limits_{\substack{x\to3\\(x>3)}}(3x-1)=8$.

习题 2.3

1. 不一定，如当 $x\to0$ 时，虽同时有 $2x\to0$ 和 $x^2\to0$，但却有 $\frac{2x}{x^2}=\frac{2}{x}\to\infty$.

2. 不一定，如当 $x\to\infty$ 时，虽同时有 $x^2\to\infty$ 和 $-x^2\to\infty$，但却有 $x^2+(-x^2)\to0$ 和

$x^2-x^2\to 0$.

3. $100x^2$；$\sqrt[3]{x}$；$\dfrac{x^2}{x}$；$x^2-0.1x$；$\dfrac{1}{2}x-x^2$；$x\cos\dfrac{1}{x}$； $x^2\arctan x$.

4. 1；∞.

5. $\dfrac{2}{x}$；$\dfrac{-1}{x^2}$；$\dfrac{1}{x^2-10}$；$\dfrac{1}{5^{x^2}}$；$\dfrac{\sin x}{x}$；$\dfrac{1-\arctan x}{x^2}$.

6. (1) **提示**：$|y-0|=\dfrac{|\sin x|}{|x|}\leqslant\dfrac{1}{|x|}$；

(2) **提示**：$|y-0|=\left|\dfrac{x^2-1}{x+1}-0\right|=|x-1|$；

(3) **提示**：$|y|=\left|\dfrac{1}{(x-1)^2}\right|=\dfrac{1}{|x-1|^2}$.

7. (1) **提示**：利用性质 2.10 易知极限为 0；

(2) **提示**：利用定理 2.4 易知极限为 0；

(3) **提示**：利用性质 2.10 易知极限为 0；

8. 因当 $x\to+\infty$时，$y=2^x\to+\infty$，故极限 $\lim\limits_{x\to\infty}2^x$ 不存在.

习题 2.4

1. (1) $\dfrac{1}{5}$；　(2) 0；　(3) 0；　(4) 3；　(5) $\dfrac{1}{2}$；　(6) 1.

2. (1) $\dfrac{1}{2}$；　(2) $\dfrac{3}{2}$；　(3) 2；　(4) $\dfrac{1}{2}$.

3. (1) 24；　(2) 0；　(3) $\dfrac{5}{3}$；　(4) 4；　(5) 0；　(6) $\dfrac{1}{2}$；

(7) $\dfrac{1}{2}$；　(8) 0；　(9) 2；　(10) 1；　(11) 0；　(12) 0；

(13) 0；　(14) 1.

习题 2.5

1. (1) $\dfrac{7}{2}$；　(2) 3；　(3) 1；　(4) 0；　(5) $\dfrac{2}{3}$；　(6) 0；

(7) 5；　(8) -1；　(9) 5.

2. (1) e^2；　(2) e^{-2}；　(3) e^{-k}；　(4) 1；　(5) e^{-4}；　(6) $\dfrac{2}{3}$.

3. (1) **提示**：$1<\sqrt{1+\dfrac{1}{n}}<1+\dfrac{1}{n}$；

(2) **提示**:$\frac{n^2}{n^2+n\pi}\leqslant n\left(\frac{1}{n^2+\pi}+\frac{1}{n^2+2\pi}+\cdots+\frac{1}{n^2+n\pi}\right)\leqslant\frac{n^2}{n^2+\pi}$.

4. (1) **提示**:证明数列$\{x_n\}$递增且有上界$\frac{1}{2}$;

(2) **提示**:证明$\{x_n\}$递增且有上界 2.

5. $A_0=500$(元).

习题 2.6

1. ∞;　2. $\frac{3}{2}$;　3. $\frac{1}{2}$;　4. $\frac{2}{5}$;　5. 0;　6. e^6;

7. -1;　8. 1;　9. e^{-15}.

习题 2.7

1. (1) $x=-2$ 是函数 $f(x)$的无穷(第二类)间断点;

(2) $x=0$ 是函数 $f(x)$的可去(第一类)间断点;

(3) $x=1$ 是函数 $f(x)$的可去(第一类)间断点;$x=2$ 是函数 $f(x)$的无穷(第二类)间断点;

(4) $x=1$ 是函数 $f(x)$的可去(第一类)间断点;

(5) $x=1$ 是函数 $f(x)$的跳跃(第一类)间断点.

2. **提示**:由 $f(x)=\lim\limits_{n\to\infty}\frac{1-x^{2n}}{1+x^{2n}}x=\begin{cases}x, & |x|<1,\\ 0, & |x|=1,\\ -x, & |x|>1\end{cases}$易知:$x=-1$ 和 $x=1$ 均为函数 $f(x)$的跳跃(第一类)间断点.

3. $k=1$.

4. **提示**:构造函数 $f(x)=x^5-3x-1$,并在闭区间$[1,2]$上应用根的存在定理.

5. **提示**:构造函数 $f(x)=\sin x+x+1$,并在闭区间$\left[-\frac{\pi}{2},\frac{\pi}{2}\right]$上应用根的存在定理.

习　题　二

一、单项选择题

1. C;　2. B;　3. A;　4. B;　5. C;

6. D;　7. D;　8. C;　9. A;　10. B.

二、填空题

1. (1) 必要,充分； (2) 必要,无关； (3) 必要,充分； (4)充要；

2. $\frac{3}{2}$； 3. 1； 4. $\frac{1}{2}$； 5. e^4；

6. e^{-2}； 7. -3； 8. $\pm1,\infty$； 9. 0；

10. 0； 11. 1.

三、解答题

1. (1) **提示**:$\left|\frac{\sin n}{\sqrt{n}}-0\right|=\frac{1}{\sqrt{n}}|\sin n|\leqslant\frac{1}{\sqrt{n}}$；

(2)* **提示**:$\left|\frac{x-1}{x^2-1}-\frac{1}{2}\right|=\frac{1}{2}\left|\frac{x-1}{x+1}\right|$,并限制 $0<|x-1|<1$.

2. (1) **提示**:$y_n=\frac{n^2}{2n^2+n}\leqslant x_n=\frac{n}{2n^2+1}+\frac{n}{2n^2+2}+\cdots+\frac{n}{2n^2+n}\leqslant\frac{n^2}{2n^2+1}=z_n$；

(2) **提示**:数列$\{x_n\}$递增有上界 2.

3. (1) 0； (2) ln2； (3) 2； (4) 1； (5) 1.

4. **提示**:证明$\lim\limits_{x\to0}\frac{a^x-1}{x\ln a}=1$ 即可.

5. (1) $\frac{1}{2}$； (2) $\frac{2}{3}$； (3) 1； (4) $\frac{1}{2}$； (5) 0.

6. (1) 0； (2) $\frac{1}{4}$； (3) $\frac{1}{2}$； (4) e^{-3}； (5) e^{-1}；

(6) e^2； (7) $e^{\frac{2}{5}}$； (8) e^{-1}； (9) $\frac{3}{2}$.

7. (1) $\frac{5}{3}$； (2) -2； (3) $\frac{2}{5}$； (4) $\frac{1}{3}$； (5) 2；

8. **提示**:计算左、右极限,然后由左、右极限不相等说明极限不存在.

9. **提示**:由 $\lim\limits_{x\to-\infty}\left(\frac{x^2+x+1}{x-1}-ax-b\right)=\lim\limits_{x\to-\infty}\left(x+2+\frac{3}{x-1}-ax-b\right)=0$ 易得:$a=1,b=2$.

10. $x=0$ 为可去(第一类)间断点;$x=k\pi(k=\pm1,\pm2,\cdots)$为无穷(第二类)间断点.

11. $k=1$.

12. **提示**:构造函数 $f(x)=e^x-2-x$,并在闭区间$[1,2]$上应用根的存在定理.

13. **提示**:构造函数 $F(x)=f(x)-x$,并在闭区间$[a,b]$上应用根的存在定理.

第 3 章

习题 3.1

1. $f'(0)=0$.

2. (1) $f'(x)=4x$; (2) $f'(x)=-\dfrac{2}{x^3}$.

3. (1) $y'=12x^{11}$; (2) $y'=3.02x^{2.02}$; (3) $y'=\dfrac{5}{3}\sqrt[3]{x^2}$;

(4) $y'=-\dfrac{1}{2x\sqrt{x}}$; (5) $y'=\dfrac{7}{6}\sqrt[6]{x}$.

4. $y=-x+2$ 和 $y=x$.

5. $y=\dfrac{3}{4}x-\dfrac{1}{4}$.

6. (1) $-2f'(a)$; (2) $5f'(a)$; (3) $f'(a)$.

7. $f(x)$在点 $x_0=0$ 处既不连续,又不可导;$f(x)$在点 $x_1=1$ 处连续,但不可导;$f(x)$在点 $x_2=2$ 处既连续,又可导.

习题 3.2

1. (1) $y'=12x^3-4x+\dfrac{1}{x}$; (2) $y'=3^x\cdot\ln3\cdot\sin x+3^x\cdot\cos x$;

(3) $y'=\dfrac{3x+2}{2\sqrt{x}}$; (4) $y'=(2x+1)\tan x+x(x+1)\sec^2 x$;

(5) $y'=\dfrac{2}{(x+1)^2}$; (6) $y'=\dfrac{2}{x(1-\ln x)^2}$;

(7) $y'=\dfrac{5}{12}x^{-\frac{7}{12}}$; (8) $y'=\mathrm{e}^x\left(\arctan x+\dfrac{1}{1+x^2}\right)+\sin x$.

2. (1) $y'=-12x(1-2x^2)^2$; (2) $y'=(3x+2)^2(4x+3)^3(84x+59)$;

(3) $y'=\sqrt{2}+\dfrac{1}{\sqrt{2x}}$; (4) $y'=\dfrac{1}{2x}\left(1+\dfrac{1}{\sqrt{\ln x}}\right)$;

(5) $y'=2x\mathrm{e}^{\mathrm{e}^{x^2}+x^2}$; (6) $y'=\dfrac{3}{4}\sin x\sin\dfrac{x}{2}$;

(7) $y'=\dfrac{1}{\sqrt{x^2-a^2}}$; (8) $y'=n\sin^{n-1}x\cdot\sin(n+1)x$;

(9) $y'=\dfrac{1}{x\ln x}$; (10) $y'=\dfrac{6}{9+x^2}\cdot\arctan\dfrac{x}{3}$;

(11) $y'=\frac{1}{x^2+1}$; (12) $y'=-\frac{1}{1+x^2}$.

3. (1) $\frac{dy}{dx}=-\frac{2x+y}{x+2y}$; (2) $\frac{dy}{dx}=\frac{y}{y-1}$;

(3) $\frac{dy}{dx}=\frac{e^y}{1-xe^y}$; (4) $\frac{dy}{dx}=\frac{\cos(x+y)}{1-\cos(x+y)}$.

4. 切线方程:$y-1=\frac{2}{5}(x-1)$;法线方程:$y-1=-\frac{5}{2}(x-1)$.

5. (1) $y'=\frac{y(y-x\ln y)}{x(x-y\ln x)}$; (2) $y'=(\sin x)^x(\ln\sin x+x\cot x)$;

(3) $y'=x\sqrt{\frac{1+x}{1-x}}\cdot\left[\frac{1}{x}+\frac{1}{2}\left(\frac{1}{1+x}+\frac{1}{1-x}\right)\right]$;

(4) $y'=\frac{\sqrt{x+1}(2-x)^5}{(x+2)^4}\cdot\left[\frac{1}{2(x+1)}-\frac{5}{2-x}-\frac{4}{x+2}\right]$.

6. (1) $\frac{dy}{dx}=1-\frac{3}{2}t$; (2) $\frac{dy}{dx}=\frac{\cos t+\sin t}{\cos t-\sin t}$;

(3) $\frac{dy}{dx}=\tan\frac{t}{2}$; (4) $\frac{dy}{dx}=\frac{2}{t}$.

习题 3.3

1. (1) $y''=\frac{1}{x}$; (2) $y''=-4\cot 2x\csc 2x$;

(3) $y''=2\arctan x+\frac{2x}{1+x^2}$; (4) $y''=e^{\cos x}(\sin^2 x-\cos x)$;

(5) $y''=(x^2+1)^{-\frac{3}{2}}$.

2. $P_n^{(n)}(x)=a_0\cdot n!$.

3. (1) $f^{(3)}(11)=60$; (2) $f''\left(\frac{\pi}{3}\right)=-6e^{\frac{\pi}{3}}$.

4. $f''(x-2)=20x^3$.

5. (1) $y^{(n)}=\alpha(\alpha-1)(\alpha-2)\cdots(\alpha-n+1)x^{\alpha-n}(\alpha\in\mathbf{R},n\in\mathbf{N}^+)$;

(2) $y^{(n)}=(x+n)e^x$;

(3) $y^{(n)}=\frac{(-1)^n\cdot n!}{3}\left[\frac{1}{(x-1)^{n+1}}-\frac{1}{(x+2)^{n+1}}\right](n\in\mathbf{N}^+)$.

6. $f^{(n)}(x)=\frac{2-\ln x}{x\ln^3 x}(n\in\mathbf{N}^+)$.

习题 3.4

1. $\Delta y|_{x=1,\Delta x=0.1}=-0.09$, $dy|_{x=1,\Delta x=0.1}=-0.1$,
$(\Delta y-dy)|_{x=1,\Delta x=0.1}=0.01$;
$\Delta y|_{x=1,\Delta x=0.01}=-0.0099$, $dy|_{x=1,\Delta x=0.01}=-0.01$,
$(\Delta y-dy)|_{x=1,\Delta x=0.01}=0.0001$.

2. (1) $dy=(2^x\ln 2+3\sec x\tan x)dx$; (2) $dy=e^x(\sin x+\cos x)dx$;
(3) $dy=\dfrac{4x}{(1-x^2)^2}dx$; (4) $dy=\dfrac{x}{1+x^2}dx$;
(5) $dy=-\dfrac{1}{x^2+1}\cdot e^{\arctan\frac{1}{x}}dx$; (6) $dy=e^{2x}(2\sin 3x+3\cos 3x)dx$.

3. (1) $dy=-\dfrac{y(2x+\ln y)}{x+2y^2}dx$; (2) $dy=\dfrac{\cos(x-y)}{1+\cos(x-y)}dx$;
(3) $dy=\dfrac{e^y}{1-xe^y}dx$.

4. (1) 利用近似计算公式$\sqrt[4]{1+x}\approx 1+\dfrac{1}{4}x$有$\sqrt[4]{0.96}\approx 0.99$;
(2) 构造函数 $f(x)=\tan x$,并注意到 $136°=\dfrac{3\pi}{4}+\dfrac{\pi}{180}$便可得 $\tan 136°\approx -0.9651$;
(3) 构造函数 $f(x)=e^x$,并注意到 $1.03=1+0.03$ 便可得 $e^{1.03}\approx 1.03e$;或利用近似计算公式 $e^x\approx 1+x$ 有 $e^{1.03}=e\cdot e^{0.03}\approx e\cdot(1+0.03)=1.03e$;
(4) 构造函数 $f(x)=\arctan x$,并注意到 $1.03=1+0.03$ 便可得 $\arctan 1.03\approx 0.8004$.

5. 约 $1.35m^3$.

习题 3.5

1. (1) 总成本 $C(120)=1644$,平均单位成本$\overline{C}(120)=13.7$;
(2) 边际成本 $C'(120)=2.4$;经济意义:当产量为 120 个单位时,再增加(或减少)一个单位的产量时,约需要增加(或减少)1.24 个单位的成本.

2. (1) 边际利润函数:$L'(q)=45-0.01q$;
(2) 当产量 q 为 3000 件时的边际利润:$L'(3000)=15$;经济意义:当产量为 3000 件时,在此基础上多生产一件利润约增加 15 元,少生产一件利润约减少 15 元.

3. (1) $y'=a$, $\dfrac{Ey}{Ex}=\dfrac{ax}{ax+b}$;

(2) $y'=2x(4-3x)$，$\frac{Ey}{Ex}=\frac{4-3x}{2-x}$；

(3) $y'=-100a^{-x}\ln a$，$\frac{Ey}{Ex}=-x\ln a$.

4. (1) $\eta(p)=\frac{p^2}{2}$；

(2) $\eta(2)=2$；经济意义：当价格在 2 个单位的基础上提价(或降价)1%时，需求量将在相应基础 $D(2)=100\mathrm{e}^{-1}$ 上下降(或上升)2%.

5. (1) $\varepsilon(p)=\frac{6p-1}{3p-1}$；

(2) $\varepsilon(2)=2.2$；经济意义：当商品的价格在 2 个单位的基础上提价(或降价)1%时，供给量将在相应基础 $S(2)=10$ 上增加(或减少)2.2%.

6. (1) $\eta(p)=\frac{2p^2}{900-p^2}$，$\mu(p)=\frac{900-3p^2}{900-p^2}$；

(2) $\eta(10)=0.25$；经济意义：当价格在 10 个单位的基础上降价(或提价)1%时，需求量将在相应基础 $D(10)=\frac{400}{3}$ 上上升(或下降)0.25%；

(3) 因 $\mu(10)=0.75>0$，故当该商品的价格在 10 个单位的基础上上涨 1%时，总收益将在相应的基础 $R(10)=\frac{4000}{3}$ 上约增加 0.75%；

(4) 因 $\mu(20)=-0.6<0$，故当该商品的价格在 20 个单位的基础上上涨 1%时，总收益将在相应的基础 $R(20)=\frac{5000}{3}$ 上约减少 0.6%.

习 题 三

一、单项选择题

1. B； 2. A； 3. B； 4. D； 5. A；
6. B； 7. C； 8. A； 9. A； 10. C.

二、填空题

1. 2； 2. 2； 3. $4f'(x_0)$； 4. 充要； 5. $n!$；

6. $\frac{(-1)^n\cdot n!}{(x-1)^{n+1}}$； 7. $2f'(x^2)+4x^2f''(x^2)$； 8. $|f'(x_0)|$；

9. 5； 10. $-D'(p)\cdot\frac{p}{D(p)}$.

三、解答题

1. $f'(x)=2ax+b,f'(x^2)=2ax^2+b,f'\left(-\frac{1}{2}\right)=-a+b,f'\left(-\frac{b}{2a}\right)=0.$

2. 切线方程：$y-3=2(x-1)$；法线方程：$y-3=-\frac{1}{2}(x-1)$.

3. $f'(1)=2\varphi(1)$.

4. 函数 $f(x)$ 在点 $x=0$ 处既连续又可导.

5. 函数 $f(x)$ 在点 $x=0$ 处连续但不可导；函数 $f(x)$ 在点 $x=1$ 既连续又可导；函数 $f(x)$ 在点 $x=2$ 既不连续又不可导.

6. (1) $y'=\frac{\cos x}{|\cos x|}$;

(2) $y'=\csc x$;

(3) $y'=-\left(\frac{1}{x}\right)^{\sin x}\cdot\left(\cos x\cdot\ln x+\frac{\sin x}{x}\right)$.

7. $f'[f(x)]=-\left(\frac{x+1}{x+2}\right)^2,\{f[f(x)]\}'=\frac{1}{(x+2)^2}$.

8. (1) $y'=f'(e^x)\cdot e^{x+f(x)}+f(e^x)\cdot e^{f(x)}\cdot f'(x)$;

(2) $y'=[f'(\sin^2 x)-f'(\cos^2 x)]\cdot\sin 2x$;

(3) $dy=\frac{-1}{x^2+1}\cdot f'\left(\arctan\frac{1}{x}\right)dx$.

9. (1) $y''=-2(\sin 2x+x\cos 2x)$;

(2) $y''=\frac{3(1+2x^2)}{\sqrt{1+x^2}}$;

(3) $\frac{d^2y}{dx^2}=-\sec^3 t$.

10. $y^{(n)}=(-1)^n\cdot(n-2)!\cdot x^{-(n-1)}=\frac{(-1)^n\cdot(n-2)!}{x^{n-1}}\ (n\geqslant 2)$.

11. (1) $dy=\frac{e^{\arctan\sqrt{x}}}{2\sqrt{x}(1+x)}dx$;

(2) $dy=-\frac{1}{x^2+1}dx$;

(3) $dy=(1+x)e^x dx$.

12. (1) $y'=\frac{1+y^2}{2+y^2}$;

(2) $y'=\frac{\sqrt{1-y^2}\cdot e^{x+y}}{1-\sqrt{1-y^2}\cdot e^{x+y}}$;

(3) $dy=\frac{e^{x+y}-y}{x-e^{x+y}}dx$.

13. 边际函数:$y'=(1-5x)e^{-5x}$;弹性函数:$\frac{Ey}{Ex}=1-5x$.

14. (1) 边际成本函数:$C'(q)=4q+3$;边际收益函数:$R'(q)=2q+300$;
边际利润函数:$L'(q)=R'(q)-C'(q)=297-2q$;

(2) 已生产并销售了 50 个单位的产品后,生产第 51 个单位产品的利润是 197 元.

15. (1) $L'(q)=65-\frac{q}{250}$;

(2) $L'(250)=64$(元);经济意义:当产量为 250 个单位时,在此基础上多(或少)生产一个单位的商品时利润将增加(或减少)64 元.

16. $\eta(100)=2>1$;经济意义:当商品的价格在 100 个单位的基础上降价(或提价)1%时,需求量将在相应基础 $D(100)=800e^{-2}$ 上升(或下降)2%,此时宜降价.

17. (1) $L'(q)=(1+2q)e^{2q}-q-4$;(2) $\mu(p)=1+\frac{1}{\ln p}$.

第 4 章

习题 4.1

1. (1) $f(x)=\ln\cos x$ 在 $\left[-\frac{\pi}{3},\frac{\pi}{3}\right]$ 上满足罗尔中值定理的全部条件,且 $\xi=0$;

(2) $f(x)=|x|$ 在 $[-1,1]$ 上不满足罗尔中值定理中的条件(2).

2. **提示**:在闭区间 $[1,2]$ 和 $[2,3]$ 上应用罗尔中值定理,由此易知方程 $f'(x)=0$ 恰有两个实根,并分别在开区间 $(1,2)$ 和 $(2,3)$ 内.

3. **提示**:构造函数 $F(x)=x^{-\frac{1}{2014}}f(x)$,并在闭区间 $[1,2]$ 上应用罗尔中值定理.

4. (1) $f(x)=x^3+x$ 在 $[0,1]$ 上满足拉格朗日中值定理的全部条件,
且 $\xi=\frac{\sqrt{3}}{3}$;

(2) $f(x)=\sqrt[3]{x}$ 在 $[-1,2]$ 上不满足拉格朗日中值定理中的条件(2).

5. **提示**:证明推论 4.1 时,任取 $x_1,x_2\in I$ 并固定 x_1,然后对函数 $f(x)$ 在 $[x_1,x_2](x_1<x_2)$ 上应用拉格朗日中值定理的结论,再结合 x_1、x_2 的任意性便得结论.

证明推论 4.2 时,构造函数 $F(x)=f(x)-g(x)$,然后应用推论 4.1

的结论即可.

6. **提示**:构造函数 $f(x)=\arcsin x+\arccos x$,然后在开区间$(-1,1)$内应用推论 4.1,最后验证在端点处等式也成立.

7. **提示**:构造函数 $f(t)=e^t-e\cdot t$,然后在闭区间$[1,x]$$(x>1)$上应用拉格朗日中值定理的结论.

习题 4.2

1. (1) 27; (2) $\sqrt{3}$; (3) 2; (4) 2; (5) 2; (6) $\frac{n}{m}a^{n-m}$.

2. (1) 0; (2) $+\infty$; (3) 1; (4) 1; (5) 1; (6) 0.

3. (1) $\frac{1}{3}$; (2) $+\infty$; (3) -2; (4) $\frac{1}{2}$; (5) $\frac{1}{2}$; (6) 1; (7) 1; (8) 1.

4. **提示**:先说明极限 $\lim\limits_{x\to 0}\frac{\left(x^2\sin\frac{1}{x}\right)'}{(\sin x)'}$ 不存在,再用其他方法求出极限 $\lim\limits_{x\to 0}\frac{x^2\sin\frac{1}{x}}{\sin x}=0$.

习题 4.3

1. 函数 $f(x)$在$(-\infty,+\infty)$内单调递增.

2. (1) $(-\infty,-1)$和$(1,+\infty)$是递增区间,$(-1,1)$是递减区间;

   (2) $(-\infty,0)$是递减区间,$(0,+\infty)$是递增区间;

   (3) $(-\infty,-2)$和$(2,+\infty)$是递增区间,$(-2,0)$和$(0,2)$是递减区间;

   (4) $(0,2)$是递减区间,$(2,+\infty)$是递增区间;

   (5) $(-\infty,0)$和$\left(0,\frac{1}{2}\right)$是递减区间,$\left(\frac{1}{2},+\infty\right)$是递增区间.

3. (1) **提示**:构造函数 $f(x)=2\sqrt{x}+\frac{1}{x}-3$$(x>1)$,然后证函数 $f(x)$在区间$[1,+\infty)$上递增;

   (2) **提示**:由 $2^x>x^2$$(x>4)$可推出 $x\ln 2>2\ln x$$(x>4)$,进而可构造函数 $f(x)=x\ln 2-2\ln x$$(x>4)$,然后证函数 $f(x)$在区间$[4,+\infty)$上递增.

习题 4.4

1. (1) 极小值 $y(-1)=-\frac{1}{2}$,极大值 $y(1)=\frac{1}{2}$;

(2) 极小值 $y(0)=0$,极大值 $y(2)=\frac{4}{e^2}$;

(3) 极小值 $y\left(-\frac{1}{2}\right)=-\frac{27}{16}$;

(4) 极大值 $y(2)=-2$;

(5) 极大值 $y(0)=0$,极小值 $y\left(\frac{4}{5}\right)=-\frac{12}{25}\sqrt[3]{10}$.

2. (1) 极大值 $y(-3)=35$,极小值 $y(1)=3$;

(2) 极小值 $y(0)=2$;

(3) 极小值 $y\left(-\frac{\sqrt{2}}{2}\right)=-\frac{1}{\sqrt{2e}}$,极大值 $y\left(\frac{\sqrt{2}}{2}\right)=\frac{1}{\sqrt{2e}}$.

3. (1) 最小值 $y(\pm 1)=4$,最大值 $y(3)=68$;

(2) 最小值 $y(0)=0$,最大值 $y(1)=\frac{1}{e}$;

(3) 最小值 $y\left(\frac{5}{4}\right)=\frac{3}{4}$,最大值 $y(5)=3$.

4. 当内接矩形的长为$\sqrt{2}R$ 个单位、宽为$\frac{R}{\sqrt{2}}$个单位时内接矩形的面积最大.

5. 当储气罐的底圆半径为 4m,高为 12m 时,可使总造价最低.

6. 每月生产 3250t 时,能使利润最大,且最大利润为 56250 元.

7. (1) $R(20)=3000,\overline{R(20)}=150,R'(20)=50$;

(2) 当需求量为 25 单位时总收益最大,且最大总收益为 $R(25)=3125$(单位).

8. 每年生产 600 单位产品时可获得最大总利润,此时最大总利润为 100000 元.

习题 4.5*

1. (1) 曲线在其定义域内处处向下凸,无拐点;

(2) 在 $(-\infty,0)$ 和 $\left(\frac{2}{3},+\infty\right)$ 内向下凸,在 $\left(0,\frac{2}{3}\right)$ 内向上凸,$(0,0)$ 和 $\left(\frac{2}{3},-\frac{16}{27}\right)$都是曲线拐点;

(3) 在$(-\infty,-2)$内向上凸,在$(-2,+\infty)$内向下凸,$\left(-2,-\frac{2}{e^2}\right)$是曲线的拐点;

(4) 在$(-\infty,-\sqrt{3})$和$(0,\sqrt{3})$内向上凸,在$(-\sqrt{3},0)$和$(\sqrt{3},+\infty)$内向下凸,$\left(-\sqrt{3},-\frac{\sqrt{3}}{4}\right)$、$(0,0)$和$\left(\sqrt{3},\frac{\sqrt{3}}{4}\right)$都是曲线的拐点;

(5) 在$\left(0,\frac{\sqrt{2}}{2}\right)$内向上凸，在$\left(\frac{\sqrt{2}}{2},+\infty\right)$内向下凸，$\left(\frac{\sqrt{2}}{2},\frac{1-\ln 2}{2}\right)$是曲线的拐点；

(6) 在$(-\infty,-1)$和$(0,+\infty)$内向下凸，在$(-1,0)$内向上凸，$\left(-1,-\frac{4}{3}\right)$和$(0,0)$都是曲线的拐点.

2. $a=-1,b=1$.

3. (1) 水平渐近线 $y=0$；

(2) 垂直渐近线 $x=0$；

(3) 垂直渐近线 $x=1$，水平渐近线 $y=0$；

(4) 斜渐近线 $y=x$；

(5) 垂直渐近线 $x=-1$，斜渐近线 $y=x-2$.

习题 4.6*

1. $y=x^3-x^2+1$.

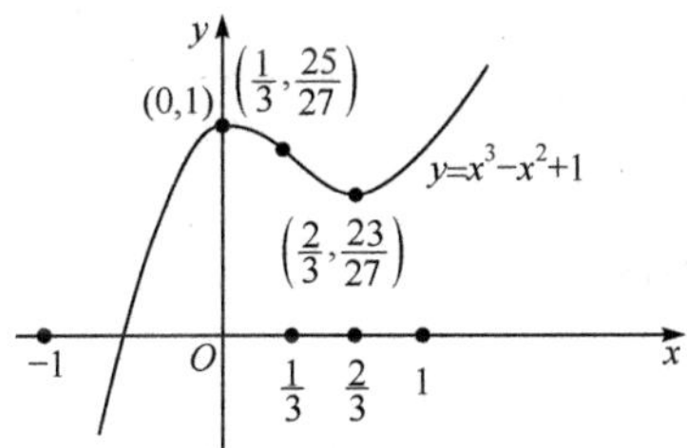

曲线 $y=x^3-x^2+1$的图形

2. $y=x-\ln x$.

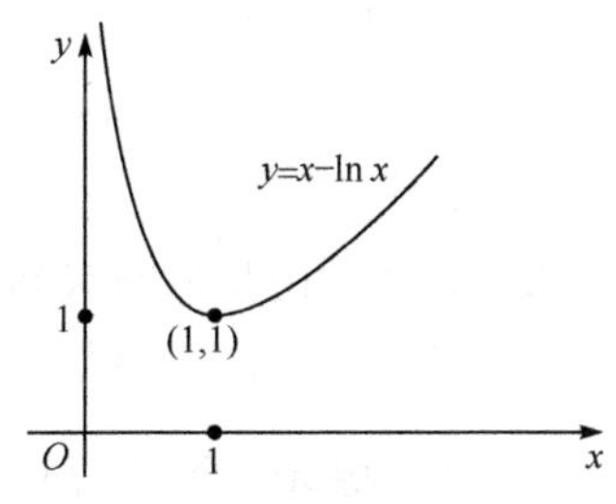

曲线 $y=x-\ln x$的图形

3. $y=\frac{x^2}{x-1}$.

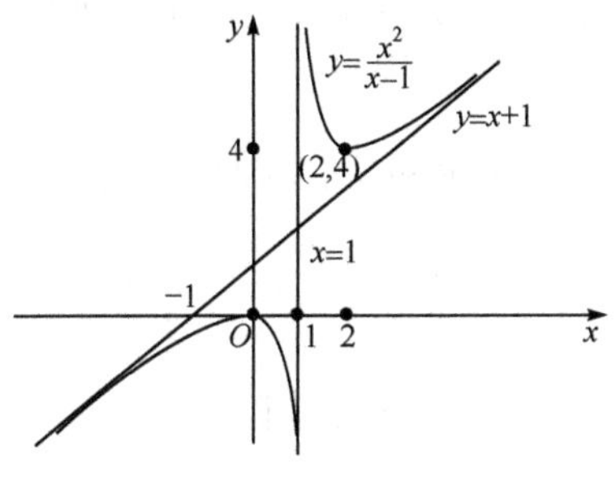

曲线 $y=\frac{x^2}{x-1}$ 的图形

4. $y=\frac{x^2}{2}-\frac{1}{x}$.

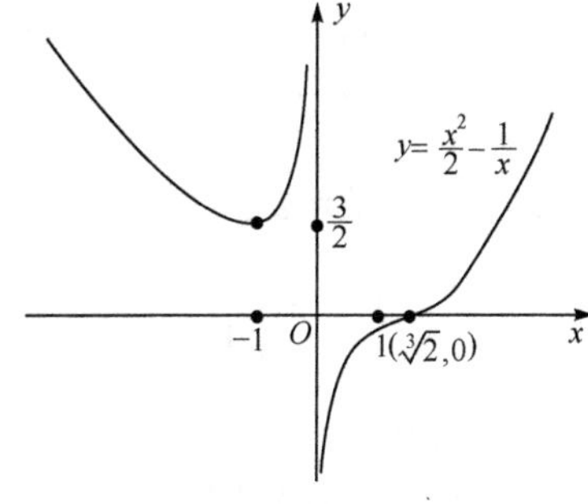

曲线 $y=\frac{x^2}{2}-\frac{1}{x}$ 的图形

习　题　四

一、单项选择题

1. A；　2. C；　3. B；　4. B；　5. D；　6. C；
7. D；　8*. B；　9*. D；　10*. A；　11*. D；　12*. C.

二、填空题

1. 2；　2. k(常数)；　3. $\frac{\alpha}{\beta}$；　4. $(-1,+\infty)$；　5. 1；
6. $-\frac{1}{e}$；　7. -4；　8. 5；　9*. $-1,3$；　10*. $(0,0)$.

三、解答题

1. **提示**：令 $F(x)=f(x)-x$，然后在闭区间$[a,b]$上应用罗尔中值定理.
2. **提示**：令 $F(x)=xf(x)$，然后在闭区间$[a,b]$上应用拉格朗日中值定理.
3. (1) $\frac{1}{6}$；　(2) $-\frac{1}{8}$；　(3) 2；　(4) 0；　(5) 0；　(6) $\frac{2}{\pi}$；
(7) 0；　(8) $2\sqrt{3}$；　(9) e；　(10) 1.

4*. $e^{-\frac{1}{2}}$.

5. (1) $(0,1)$是递减区间，$(1,+\infty)$是递增区间；
(2) $(-\infty,+\infty)$是递增区间.

6. (1) **提示**：令 $f(t)=1+\frac{1}{n}t-\sqrt[n]{1+t}$，然后证函数 $f(t)$在闭区间$[0,x]$ $(x>0)$上严格单调递增；
(2) 因 $x>1$ 时，$\frac{\ln(1+x)}{\ln x}>\frac{x}{1+x}\Leftrightarrow(1+x)\ln(1+x)>x\ln x$，故令$f(t)=t\ln t$ 后证函数 $f(t)$在闭区间$[x,x+1]$ $(x>1)$上严格单调递增；
(3) **提示**：令 $f(x)=\tan x-x-\frac{x^3}{3}$，然后证函数 $f(x)$在左闭右开区间$\left[0,\frac{\pi}{2}\right)$上严格单调递增.

7. **提示**：令 $f(x)=x^p+(1-x)^p$，然后求出函数 $f(x)$在闭区间$[0,1]$上的最值进行比较即可.
8. $a=2,b=3$.
9. 当矩形的长为 24m，宽为 16m 时所用建筑材料最省.

10. 生产 8750 件产品时能使所获得的利润最大.

11. 当价格为 101 元时企业所获利润最大,且最大利润为 $L(101)=167080$ 元.

12. (1) 商家获得最大利润时的销售量为$\frac{5}{2}(4-t)$吨;

(2) 当 $t=2$(万元)时,政府的税收总额最大.

13. 生产 1000 件产品时能使总利润最大,且最大总利润是 $L(10)=15$(万元).

14*. $a=1,b=-3,c=3$.

第 5 章

习题 5.1

1. $f(x)=\frac{1}{3}x^3+1$.　　2. $y=\ln|x|+1$.　　3. $S=t^2+4$.

4. (1) $\frac{x^4}{4}+C$;　　(2) e^x+C;　　(3) x^3+C;

(4) $-\frac{1}{2x^2}+C$;　　(5) $\sqrt{x}+C$.

习题 5.2

1. $\frac{4}{3}x^3+C$;　　2. $\frac{2}{7}x^{\frac{7}{2}}+C$;

3. $\frac{3}{13}x^{\frac{13}{3}}+C$;　　4. $-\frac{3}{4}x^{-\frac{4}{3}}+C$;

5. $\frac{n}{m+n}x^{\frac{m+n}{n}}+C$;　　6. $\frac{x^3}{3}+x^2+3x+C$;

7. $t-2\ln|t|-\frac{1}{t}+C$;　　8. $2\sqrt{x}-\frac{2}{3}x^{\frac{3}{2}}+C$;

9. $2\arctan x+3\arcsin x+C$;　　10. $\frac{2^x e^x}{1+\ln 2}+C$;

11. $3x+\frac{5\cdot 3^x}{(\ln 3-\ln 2)\cdot 2^x}+C$;　　12. $\sec x-3\tan x+C$;

13. $x-\arctan x+C$;　　14. $\frac{2}{3}x^3+\arctan x+C$;

15. $-\frac{1}{2}\cot x+C$;　　16. $\frac{1}{2}(x-\sin x)+C$;

17. $\frac{10^x}{\ln 10}-\cot x-x+C$.

习题 5.3

1. (1) $-\frac{1}{12}(2-3x)^4+C$; (2) $\frac{1}{2}\ln|1+2x|+C$;

(3) $2(\ln|1+\sqrt{3-x}|-\sqrt{3-x})+C$; (4) $\frac{1}{2}\sqrt[3]{(2+3x)^2}+C$;

(5) $-2\cos\sqrt{t}+C$; (6) $\frac{1}{2}\sin x^2+C$;

(7) $-\frac{1}{2}e^{-x^2}+C$; (8) $-\frac{1}{2}\sqrt{3-2x^2}+C$;

(9) $\sqrt[3]{x^3-5}+C$; (10) $\frac{1}{2}\ln(1+x^4)+C$;

(11) $\frac{1}{2}\arctan\frac{x-1}{2}+C$; (12) $\frac{1}{7}\tan^7 x+C$;

(13) $\ln|\tan x|+C$; (14) $-\frac{1}{3\omega}\cos^3(\omega t+\varphi)+C$;

(15) $-\frac{1}{4\sin^4 x}+C$; (16) $\frac{1}{3}\cos^3 x-\cos x+C$;

(17) $\frac{t}{2}+\frac{1}{4\omega}\sin2(\omega t+\varphi)+C$; (18) $\frac{1}{3}\sec^3 t-\sec t+C$;

(19) $\frac{1}{2}\arcsin\frac{2x}{3}-\frac{1}{4}\sqrt{9-4x^2}+C$; (20) $[x^2-\ln(1+x^2)]+C$;

(21) $\frac{1}{5}\ln\left|\frac{x-3}{x+2}\right|+C$; (22) $\frac{1}{3}(\arctan x)^3+C$;

(23) $\ln|\arcsin e^x|+C$; (24) $-\ln\left|\cos\sqrt{1+x^2}\right|+C$.

2. (1) $\frac{9}{2}\arcsin\frac{x}{3}-\frac{x}{2}\sqrt{9-x^2}+C$; (2) $\frac{x}{\sqrt{1-x^2}}+C$;

(3) $\frac{1}{2}\left(\arctan x+\frac{x}{1+x^2}\right)+C$; (4) $\frac{x}{a^2\sqrt{a^2+x^2}}+C$;

(5) $\sqrt{x^2-a^2}-a\arccos\frac{a}{x}+C$;

(6) $-\frac{1}{14}\ln|2+x^7|+\frac{1}{2}\ln|x|+C$.

3. (1) $\sqrt{2x}-\ln(1+\sqrt{2x})+C$;

(2) $\frac{1}{15}(3x+1)^{\frac{5}{3}}+\frac{1}{3}(3x+1)^{\frac{2}{3}}+C$;

(3) $2\sqrt{1+x}+\frac{6}{5}\sqrt[6]{(1+x)^5}+C$;

(4) $2\sqrt{x}-4\sqrt[4]{x}+4\ln(\sqrt[4]{x}+1)+C$;

(5) $\frac{1}{2}(\arcsin x+\ln\left|x+\sqrt{1-x^2}\right|)+C$.

4. (1) $\frac{1}{3}x^3+x^2+4x+8\ln|x-2|+C$;

(2) $\frac{1}{2}\ln\left|\frac{(x-1)(x-3)}{(x-2)^2}\right|+C$;

(3) $\ln|x+1|-\frac{1}{2}\ln(x^2+1)+C$.

习题 5.4

1. $-e^{-x}(x+1)+C$;
2. $-x\cos x+\sin x+C$;
3. $x\ln(x^2+1)-2x+2\arctan x+C$;
4. $x\tan x+\ln|\cos x|-\frac{1}{2}x^2+C$;
5. $\frac{1}{4}x^2-\frac{1}{2}x\sin x-\frac{1}{2}\cos x+C$;
6. $\frac{1}{2}[(x^2+1)\arctan x-x]+C$;
7. $-\frac{\ln x}{x}-\frac{1}{x}+C$;
8. $\frac{1}{2}\left[(x^2-1)\ln(x+1)-\frac{1}{2}x^2+x\right]+C$;
9. $\frac{1}{2}(\sin x+\cos x)e^x+C$.

习题 5.5

1. $q=D(p)=10\ln(p+1)+950$.
2. $C(q)=19q+12q^2-2q^3+51$.
3. $R(50)=4975$.
4. $C(q)=0.1q^2-10q+600$;$L(q)=40q-0.1q^2-600$;每周生产 200 单位时能获得最大利润.

习 题 五

一、单项选择题

1. A; 2. B; 3. C; 4. A; 5. B;

6. D; 7. D; 8. B; 9. A; 10. C.

二、填空题

1. $2x+C$; 2. $e^x-\sin x$; 3. $3\ln 10\cdot 10^{3x}$;

4. $-\dfrac{1}{1+x^2}$; 5. $-x+C$; 6. $2x-2\arctan x+C$.

三、解答题

1. (1) $\dfrac{1}{2\sqrt{2}}\ln\left|\dfrac{\sqrt{2}x-1}{\sqrt{2}x+1}\right|+C$;

(2) $\arctan(\ln x)+C$;

(3) $\dfrac{1}{3}\ln\left|3x+\sqrt{9x^2-4}\right|+C$;

(4) $\dfrac{1}{2}(\sec x\tan x+\ln|\sec x+\tan x|)+C$;

(5) $\dfrac{1}{x+1}+\dfrac{1}{2}\ln|x^2-1|+C$;

(6) $\dfrac{1}{2}x\sin 2x-\dfrac{1}{2}\left(x^2+\dfrac{1}{2}\right)\cos 2x+C$;

(7) $x\arctan x-\dfrac{1}{2}\ln(1+x^2)-\dfrac{1}{2}\arctan^2 x+C$;

(8) $\ln|1+\sec x|+C$.

2*. (1) $x-4\sqrt{1+x}+4\ln(\sqrt{1+x}+1)+C$;

(2) $-\dfrac{3}{2}\sqrt[3]{\dfrac{x+1}{x-1}}+C$;

(3) $\dfrac{1}{2}e^x+\dfrac{1}{10}(2\sin 2x+\cos 2x)e^x+C$;

(4) $(2x-4)\sqrt{e^x-1}+4\arctan\sqrt{e^x-1}+C$.

3. $q=D(p)=1000\left(\dfrac{1}{3}\right)^P$.

4. $C(q)=q^3-6q^2+97q+10000$.

5. $R(q)=200q-\frac{q^2}{100}$.

6. (1) $L(q)=-\frac{1}{3}q^3+5q^2+11q-50$(万元);

(2) 当产量为 11 个单位时所获利润最大.